Normengerechtes Bauen nach DIN 276/DIN 277

Baukosten, Wirtschaftlichkeit, Haftung

21., aktualisierte und erweiterte Auflage

mit 28 Abbildungen und 23 Tabellen

Herausgeber

Prof. Dr.-Ing. Willi Hasselmann
Prof. Dr.-Ing. Clemens Schramm

Mitautoren

Dr. Karsten Prote
Prof. Dr.-Ing. Regina Zeitner

RM Rudolf Müller

Bibliografische Information der Deutschen Nationalbibliothek

Die Deutsche Nationalbibliothek verzeichnet diese Publikation in der Deutschen Nationalbibliografie; detaillierte bibliografische Daten sind im Internet über http://dnb.de abrufbar.

21., aktualisierte und erweiterte Auflage 2020

Die Vorauflagen dieses Werkes erschienen unter den Titeln „Normengerechtes Bauen“ von Prof. Dr.-Ing. Willi Hasselmann und Dipl.-Ing. Klaus Liebscher sowie „Kosten im Hochbau“, herausgegeben von Prof. em. Dr.-Ing. Udo Blecken und Prof. Dr.-Ing. Willi Hasselmann unter Mitwirkung von Prof. Dr.-Ing. Architekt Bert Bielefeld, Dr.-Ing. Thomas Feuerabend, Dipl.-Ing. Jens-Uwe Heß, Prof. Dr.-Ing. Ursula Holthaus, Dr. jur. Karsten Prote, Prof. Dr.-Ing. Matthias Sundermeier, Dipl.-Ing. Bianca Wiemer.

Maßgebend für das Anwenden von Normen ist deren Fassung mit dem neuesten Ausgabedatum, die bei der Beuth Verlag GmbH, Burggrafenstraße 6, 10787 Berlin, erhältlich ist. Maßgebend für das Anwenden von Regelwerken, Richtlinien, Merkblättern, Hinweisen, Verordnungen usw. ist deren Fassung mit dem neuesten Ausgabedatum, die bei der jeweiligen herausgebenden Institution erhältlich ist. Zitate aus Normen, Merkblättern usw. wurden, unabhängig von ihrem Ausgabedatum, in neuer deutscher Rechtschreibung abgedruckt.

Wir freuen uns, Ihre Meinung über dieses Fachbuch zu erfahren. Bitte teilen Sie uns Ihre Anregungen, Hinweise oder Fragen per E-Mail: fachmedien.bau@rudolf-mueller.de oder Telefax: 0221 5497-6114 mit.

Lektorat: Jan Stüwe, Köln
Umschlaggestaltung: Satz + Layout Werkstatt Kluth GmbH, Erftstadt
Umschlagbild: Franck Boston/shutterstock.com
Satz: Hackethal Producing, Bonn
Druck und Bindearbeiten: Westermann Druck Zwickau GmbH, Zwickau
Printed in Germany

ISBN 978-3-481-03998-1 (Buch-Ausgabe)
ISBN 978-3-481-03999-8 (E-Book-Ausgabe als PDF)
ISBN 978-3-481-04000-0 (Buch + E-Book)

FSC
www.fsc.org
MIX
Papier aus verantwortungsvollen Quellen
FSC® C110508

Vorwort

Nahezu jedes Bauvorhaben wird mit der Zielsetzung geplant, die Kosten so gering wie möglich zu halten. Daher ist jede Bauplanung mit einer vorausschauenden, gewissenhaften und umfassenden Kostenermittlung verknüpft, die einen Überblick über die zu erwartenden Gesamtherstellungskosten geben soll.

Um sicherzustellen, dass solche Kostenermittlungen möglichst einheitlich und vergleichbar durchgeführt werden, sind hierzu Normen mit Empfehlungen und Vorschriften entwickelt worden. Normengerechtes Bauen im Hochbau verlangt somit vom Baufachmann, dass er die DIN 276 „Kosten im Hochbau“ und die DIN 277 „Grundflächen und Rauminhalte von Bauwerken im Hochbau“ kennt und diese Normblätter richtig anwenden kann.

Die Verwendung dieser Normen mit ihren umfassenden Beschreibungen für die verschiedenen möglichen Hochbaukonstruktionen soll mit diesem Buch durch Erläuterungen, Kommentare, Abbildungen und Beispiele erleichtert werden. **Der Originaltext der Normen ist dabei durch eine halbfette Schrift hervorgehoben.**

Hierbei wurde insbesondere an den Baupraktiker, den Baufachmann und den Studierenden des Bauwesens gedacht, der sich schnell und zielstrebig mit diesen Fragen auseinandersetzen muss.

Bremen, im Juli 1977 F. Knut Weiß

Vorwort zur 21. Auflage

Die DIN 276 erschien im Dezember 2018 neu. Diese Norm stellt für Architekten, Fachplaner und Ingenieure eine wichtige Grundlage zur Ermittlung der Kosten von Bauwerken dar. Die DIN 276 und die DIN 277 sind in ihrer Verbindung für den Planer 2 bedeutende Normenwerke, wenn es um die Ermittlung der (Investitions-)Kosten von Bauwerken geht.

Die Beschreibung der DIN 276:2018-12 wird in der vorliegenden 21. Auflage in weiten Teilen ergänzt und überarbeitet sowie mit Anwendungshinweisen kommentiert. In der nunmehr neunten Fassung der DIN 276 seit ihrer Erstausgabe im Jahre 1934 sind wichtige neue Aspekte eingearbeitet bzw. ergänzt worden, die sich inhaltlich mit den Themen Grundsätze der Kostenplanung, Stufen der Kostenermittlung, Beschreibung der Kostengliederung, Übernahme der Regelungsinhalte aus der DIN 277-3 sowie Überarbeitung und Neufassung der Kostengruppen auseinandersetzen.

Wir danken in diesem Zusammenhang Herrn Dipl.-Ing. MA Klaus Liebscher für seine Ausführungen, umfangreichen Zeichnungen und Tabellen, die wir aus der 20. Auflage übernehmen konnten und die die Überarbeitung der 21. Auflage ganz wesentlich unterstützt haben.

Berlin, im März 2020

Prof. Dr.-Ing. Willi Hasselmann
Prof. Dr.-Ing. Clemens Schramm

Inhalt

Einführung

Prof. Dr.-Ing. Willi Hasselmann, Prof. Dr.-Ing. Clemens Schramm

Änderungen in DIN 276:2018-12 gegenüber den Fassungen 2008/2009

Im Vorwort der Neufassung DIN 276:2018-12 „Kosten im Bauwesen" werden die wesentlichen Änderungen gegenüber DIN 276-1:2008-12 „Kosten im Bauwesen – Teil 1: Hochbau", DIN 276-4:2009-08 „Kosten im Bauwesen – Teil 4: Ingenieurbau" und DIN 277-3:2005-04 „Grundflächen und Rauminhalte von Bauwerken im Hochbau – Teil 3: Mengen und Bezugseinheiten" dokumentiert. Diese Änderungen werden nachfolgend nach inhaltlichen Kriterien sortiert kurz angerissen. In Teil A sowie auch in Teil C des vorliegenden Buches finden sich sodann detaillierte Beschreibungen zu den einzelnen Punkten. Für die rechtlichen Aspekte der Kostenplanung wird auf die Ausführungen in Teil B verwiesen. In Teil D wird auf den Zusammenhang zwischen Kostenplanung und Wirtschaftlichkeit ein- und der Frage nach einer wirtschaftlichen Planung nachgegangen.

Beim Vergleich der DIN 276:2018-12 mit ihren Vorgängernormen aus den Jahren 2008 und 2009 sind vor allen Dingen die folgenden Aspekte von Bedeutung:

- Gliederung,
- Kostenermittlung und Kostenplanung,
- Flächen und Bezugnahme auf DIN 277 (2016),
- formale Veränderungen.

Gliederung

Gegenüber den Vorgängernormen DIN 276-1:2008-12 und DIN 276-4:2009-08 wurden mit der Norm DIN 276:2018-12 Änderungen vorgenommen, die eine Zusammenführung der Bereiche Hochbau und Ingenieurbau beinhalten. Dementsprechend wurde der Titel der Norm hin zu der allgemeineren Bezeichnung „Kosten im Bauwesen" angepasst. Damit soll dokumentiert werden, dass nunmehr eine Norm für die Kostenthematik sowohl des Hochbaus als auch des Ingenieurbaus zu verwenden ist, die bisher in 2 Teilen der Norm beschrieben wurden.

Diese Zusammenführung hat Konsequenzen für die Gliederung und die Bezeichnungen der Kostengruppen, die sich insbesondere in der zweiten und dritten Gliederungsebene der Norm durch ergänzende und neue Kostengruppenbezeichnungen auswirken. Dies betrifft besonders die Kostengruppe 500 „Außenanlagen und Freiflächen", die nunmehr die Außenanlagen von Bauwerken sowie die Freiflächen umfasst, die unabhängig und selbstständig von Bauwerken sind. Die Kostengruppen 300 „Bauwerk – Baukonstruktionen" und 400 „Bauwerk – Technische Anlagen" wurden so überarbeitet und ergänzt, dass sie nun nicht nur für den Hochbau, sondern auch für Ingenieurbauwerke und Infrastrukturanlagen verwendet werden können. Da jede Kostengruppe in der Norm auch inhaltlich beschrieben wird, ergeben sich teilweise umfangreiche Ergänzungen und Änderungen in der die einzelnen Kostengruppen definierenden Anmerkungsspalte (vgl. hierzu DIN 276:2018-12, Abschnitt 5.4 mit der Darstellung der Kostengliederung sowie die Abschnitte 6.2, 6.3 und 6.4 mit den Tabellen 2 [Mengen und Bezugseinheiten für die Kostengruppen der ersten Ebene der Kostengliederung], 3 [Mengen und Bezugseinheiten für die Kostengruppe 300] und 4 [Mengen und Bezugseinheiten für die Kostengruppe 400]).

Für weitere Einzelheiten wird auf die Ausführungen in Teil A des vorliegenden Buches verwiesen.

Kostenermittlung und Kostenplanung

Die Grundsätze der Kostenplanung wurden weiter präzisiert und mit dem Kostenvoranschlag wurde eine neue Kostenermittlungsstufe eingeführt. Als Grund hierfür wird angeführt, dass die Erstellung des Kostenanschlags als Kostenermittlungsstufe mit Wechsel von einer bauteil-/elementbezogenen Gliederung zu einer gewerkeorientierten Gliederung in der Praxis immer von den Ausschreibungsterminen abhängig gemacht wurde. Die Folge war, dass ein aussagefähiges Kostenermittlungsergebnis in Form des Kostenanschlags für alle Kostengruppen erst dann vorgelegt werden konnte, wenn alle zu vergebenden Leistungen letztendlich ausgeschrieben waren oder zumindest die mit Erfahrungswerten bezifferten Leistungsverzeichnisse vorlagen.

Diese bisherige Verfahrensweise soll nunmehr durch den Kostenvoranschlag verbessert werden, indem dieser schon anhand der Ausführungsplanung und Vorbereitung der Vergabe die Kostenansätze auf der Basis von Leistungsbereichen oder Gewerken aller auszuschreibenden Leistungen unter Verwendung von Erfahrungswerten und/oder bereits vorliegender Angebote und Aufträge erstellt wird. Für die Praxis bedeutet dies, dass der Kostenvoranschlag bereits in einem früheren Planungsstadium erstellt werden muss. Der Kostenanschlag, der als nachfolgende Kostenermittlungsstufe entsprechend dem Ausschreibungsverlauf nach und nach erstellt werden muss, dient somit nunmehr der weiteren Präzisierung der im Kostenvoranschlag bereits ermittelten Kosten. Das bedeutet: Die Kostenansätze des Kostenvoranschlags werden im Kostenanschlag ersetzt durch die Angebotspreise bzw. Auftragssumme der anbietenden Unternehmen und nach der Auftragserteilung durch die ggf. gestellten Nachaufträge der beauftragten bauausführenden Unternehmen. Damit wird auch eine wichtige Grundlage für eine praxisorientierte Kostenkontrolle und Kostensteuerung gelegt.

Zugleich wurden die Anforderungen an die Gliederungstiefe der weiterhin bestehenden Kostenermittlungen erhöht. So soll die Kostenschätzung jetzt in der zweiten Gliederungsebene und die Kostenberechnung in der dritten Gliederungsebene erstellt werden. Das erhöht zwar die Genauigkeit der Kostenprognose, erfordert aber seitens der Planer auch einen deutlich höheren Aufwand. Das Leistungsbild der Honorarordnung für Architekten und Ingenieure (HOAI 2013) setzt noch die geringeren Gliederungsstufen der DIN 276-1:2008-12 voraus; diese Diskrepanz müssen die Parteien daher ggf. vertraglich regeln (vgl. für weitere Einzelheiten die Ausführungen in Teil A, B und C dieses Buches).

Flächen und Bezugnahme auf DIN 277

Anders als in der Vorgängernorm werden in DIN 276-1:2018-12 die Regelungsinhalte der DIN 277-3:2005-04 der Mengen und Flächen mit Kostenbezug nunmehr übernommen und daraus die Tabellen 2 bis 4 aufgenommen. Dies ist im Wesentlichen eine redaktionelle Übernahme, soll jedoch eine stärkere Verzahnung der beiden schon immer aufeinander bezogenen Normen signalisieren. Somit wird auch weiterhin eine flächenartenbezogene Kostenermittlung propagiert, die zumindest in den frühen Kostenermittlungen für erste Kostenaussagen sinnvoll ist. Im Vorgriff auf die geplante Übernahme der o. g. Tabellen wurde in der Neufassung der DIN 277-1:2016-01 „Grundflächen und Rauminhalte im Bauwesen – Teil 1: Hochbau“ von vornherein von der Festlegung von Mengen und Bezugseinheiten für die Kostengruppen der DIN 276 abgesehen. Dies ist nunmehr in DIN 276 geregelt.

Um die Zusammenführung der Normen für den Hochbau und Ingenieurbau in der DIN 276:2018-12 auch praxistauglich zu gestalten, war es erforderlich, die einzelnen Kostengruppen zusätzlich inhaltlich zu beschreiben und die Berechnungsgrundlagen für die Mengen mit einzubeziehen. Damit wurde die zuvor enge Bezugnahme auf DIN 277 bis auf wenige Flächenarten wie z. B. Grundstücksfläche, die Brutto-Grundfläche (BGF) und die Netto-Raumfläche (NRF) aufgegeben. Es sei an dieser Stelle nochmals daran erinnert, dass die Normen DIN 277 und DIN 276 ursprünglich als korrespondierende Normen verfasst wurden, um z. B. unterschiedliche Flächenarten kostenmäßig bewerten zu können. Es bleibt abzuwarten, welches Ergebnis die Anfang 2020 wieder aufgenommene Normenarbeit an der DIN 277 haben wird.

Für weitere Einzelheiten wird auch hier auf die Ausführungen in Teil A und in Teil C des vorliegenden Buches verwiesen.

Formale Veränderungen

Neu aufgenommen in die DIN 276:2018-12 wurde der Abschnitt 2 „Normative Verweisungen“ sowie die Literaturhinweise am Ende der Norm. Bei den normativen Verweisen handelt es sich um Bezugnahmen auf andere Normen, in diesem Fall auf die DIN 277-1 „Grundflächen und Rauminhalte im Bauwesen – Teil 1: Hochbau“ und in allgemeiner Form auf die DIN 18960 „Nutzungskosten im Hochbau“. Beide genannten Normen korrespondieren mit der DIN 276:2018-12, beispielsweise die DIN 277-1 bei der Ermittlung der Brutto-Grundfläche (BGF) für die Ermittlung der Kosten in den Kostengruppen 300, 400, 600 und 700.

Die – schmalen – Literaturhinweise beziehen sich auf die DIN 18205 „Bedarfsplanung im Bauwesen“ (ohne Bezugnahme auf das Herausgabedatum der Norm), das Standardleistungsbuch für das Bauwesen (STLB-Bau) sowie die VOB Teil C „Allgemeine Technische Vertragsbedingungen für Bauleistungen“ (VOB/C). Sowohl das STLB-Bau als auch die VOB/C sind wichtige Strukturierungshilfen für eine ausführungsorientierte Gliederung der Kosten in Form von Leistungsbereichen. Diese sind jedem Experten ohnehin geläufig, sodass die Sinnhaftigkeit der Nennungen in der Norm nicht deutlich wird.

Würdigung und zeitgemäße Weiterentwicklung

Welchen Zweck soll die DIN 276:2018-12 erfüllen? Aus Sicht der Herausgeber können folgende Aufgaben der Norm formuliert werden:

- Die Norm soll für den Planungs- und Bauprozess, alle beteiligten Architekten und Ingenieure, die unterschiedlich am Markt agierenden Bauherrentypen sowie auftraggeberseitige Institutionen (z. B. Bund und Länder) einheitliche Vorgaben zur Kostenermittlung, Kostenkontrolle und Kostensteuerung definieren, die nach diesen Vorgaben der DIN 276 auch rechtssicher angewendet werden. Dementsprechend werden in der Norm an vielen Stellen Grundsätze formuliert (Grundsatz der Wirtschaftlichkeit, Grundsatz der Kostenkontrolle, Grundsatz der Kostensteuerung). Wie diese Grundsätze in der Praxis umgesetzt werden sollen, wird entweder konkret beschrieben (z. B. bei der Kostenkontrolle der kontinuierliche Vergleich der aktuellen Kostenermittlungen mit früheren Kostenermittlungen und Kostenvorgaben) oder in Form „geeigneter Maßnahmen" den Beteiligten überlassen.
- Die Kosten für Bauwerke des Hochbaus, des Ingenieurbaus, der Bauten für Freianlagen und Infrastrukturmaßnahmen sollen durch die definierten Kostengruppen so strukturiert werden, dass diese mit anderen Bauten ähnlicher Quantität und Qualität vergleichbar sind. Dies ist oftmals eine schwierige Angelegenheit, da Bauwerke nicht wie in der stationären Industrie in Serienfertigung errichtet werden, sondern als Unikate mit speziellen Projektbedingungen mehr den Charakter einer Einzelfertigung haben. Im betriebswirtschaftlichen Sinne entsprechen die Kostengruppen in ihrem Charakter einer Kostenstelle (Fragestellung also: Wo fallen die Kosten an?).
- Es sollen die Grundsätze einer wirtschaftlichen Planung und Baudurchführung berücksichtigt werden, d. h., es sollen die Kostenvorgaben und die Planungsvorgaben für die Quantitäten und Qualitäten eingehalten werden. Was allerdings darunter im Einzelfall zu verstehen ist, ist in der Praxis nicht immer erkennbar, zumal die Planung und Errichtung vieler Bauwerke diesen Grundsätzen nicht entspricht.
- Es soll möglich sein, aus den Ergebnissen einer Kostenplanung, Kostenkontrolle und Kostensteuerung Erkenntnisse zu gewinnen, die für nachfolgende Planungen und Baudurchführungen nutzbringend verwendet werden können.
- Die Norm erfüllt mit ihren Vorgaben auch einen buchhalterischen Zweck, denn durch die Dokumentation der tatsächlich angefallenen Kosten (in Form der gelegten Schlussrechnungen) lassen sich auch Nachweise ableiten z. B. für die Finanzierungsinstitute (Banken, Fördergeber) und für Steuerzwecke (z. B. steuerliche Abschreibungen).

Es ist hingegen nicht Aufgabe der DIN 276, Kostenkennwerte, Vergleichswerte oder andere Kostendaten für die Anwendung der Norm zur Verfügung zu stellen. In der Norm wird auch nicht in Kosten und Ausgaben unterschieden – Letztere sind nicht Gegenstand der DIN 276. Dementsprechend verwendet die Norm auch nur den Begriff der Kosten und nicht etwa die Begrifflichkeiten Aufwand oder Ausgaben bzw. für die Kostenvorgabe den Begriff Budget (die für einen bestimmten Zweck einem Wirtschaftsgut zur Verfügung stehenden Geldmittel) oder z. B. die Finanzierungsbegriffe Kredit, Hypothek oder Grundschuld, obwohl diese genannten Begriffe und deren Inhalte in der Baupraxis gerade für die Planung und Errichtung von Bauwerken eine große Bedeutung haben und mit den Inhalten der DIN 276 eng korrespondieren – denn ohne eine finanzielle Ausstattung (Finanzierung) kann kein Bauvorhaben realisiert werden.

Ohne Zweifel handelt es sich bei der DIN 276 um eine wichtige Norm zur Planung und Errichtung eines Bauwerks unter ökonomischen Bedingungen. Durch die Definition dessen, was bei der Planung und Errichtung eines Bauwerks dazugehört – das Grundstück, die vorbereitenden Maßnahmen, das Bauwerk, die Außenanlagen und Freiflächen, ggf. die Ausstattung und die Kunstwerke, die Baunebenkosten und die Finanzierung –, wird der Rahmen definiert. Es kann zwar darüber diskutiert werden, ob die neu aufgenommene Kostengruppe 800 „Finanzierung" mit dem Ausweis der entstandenen Finanzierungszinsen und Finanzierungsnebenkosten eine so große Bedeutung hat, die es rechtfertigt, sie als eigenständige Kostengruppe auszuweisen. Viel interessanter ist allerdings der Umstand, dass bestimmte Kostengruppen – insbesondere die Kostengruppe 100 „Grundstück", die Kostengruppe 700 „Baunebenkosten" und die Kostengruppe 800 „Finanzierung" – und deren Ermittlung nicht in der Verantwortung und Zuständigkeit einer Institution oder Person liegen.

So ist es üblich, dass der Bauherr im Normalfall die Kostengruppen 100 „Grundstück", 700 „Baunebenkosten" und 800 „Finanzierung" zu verantworten hat und die beteiligten Planer davon keine Kenntnis erlangen. Hier ergeben sich unter Umständen Verantwortungs- und Interessenkonflikte. Davon berührt sind auch die Fragen der digitalen Datenhoheit über die Kostendaten und deren zentraler Verwaltung sowie der rechtlichen Kostenverantwortung im Zusammenspiel mit z. B. der HOAI bzw. dem vereinbarten Leistungsbild. So ist beispielsweise die Kostensteuerung in der HOAI nicht als Grundleistung für die Architekten und Ingenieure genannt. Ohne eine von einer Institution oder Person (z. B. Architekt, Ingenieur oder Projektsteuerer) zu verantwortende Kostenkontrolle und Kostensteuerung kann dem formulierten Grundsatz der Wirtschaftlichkeit aber praktisch nicht nachgekommen werden. Das wäre dann die organisierte Verantwortungslosigkeit in Bezug auf die Kosten, die sicher nicht gewollt ist.

Hinzu kommt, dass die Thematik der Kosten im Bauwesen und die Anwendung der DIN 276 heute ohne EDV-Einsatz überhaupt nicht mehr zu bewerkstelligen ist. Das heißt konkret, dass die Mehrzahl aller mit der Kostenthematik befassten Institutionen und Personen (Architekten, Ingenieure und Projektsteuerer) hierfür Tabellenkalkulationsprogramme verwenden. Da jede Institution/Person im Normalfall ihre (büro)eigenen Tabellenvorlagen verwendet, sind diese Tabellenstrukturen oftmals sehr unterschiedlich und entsprechen nicht den Vorgaben der DIN 276. Die Ergebnisse sind dann nicht vergleichbar und – bedingt durch den Softwarealgorithmus – manipulierbar, weswegen hier in der Folge auch keine Dokumentenechtheit besteht. Die wenigen Softwareprogramme, die speziell für die Kostenplanung, Kostenkontrolle und Kostensteuerung entwickelt worden sind, sind häufig teuer und verlangen ein Spezialwissen bei der Anwendung. Es bleibt zu hoffen, dass durch die verstärkte Anwendung von Bauwerksdatenmodellierung (Building Information Modeling [BIM]) auch für die Kostenthematik zukunftsweisende und praxistaugliche Konzepte einschließlich eines Kostendatensystems entwickelt werden.

Wie beschrieben sind die Anforderungen an eine so wichtige Norm wie die DIN 276 nicht gering, insofern kommt hier der Normenarbeit eine wichtige Bedeutung zu. Wie sind nun die Ergebnisse der Überarbeitung des Jahres 2018 zu würdigen?

Nach ca. zehnjähriger Anwendung der DIN 276 aus dem Jahre 2008 mit den Ergänzungen, die 2009 für Ingenieurbauwerke vorgenommen wurden, erfolgte 2018 eine intensivere Überarbeitung der Norm. Üblicherweise sollen DIN-Normen alle 5 Jahre hinsichtlich ihrer Anwendung und Aktualität in der Praxis überprüft werden (vgl. www.din.de/de/ueber-normen-und-standards/din-norm). Offensichtlich wurde im Normenausschuss zur DIN 276 die Meinung vertreten, dass die Fassungen aus den Jahren 2008/2009 über den langen Zeitraum bis 2018 an Aktualität nichts eingebüßt hatten und eine Überarbeitung deshalb nicht zwingend schon früher geboten war. Wenn dennoch jetzt eine Überarbeitung erfolgt ist, kann dem hierfür zuständigen Arbeitsgremium die Meinung unterstellt werden, dass nunmehr aufgrund der Weiterentwicklung der technischen und organisatorischen Entwicklung beim Planen und Bauen ein Regelungsbedarf vorhanden ist.

Generell fällt dem mit der Materie befassten Leser der überarbeiteten Norm DIN 276 auf, dass sich die Thematik „Kosten im Bauwesen“ durch die umfassenderen und umfangreicheren Vorgaben immer mehr zu einem Spezialgebiet für Experten entwickelt, wie dies auch schon in anderen Bereichen des Planens und Bauens zu beobachten ist. Dies beginnt bereits bei der richtigen Auswahl der jeweils zu verwendenden Kostengruppe bzw. deren Auslegung und führt über die fachlich richtige Ermittlung der Kosten in den einzelnen Kostenermittlungsstufen bis hin zu den Themen Kostenkontrolle und Kostensteuerung.

Diese Spezialisierung zeigt sich auch in dem Umstand, dass die einst enge Verflechtung mit den Leistungsbildern und Leistungsphasen der HOAI nur noch in Teilbereichen vorhanden ist. Es ist erkennbar, dass sich die Fragmentierung der Architekten- und Ingenieurleistungen, die sich auch an der zunehmenden Vielzahl der an einem Bauprojekt Beteiligten zeigt, mehr und mehr auch auf die Kostenthematik auswirkt. Die gerade von Architekten favorisierte „Philosophie“ einer nicht trennbaren Konstellation von Planung und Bauausführung und der damit einhergehenden Leistungserbringung mit Rückkopplungseffekten (sog. „Lerneffekt“ aus den Fehlern und Erfahrungen bereits abgewickelter Objekte) ist – insbesondere im Hinblick auf das Kostenthema – nicht mehr realistisch. Dies wird nicht nur bei der Kostenplanung deutlich, sondern wirkt sich insbesondere auch auf die Kostensteuerung aus, die bereits jetzt nicht mehr in den Leistungsbildern der HOAI enthalten ist und entweder von der Projektsteuerung oder anderen Spezialisten für die Kostenplanung, -kontrolle und -steuerung einschließlich der Baubuchhaltung/Kostendokumentation erbracht wird. Die Verzahnung der Kostenplanung, Kostenkontrolle und Kostensteuerung mit den einzelnen

Leistungsphasen und den darin formulierten Grundleistungen der HOAI ist somit de facto nicht mehr gegeben. Es wäre wünschenswert, wenn im Zuge einer Novellierung der HOAI und auch der DIN 276 diesem Zusammenhang wieder mehr Beachtung geschenkt wird.

Die Akzentuierungen der DIN 276:2018-12 zusammenfassend fallen vor allem die aufgrund der Zusammenführung von Hochbau und Ingenieurbau/Infrastrukturanlagen vorgenommenen Ergänzungen und die sich daraus ergebenen Ergänzungen der Kostengruppengliederung ins Gewicht. Auch die Einführung einer neuen Stufe der Kostenermittlung, des Kostenvoranschlags, hat praxisrelevante Auswirkungen.

Dagegen wurden die in der Vorfassung DIN 276-1:2008-12 begonnenen zeitgemäßen Neuerungen Kostenvorgabe und Kostenrisiko nicht weiterentwickelt. Somit ist leider zu befürchten, dass das Thema Kostenrisiken (jetzt bezeichnet als „risikobedingte Kosten") in der Praxis stagniert, weil es an innovativen Vorgaben fehlt – z. B. dazu, wie Kostenrisiken zu bewerten sind bzw. welche Kostenrisiko-Kategorien ggf. formuliert werden können.

Auch ein anderer, immer wieder genannter Punkt wurde nicht in Angriff genommen: Es geht dabei darum, die Kostengruppe 300 „Bauwerk – Baukonstruktionen" in die Bereiche Rohbau und Ausbau zu trennen und den Ausbau wie vorher schon die technischen Anlagen in einer gesonderten Kostengruppe auszuweisen. Diese Kategorien sind nun einmal in der Denkweise der Baupraxis verankert und die kostenmäßige Bedeutung des Ausbaus hat in den letzten Jahren stetig zugenommen und wird auch weiter steigen. Die Relationen zwischen Grundstückskosten, Rohbaukosten, Ausbaukosten und den Kosten der technischen Anlagen werden sich zukünftig mehr verändern als in Vergangenheit. Diese Entwicklung sollte eine anwendbare Norm nicht unberücksichtigt lassen.

Dagegen wurde eine Kostengruppe 800 „Finanzierung" neu eingeführt (bisher in der Kostengruppe 760 ausgewiesen), deren praktischer Mehrwert gegen null tendiert, da sie ausschließlich im Verantwortungsbereich des Bauherrn anzusiedeln ist, schwer kostenmäßig zu fassen ist (abhängig von der Bauzeit und dem jeweiligen Zinsniveau) sowie in der Höhe der prozentual anteiligen Kosten bezogen auf die Bauwerkskosten (Kostengruppen 300 und 400) – gerade bei dem derzeitigen Zinsniveau – nur einen sehr geringen Anteil ausmacht.

Es bleibt zu hoffen, dass der Normenausschuss zur DIN 276 bei der nächsten Überarbeitung in ggf. 5 Jahren diese genannten Punkte berücksichtigt.

Teil A – DIN 276:2018-12 Kosten im Bauwesen

Prof. Dr.-Ing. Willi Hasselmann

Eine DIN-Norm sollte ca. alle 5 Jahre auf ihre Aktualität hin überprüft und – falls erforderlich – überarbeitet werden. Für die DIN 276 in ihrer Fassung aus dem Jahr 2008 war aus unterschiedlichen Gründen eine solche Überprüfung nach 10 Jahren wieder einmal notwendig geworden. Die DIN 276:2018-12 „Kosten im Bauwesen" ersetzt die bisherigen Fassungen DIN 276-1:2008-12 „Kosten im Bauwesen – Teil 1: Hochbau" und DIN 276-4:2009-08 „Kosten im Bauwesen – Teil 4: Ingenieurbau" sowie die Norm DIN 277-3:2005-04 „Grundflächen und Rauminhalte von Bauwerken im Hochbau – Teil 3: Mengen und Bezugseinheiten", deren Inhalte in die DIN 276:2018-12 integriert wurden.

Die DIN 276 ist für Architekten und Ingenieure eine der wichtigsten Normen überhaupt, geht es doch um die Ermittlung der Kosten eines Bauobjekts. Der Architekt und Fachingenieur, beide gemeinsam, ermitteln für den Bauherrn die Kosten seiner geplanten Investition in unterschiedlichen Stadien des Planungs- und Bauprozesses. Diese Kostenermittlungen stellen Kosten und Qualitäten/Quantitäten in einen engen Kontext zueinander und liefern somit die Grundlage für Wirtschaftlichkeitsbetrachtungen des Bauobjekts. Diese Wirtschaftlichkeitsbetrachtungen wiederum entscheiden über die Durchführbarkeit einer Bauinvestition schlechthin.

Kostenermittlungen auf Basis der DIN 276 bilden bereits in frühen Planungsphasen die Grundlage für Finanzierungsüberlegungen und -entscheidungen. Auch die Einbindung der DIN 276 in die Honorarordnung für Architekten und Ingenieure (HOAI) als Grundlage für die Honorarermittlung und innerhalb der Beschreibung der Leistungsbilder „Objektplanung" und „Fachplanung" zeigt, wie eng diese Norm mit der Tätigkeit der Architekten und Ingenieure verbunden ist.

Historisch gesehen folgt die DIN 276 von ihren Ursprüngen im Jahr 1934 bis heute in ihren Kostenermittlungsansätzen den Vorgaben des Bauherrn, indem sie dessen Vorstellungen von Qualität und Quantität in Kostenansätze transformiert. Vereinfacht könnte es auch so ausgedrückt werden: Der Bauherr erwartet von seinem Architekten und den Ingenieuren eine möglichst exakte Kostenermittlung, die sich aus seinen Vorgaben und den daraus resultierenden planerischen Ergebnissen und Festlegungen in den einzelnen Leistungsphasen des Planungs- und Bauprozesses ergibt. Wenn sich herausstellt, dass das Bauvorhaben zu teuer wird, muss entweder umgeplant (quantitative Änderungen) oder die Qualität reduziert werden.

Eine andere Vorgehensweise in der bauwirtschaftlichen Praxis lief darauf hinaus, Mehrkosten durch Finanzierungszugeständnisse der Geldgeber zu kompensieren und darauf zu hoffen, dass der Markt dies durch höhere Erträge auf der Einnahmenseite (Mieten oder Veräußerung) honorieren würde. Wie die Entwicklungen des letzten Jahrzehntes gezeigt haben, lässt sich dieser Ansatz nur bedingt in einem starkem Nachfragemarkt aufrechterhalten. Nachfinanzierungen aufgrund von Mehrkosten sind immer problematisch und sie sind sicher auch ein Grund dafür, die inhaltliche Normierung der DIN 276 immer weiter zu intensivieren und zu verschärfen.

Die neue DIN 276:2018-12 entwickelt die Vorgängernormen aus dem Jahr 2008 bzw. 2009 weiter, indem sie den **Prozess der Kostenermittlung und -genauigkeit** fortschreibt und strengere Maßstäbe an die Dokumentation und Nachvollziehbarkeit formuliert. Aktuell bleibt weiterhin der Bezug zum Marktgeschehen. Die Investitionskosten, so wie sie umfänglich in der DIN 276 ermittelt werden, stehen in unmittelbarem Kontext zur Finanzierung und daraus abgeleitet zur Ertragsseite und zu der Beantwortung der Frage: „Was darf das Bauobjekt unter Berücksichtigung der aktuellen Marktsituation auf der Ertragsseite (Miete oder Veräußerung) überhaupt kosten?" Erst daraus werden Quantitäten und Qualitäten abgeleitet.

Wenn heute in verstärktem Maße darüber diskutiert wird, wie Wohnraum für eine sozial verträgliche Miete bei gleichzeitig steigenden Grundstücks- und Baupreisen geschaffen werden kann, steht auch die DIN 276 mit ihren Inhalten zur Kostenplanung, -kontrolle und -steuerung dafür, diese Entwicklung transparenter zu machen und einer unkontrollierten Kostensteigerung entgegenzuwirken.

Daher ist es auch richtig, wenn in der DIN 276:2018-12 die Rahmenbedingungen und Anforderungen weiter verschärft werden und der Prozess transparenter dargestellt werden muss. Allerdings sollte nicht die Gefahr übersehen werden, dass sich die Inhalte und Anforderungen der DIN 276 immer mehr zu einer Spezialdisziplin entwickeln, die den Architekten und Ingenieuren als Hauptverantwortlichen für die Kostenthematik von Projektsteuerern und spezialisierten Kostenplanern aus der Hand genommen wird.

Für die Bauherren ergeben sich die durch die neu formulierten Inhalte in der DIN 276 Vorteile in Bezug auf Kostensicherheit und Controlling. Diese Inhalte werden nunmehr klarer definiert und die Anforderungen in Bezug auf die Kostengenauigkeit, die Dokumentationspflichten und die Kostentransparenz werden konkretisiert.

Architekten und Fachingenieure wiederum können vom Bauherrn nun klare Kostenvorgaben als Zielgröße verlangen und ihrerseits darauf hinweisen, dass Kostenvorgaben immer auch eindeutig definierbare Quantitäten und Qualitäten nach sich ziehen. Außerdem wird für alle Beteiligten durch diese Vorgehensweise der Blick immer wieder auf das aktuelle Marktgeschehen gelenkt. Dadurch wiederum werden die ökonomischen Auswirkungen einer baulichen Investitionsentscheidung sowohl für die Bauherren als auch für die Architekten und Ingenieure sichtbarer.

Ergänzend lässt sich festhalten, dass die Investitionskosten allein – wie in der Mitte der 1990er-Jahre deutlich wurde – für eine Investitionsentscheidung der Bauherren nicht mehr ausreichend sind. „Das Projekt muss sich rechnen", wie es so schön heißt.

Die Investitionsentscheidung wird maßgeblich durch den nachzuweisenden Gewinn bzw. die Rentabilität des Bauobjekts bestimmt.

Dieser Gesichtspunkt soll in diesem Buch, obwohl er die DIN 276 nur aus der Kostensicht tangiert, mit einem Regelwerk bzw. methodischen Verfahrensweisen näher beschrieben werden. Ziel ist es, die Investitionskostenberechnung in das wirtschaftliche Umfeld der Projektplanung zu integrieren.

Im Folgenden werden die einzelnen Abschnitte der DIN 276:2018-12 zitiert und anhand von Beispielen sowie weiterführenden Ausführungen kommentiert und erläutert, sodass der Leser für den praktischen Gebrauch der Norm eine Leitlinie zu den einzelnen Abschnitten erhält.

1 Anwendungsbereich

Diese Norm gilt für die Kostenplanung im Bauwesen, insbesondere für die Ermittlung und die Gliederung von Kosten. Sie erstreckt sich auf die Kosten von Hochbauten, Ingenieurbauten, Infrastrukturanlagen und Freiflächen sowie die damit zusammenhängenden projektbezogenen Kosten.

Diese Norm betrifft die Kosten für den Neubau, den Umbau und die Modernisierung von Bauwerken und Anlagen. Für Nutzungskosten im Hochbau gilt DIN 18960.

Diese Norm legt Begriffe und Grundsätze der Kostenplanung im Bauwesen sowie Unterscheidungsmerkmale von Kosten und Bezugseinheiten für Kostengruppen fest. Damit schafft die Norm die Voraussetzungen für eine einheitliche Vorgehensweise in der Kostenplanung sowie für die Vergleichbarkeit der Ergebnisse von Kostenermittlungen.

Die nach dieser Norm ermittelten Kosten können bei Verwendung für andere Zwecke (z. B. Vergütung von Architekten- und Ingenieurleistungen, steuerliche Förderung, Finanzierung, Haushaltsveranschlagung, Vermarktung) den dabei erforderlichen Ermittlungen zugrunde gelegt werden. Eine Bewertung der Kosten im Sinne der entsprechenden Vorschriften nimmt die Norm jedoch nicht vor.

Der Anwendungsbereich der DIN 276-1:2008-12 wurde ergänzt. Dezidiert werden die Bauwerke genannt, für die Kosten zu ermitteln sind. Neben den Hochbauten und den Ingenieurbauten sind die Bauwerke für Infrastrukturanlagen und Freiflächen hinzugekommen.

Es sind hier jene Kosten gemeint, die mit dem Neubau, dem Umbau und der Modernisierung von Bauwerken und Anlagen und den damit zusammenhängenden projektbezogenen Kosten entstehen. Im Sinne der Projektentwicklung werden so alle Kosten von der Projektidee bis zur Projektrealisierung – also bis zur Fertigstellung – Bestandteil der Norm. Dagegen gehören Instandsetzung und Instandhaltung als Investitionskosten zu den Baunutzungskosten, die nach DIN 18960:2008-02 „Nutzungskosten im Hochbau" zu ermitteln sind.

Neu ist, dass die Norm nicht nur die Unterscheidungsmerkmale für die Kosten definiert, sondern nunmehr auch die Bezugseinheiten für die einzelnen

Kostengruppen. Ziel ist es, eine einheitliche Vorgehensweise sicherzustellen und die Vergleichbarkeit der Ergebnisse zu erhöhen.

Dass die nach der Norm ermittelten Kosten auch für andere Zwecke benutzt werden können, war bereits Gegenstand der Vorgängernorm. Nun werden aber die Architekten- und Ingenieurleistungen explizit genannt und auch die Finanzierung, Haushaltsveranschlagungen sowie die Vermarktung als weitere mögliche Bezugselemente zu den Kosten mit aufgenommen.

Damit wird der Bezugsrahmen der Norm deutlich erweitert. Im Normentext wird jedoch ausdrücklich darauf hingewiesen, dass die DIN 276:2018-12 keine Bewertung der Kosten im Sinne der entsprechenden Vorschriften vornimmt.

Das bedeutet, dass z. B. die nach DIN 276:2018-12 ermittelten Kosten durchaus der Ermittlung der anrechenbaren Kosten bei der Honorarermittlung des Architekten/Fachplaners zugrunde gelegt werden können, die Norm aber nichts über die Anrechnungsfähigkeit der Kosten aussagt. So sind für eine schlüssige Honorarrechnung bis zu einer Novellierung der HOAI die nach DIN 276:2018-12 ermittelten Kosten immer noch entsprechend der Kostengliederung gemäß DIN 276-1:2008-12 zu gliedern und als anrechenbare Kosten zu bestimmen.

2 Normative Verweisungen

Die folgenden Dokumente werden im Text in solcher Weise in Bezug genommen, dass einige Teile davon oder ihr gesamter Inhalt Anforderungen des vorliegenden Dokuments darstellen. Bei datierten Verweisungen gilt nur die in Bezug genommene Ausgabe. Bei undatierten Verweisungen gilt die letzte Ausgabe des in Bezug genommenen Dokuments (einschließlich aller Änderungen).

- ***DIN 277-1, Grundflächen und Rauminhalte im Bauwesen – Teil 1: Hochbau***
- ***DIN 18960, Nutzungskosten im Hochbau***

Mit diesen normativen Verweisen auf die beiden korrespondierenden Normen DIN 277-1 und DIN 18960 soll sichergestellt werden, dass inhaltliche Beschreibungen in diesen Normen auch als Anforderungen der DIN 276:2018-12 zu verstehen sind. Diese Anforderungen sind in Verbindung mit der DIN 276 zu erfüllen und nicht als Optionen zu verstehen, von denen ggf. abgewichen werden kann. Wird die Norm konkret benannt, beziehen sich die Anforderungen auf die konkrete Ausgabe, ansonsten immer auf die letzte verfügbare Ausgabe der Norm.

3 Begriffe

3.1 Kosten im Bauwesen

Aufwendungen, insbesondere für Güter, Leistungen, Steuern und Abgaben, die mit der Vorbereitung, Planung und Ausführung von Bauprojekten verbunden sind

Anmerkung 1 zum Begriff: Kosten im Bauwesen werden in diesem Dokument im Folgenden als Kosten bezeichnet.

Viele Architekten und Ingenieure tun sich schwer mit der üblicherweise sehr abstrakten betriebswirtschaftlichen Definition dieses Begriffes.

Kosten werden in der Allgemeinen Betriebswirtschaftslehre folgendermaßen definiert (vgl. Diederichs, 2005, S. 26):

„[...] als bewerteter Verzehr von materiellen und immateriellen Gütern und Dienstleistungen zur Erstellung und zum Absatz von Sach- oder Dienstleistungen sowie zur Schaffung und Aufrechterhaltung der dafür notwendigen Kapazitäten. Sie errechnen sich aus dem Produkt der jeweils verbrauchten Produktionsfaktormenge und dem Produktionsfaktorpreis."

Etwas verständlicher formuliert könnte auch gesagt werden, dass der Kostenbegriff den Verbrauch all jener Sach- und Dienstleistungen beschreibt, die in Verbindung mit der Errichtung eines Bauprojekts stehen. Sie können nicht noch einmal an anderer Stelle verwendet werden. Da weder Materialien noch die Arbeitszeit ohne monetäre Gegenleistung zu bekommen sind, kommt der Geldfluss ins Spiel. Materialien und Dienstleistungen sind zu bezahlen, und zwar in Form von Preisen für diese Leistungen.

Zwischen den Begriffen Kosten und Preise muss in der Betriebswirtschaft und somit auch in der Bauwirtschaft als Teilgebiet der Betriebswirtschaft deutlich unterschieden werden.

In der Betriebswirtschaft wird unter Preisen eine „geldmäßige Gegenleistung für die Einheit oder Mehrheit angestrebter, angebotener oder erhaltener Leistungen, wobei diese Dienst- oder Werkleistungen auch in Form von Sach- oder immateriellen Gütern auftreten können" verstanden (vgl. Pfarr, 1984, S. 52). Wirtschaftliches Handeln ist immer bestrebt, Gewinn zu erzielen. Dementsprechend beinhalten Preise immer jenen Teil Kosten, die bei der Erbringung von Leistungen anfallen, zuzüglich eines Gewinnanteils oder abzüglich eines Verlustanteils (Verlustanteil nur, wenn die geforderten Preise nicht kostendeckend sind):

$$\text{Kosten} \begin{array}{c} + \text{ Gewinn} \\ - \text{ Verlust} \end{array} = \text{Preis}$$

Die Abgrenzung zwischen Kosten und Preisen wird noch deutlicher, wenn der Wirtschaftsablauf mit den beteiligten Institutionen betrachtet wird. Der Verkaufspreis einer vorgelagerten Wirtschaftsinstitution verursacht bei der nachgelagerten Wirtschaftsinstitution Kosten.

Die Baupreise einer Baufirma (Anbieter von Bauleistungen) setzen sich also immer aus den Kosten für die Erbringung von Bauleistungen zuzüglich des (kalkulierten) Gewinns der Baufirma zusammen. Dem Bauherrn als Besteller und Bezieher der Bauleistung entstehen Kosten. Veräußert der Bauherr seine Immobilie, errechnet er aus seinen Kosten zuzüglich eines Gewinnanteils den Verkaufspreis dieser Immobilie.

Kosten im Bauwesen im Sinne der DIN 276:2018-12 sind somit Aufwendungen, insbesondere für Güter, Leistungen, Steuern und Abgaben, die mit der Vorbereitung, Planung und Ausführung von Bauprojekten verbunden sind. In den Kostenermittlungen werden diese Aufwendungen in Geld ausgedrückt.

In der DIN 276-1:1981-04 „Kosten von Hochbauten; Begriffe“ wurden Kosten in den Erläuterungen wie folgt erklärt:

„Für den Auftraggeber sind die Preise des Auftragnehmers Kosten. Für den Auftragnehmer bestehen die Preise aus Kosten, Wagnis und Gewinn.“

Wenn in der DIN 276 von Kosten die Rede ist, so wird also immer von der Betrachtung aus der Sicht des Auftraggebers (also des Bauherrn) ausgegangen.

Unter dem Begriff Kosten im Bauwesen werden alle Aufwendungen für den Verzehr und den Verbrauch von Gütern und Leistungen sowie Steuern und Abgaben zusammengefasst, die mit der Vorbereitung, Planung und Ausführung von Bauprojekten im Zusammenhang stehen.

In der neuen Formulierung des Kostenbegriffs wird herausgestellt, dass die Aufwendungen mit dem Bauprojekt verbunden sind. Das bedeutet, dass nur diejenigen Aufwendungen als Kosten anzusehen sind, die ursächlich dem Bauprojekt zugeordnet werden können. Darüber hinaus anfallende Kosten wie z. B. Kosten für Vermietung (Maklerkosten) oder Kosten für Leerstand nach Fertigstellung des Bauprojekts sind somit nicht Bestandteil der DIN 276:2018-12.

3.2 Kostenplanung

Gesamtheit aller Maßnahmen der Kostenermittlung, der Kostenkontrolle und der Kostensteuerung

Die Maßnahmen der Kostenermittlung, der Kostenkontrolle und der Kostensteuerung werden eingebunden in den Oberbegriff Kostenplanung.

In Abschnitt 4 „Grundsätze der Kostenplanung“ der DIN 276:2018-12 wird auf das Thema der Kostenplanung detailliert eingegangen (vgl. Teil A, Kapitel 4).

3.3 Kostenermittlung

Ermittlung der entstehenden oder der entstandenen Kosten

Kostenermittlung ist ein Oberbegriff für Verfahren, mit deren Hilfe die Kosten entsprechend dem Stand der Planung und Durchführung des Bauprojekts ermittelt oder festgestellt werden.

Die Kostenermittlung wird als Vorausberechnung der bei der Planung und Errichtung des Bauwerks entstehenden Kosten bzw. als Feststellung der nach der Fertigstellung tatsächlich entstandenen Kosten definiert. Die bisherige Struktur der Kostenermittlungen wird in der DIN 276:2018-12 um den Kostenvoranschlag erweitert. Somit werden in der Norm die folgenden 6 Stufen der Kostenermittlung unterschieden:

- Kostenrahmen,
- Kostenschätzung,
- Kostenberechnung,
- Kostenvoranschlag,
- Kostenanschlag,
- Kostenfeststellung.

Es ist aber darauf hinzuweisen, dass der Kostenrahmen und auch der neu hinzugekommene Kostenvoranschlag als Grundleistungen, die vom Architekten zu erbringen sind, nicht in der aktuellen Fassung der HOAI enthalten sind.

Eine der wesentlichsten Änderungen in der DIN 276:2018-12 ist die Verbesserung der den einzelnen Kostenermittlungsarten zugeordneten Genauigkeit der Kostenermittlungen durch die veränderte Gliederungstiefe für die einzelnen Kostengruppen.

In Abschnitt 4.3 „Stufen der Kostenermittlung“ der DIN 276:2018-12 werden die einzelnen Stufen der Kostenermittlung detailliert beschrieben (vgl. Teil A, Kapitel 4.3).

3.3.1 Kostenrahmen

Ermittlung der Kosten auf der Grundlage der Bedarfsplanung

Der Kostenrahmen wird lediglich auf Grundlage der Bedarfsplanung erstellt, also noch vor der eigentlichen Entwurfstätigkeit des Architekten oder Ingenieurs. Dafür ist es nötig, die für die Vor- und Entwurfsplanung notwendigen Bedarfsangaben des Bauherrn bezüglich der zu planenden Qualität (z. B. Ausbaustandards) und Quantität (Größe des Bauprojekts, zu realisierende Flächenvorgaben) zu ermitteln und mit Kennwerten zu versehen. Darüber hinaus muss das zur Verfügung stehende finanzielle Budget geklärt werden, was ggf. zu einer Anpassung der Bedarfsangaben führt, die dann gemeinsam mit dem Bauherrn vorgenommen wird.

3.3.2 Kostenschätzung

Ermittlung der Kosten auf der Grundlage der Vorplanung

Die Kostenschätzung erfolgt auf der Basis der Vorplanung und dient zur Überprüfung dieser hinsichtlich der Einhaltung der Kostenvorgabe ggf. des festgelegten Kostenrahmens.

3.3.3 Kostenberechnung

Ermittlung der Kosten auf der Grundlage der Entwurfsplanung

Die Kostenberechnung erfolgt auf Grundlage der Entwurfsplanung und dient wiederum zur Überprüfung dieser hinsichtlich der Einhaltung der Kostenvorgabe ggf. des festgelegten Kostenrahmens sowie der Kostenschätzung. Auf Basis der Kostenberechnung wird in der Regel mit den Banken über eine entsprechende Finanzierung verhandelt.

3.3.4 Kostenvoranschlag

Ermittlung der Kosten auf der Grundlage der Ausführungsplanung und der Vorbereitung der Vergabe

Der Kostenvoranschlag wird in der DIN 276:2018-12 als neue Stufe der Kostenermittlung eingeführt. Zuzuordnen ist der Kostenvoranschlag der Ausführungsplanung, also der Leistungsphase 5 nach HOAI in der Fassung von 2013. Ziel ist es, mit dem Kostenvoranschlag letztmalig vor Beginn der Bauausführung einen Kostenstand als Entscheidungsgrundlage zu dokumentieren, der zweckmäßigerweise bereits nach Leistungsbereichen/Gewerken gegliedert sein sollte und umfassend **alle Kostengruppen** der DIN 276:2018-12 dokumentiert.

Damit soll die bisherige Verfahrensweise verbessert werden, indem zwischen der Stufe der Kostenberechnung und dem Kostenanschlag eine weitere Entscheidungs- und Kontrollebene gezogen wird. Diese Vorgehensweise entschärft auch das Problem, das in der Praxis bisher darin bestand, dass der Kostenanschlag immer nur den zwischenzeitlichen Vergabestand dokumentierte, im Regelfall nicht alle Kostengruppen umfasste und somit nicht als Entscheidungsgrundlage verwendet werden konnte.

Auf der Basis des Kostenvoranschlags kann auch die definitive Finanzierung des Bauprojekts besser vorgenommen werden. Es bleibt abzuwarten, ob sich der Kostenvoranschlag in der Praxis und im Leistungsbild der Planer durchsetzen wird.

3.3.5 Kostenanschlag

Ermittlung der Kosten auf der Grundlage der Vergabe und Ausführung

Der Kostenanschlag erfolgt nunmehr auf der Grundlage der Vorbereitung der Vergabe (Leistungsphase 6 nach HOAI), der Mitwirkung bei der Vergabe (Leistungsphase 7 nach HOAI) und der Ausführung (Leistungsphase 8 nach HOAI [Objektüberwachung]).

Der Kostenanschlag spiegelt die bisherige Vorgehensweise in der Praxis wider. Er ist somit auch ein Instrument der dynamischen Kostensteuerung und bildet den jeweiligen Kostenstand zu einem Ausführungszeitpunkt ab, indem er die bereits entstandenen Kosten, den jeweiligen Vergabe- und Vertragsstand sowie die Kostenvorgabe für die noch nicht ausgeschriebenen Leistungen dokumentiert.

3.3.6 Kostenfeststellung

Ermittlung der entstandenen Kosten

Die Kostenfeststellung ist eine Ermittlung der tatsächlich entstandenen Kosten des Bauprojekts und kann somit erst nach Fertigstellung des Bauvorhabens erstellt werden. Dieser Prozess kann sich in der Praxis über einen längeren Zeitraum erstrecken, bis alle Kosten festgestellt und dokumentiert sind. In der HOAI (§ 34) ist die Kostenfeststellung als Teil der Objektplanung in der Leistungsphase 8 zu erbringen.

Als Voraussetzung für Vergleiche und Dokumentationen ermöglicht die Kostenfeststellung das Bilden von Erfahrungs- oder Kostenkennwerten.

3.4 Kostenkontrolle

Vergleichen aktueller Kostenermittlungen mit früheren Kostenermittlungen und Kostenvorgaben

Bei der Kostenkontrolle handelt sich um sog. Soll-Ist-Vergleiche. Verglichen werden sollen die aktuellen Kostenermittlungen mit früheren Kostenermittlungen und Kostenvorgaben, also z. B. die Kostenberechnung mit der bereits vorliegenden Kostenschätzung. Allerdings muss auch die Kostenvorgabe (Zielgröße oder Obergrenze) dabei berücksichtigt werden (vgl. hierzu auch Teil A, Kapitel 3.6).

Bei vielen Bauprojekten der öffentlichen Hand kommt es hier immer wieder zu eklatanten Unterschieden, wenn durch die Parlamente/Politik Kostenzielgrößen vorgegeben werden, die dann von den ersten Kostenermittlungen an bereits ad absurdum geführt werden.

Die Kostenkontrolle erfolgt im Projektverlauf immer auf der Basis der aktuellen Kostenermittlung (bzw. Kostenfortschreibung), die zuerst immer mit der Kostenvorgabe (bzw. dem festgelegten Kostenrahmen) auf deren Einhaltung hin überprüft werden muss. Vergleiche zwischen der aktuellen und früheren Kostenermittlungen dienen der genauen Ursachenklärung für festgestellte Kostenabweichungen.

3.5 Kostensteuerung

Ergreifen von Maßnahmen zur Einhaltung von Kostenvorgaben

Die Kostensteuerung dient der zielgerichteten Beeinflussung der Kostenentwicklung und der Einhaltung von Kostenvorgaben.

Die Kostensteuerung erfolgt auf Basis der im Rahmen der Kostenkontrolle festgestellten Abweichungen zwischen der aktuellen Kostenermittlung und der Kostenvorgabe bzw. deren Festlegung innerhalb des Kostenrahmens. Das zielgerichtete Eingreifen und die Beeinflussung der Kostenentwicklung wird als Kostensteuerung bezeichnet.

In der DIN 276-1:2008-12 wurde noch das Eingreifen in die Planung als Maßnahme der Kostensteuerung hervorgehoben. Diese Formulierung wurde allgemeiner gefasst und umfasst nunmehr den gesamten Planungs- und Bauprozess gleichermaßen.

3.6 Kostenvorgabe

Festlegung von Kosten als Obergrenze oder als Zielgröße für das Bauprojekt

Die Festlegung der Kostenvorgabe ist eine originäre Bauherrenaufgabe und bildet den Ausgangspunkt der Kostenplanung, Kostenkontrolle und Kostensteuerung. Dabei kann die Festlegung der Kosten innerhalb der Kostenvorgabe entsprechend dem Normentext auf 2 verschiedene Arten erfolgen:

- Kosten als Obergrenze,
- Kosten als Zielgröße für das Bauprojekt.

Inwiefern sich diese verschiedenen Arten der Kostenvorgabe voneinander unterscheiden und welche Auswirkungen das für den Architekten/Fachplaner hat, wird in Kapitel 4.6 von Teil A dieses Buches näher beschrieben.

3.7 Kostensicherheit

Ziel und Aufgabe bei einem Bauprojekt, Kostenvorgaben durch geeignete Maßnahmen der Kostenplanung einzuhalten

Der Begriff der Kostensicherheit findet erstmalig in der aktuellen Fassung DIN 276:2018-12 Verwendung.

Damit wird darauf hingewiesen, dass die Einhaltung der Kosten, so wie es in der Kostenplanung festgelegt wurde, Ziel und Aufgabe zugleich ist. Diese Aufgabe ist nicht beliebig zu gestalten, sondern verlangt von allen beteiligten Institutionen (Bauherr, Projektsteuerer, Architekt/Fachplaner) ein hohes Maß an Verantwortungsbewusstsein.

3.8 Kostentransparenz

Ziel und Aufgabe bei einem Bauprojekt, die Kosten und deren Entwicklung durch eine geeignete Darstellung erkennbar und nachvollziehbar zu machen

Ebenfalls neu in die DIN 276:2018-12 aufgenommen wurde der Begriff der Kostentransparenz.

Kostentransparenz bedeutet, dass die für die Stufen der Kostenermittlung verwendeten Daten (Unterlagen des Entwurfsprozesses, Mengen und Kennwerte, Berechnungen usw.), der Entwicklungsprozess der Kostenermittlungen und alle Unterlagen, die im Zusammenhang mit den Kostenermittlungen verwendet wurden, transparent und nachvollziehbar dokumentiert werden. Es reicht also bei Weitem nicht aus, dem Bauherrn die einzelnen Kostengruppen mit Mengen und Kostenkennwerten versehen in Tabellenform vorzulegen.

3.9 Kostengliederung

Ordnungsstruktur, nach der die Gesamtkosten eines Bauprojekts in Kostengruppen unterteilt werden

Die Definition des Begriffes Kostengliederung in der DIN 276:2018-12 entspricht der Definition in der Vorgängernorm. Die dreistellige Ordnungsstruktur wurde ebenfalls aus der Vorgängernorm übernommen.

3.10 Kostengruppe

Zusammenfassung einzelner, nach den Kriterien der Planung zusammengehörender Kosten

Unter dem Begriff der Kostengruppe (KG) werden einzelne, zusammengehörende Kosten zusammengefasst. In Abhängigkeit von der Gliederungstiefe werden 3 Ebenen der Kostengliederung mit entsprechenden Kostengruppen unterschieden. Zur Unterscheidung der einzelnen Kostengruppen und zur Verdeutlichung sachlogischer Zusammenhänge werden Kostengruppen mit einer dreistelligen Ordnungszahl versehen.

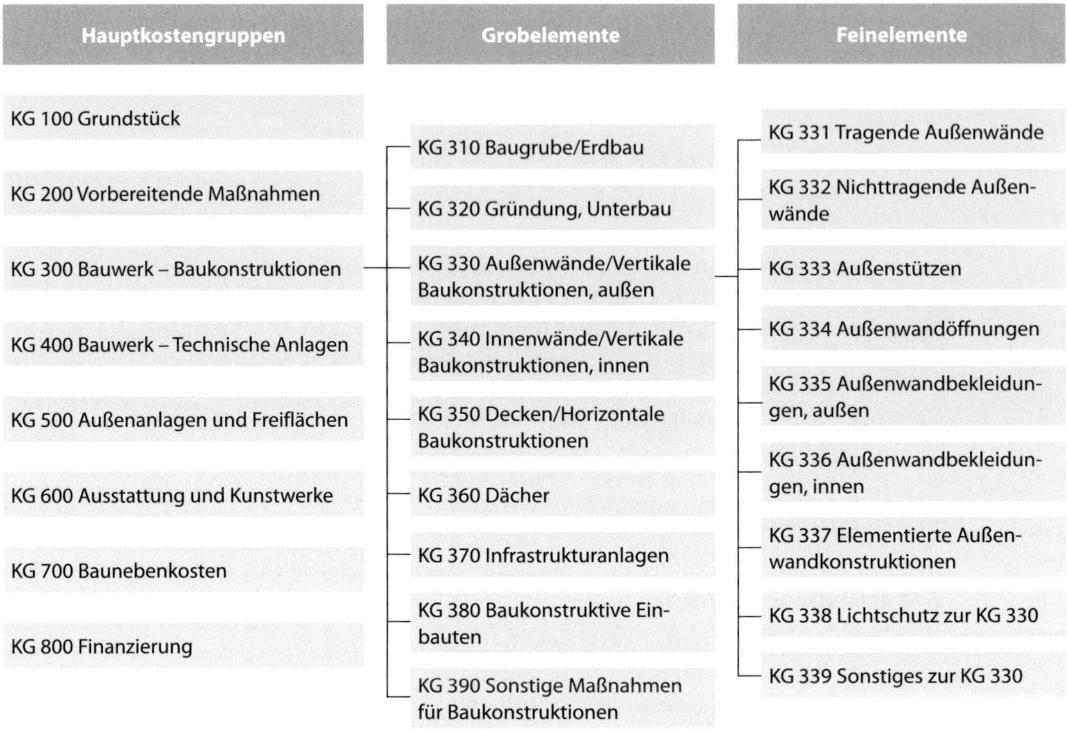

Abb. A.1: Kostengliederung der Kostengruppe 300 „Bauwerk – Baukonstruktionen" bis in die dritte Gliederungsebene

Die in Abb. A.1 dargestellte Kostengliederung zeigt am Beispiel der Kostengruppe 300 alle 3 Gliederungsebenen dieser Kostengruppe. Die Kostengruppen der ersten Gliederungsebene werden dabei als Hauptkostengruppen bezeichnet, die der zweiten Ebene als Grobelemente und die der dritten Ebene als Feinelemente.

Diese Gliederung wird auch **bauteilorientierte Gliederung** genannt, nach der das Gebäude in einzelne Bauelemente (Grobelemente) gegliedert wird. Diese werden dann weiter in Feinelemente unterteilt.

Wie an den Kostengruppen der zweiten Ebene erkennbar ist, wurden den vormalig hochbauorientierten Bauelementen Elemente des Ingenieurbaus hinzugefügt, um die Kostengliederung in allgemeiner Weise für das Bauwesen nutzen zu können. Dies folgt aus der Zusammenführung der beiden Teile der DIN 276 aus den Jahren 2008 und 2009.

Neben der bauteilorientierten Kostengliederung ist auch eine ausführungsorientierte Gliederung möglich. Bei dieser werden die Kosten des Bauprojekts unter den Gesichtspunkten der Bauausführung gegliedert. Detaillierte Informationen hierzu finden sich in Kapitel 5.3 von Teil A.

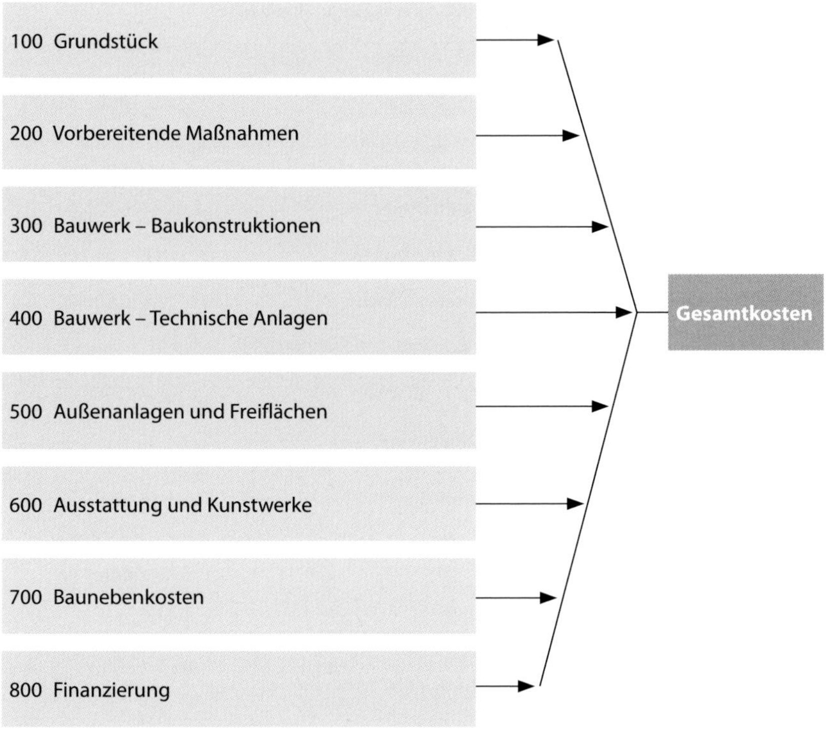

Abb. A.2: Zusammensetzung der Gesamtkosten

3.11 Gesamtkosten

Kosten, die sich als Summe der Kostengruppen 100 bis 800 ergeben

Die Addition aller Kosten aus den einzelnen Kostengruppen 100 bis 800 ergibt die Gesamtkosten. Unter Kostengruppe ist im Regelfall immer die Bündelung der untergeordneten und somit zusammenhängenden Kosten nach Abschnitt 5 der DIN 276:2018-12 zu verstehen.

Diese Zusammensetzung der Gesamtkosten in Abb. A.2 ist bis zur ersten Ebene der Kostengliederung unterteilt. Eine weitere Unterteilung in Untergruppen bis zur zweiten und dritten Ebene wird in Abschnitt 5.4 der DIN 276:2018-12 dargestellt (vgl. Teil A, Kapitel 5.4).

Tabelle A.1 zeigt ein konkretes Beispiel für die Zusammensetzung der Gesamtkosten.

Tabelle A.1: Kostenbeispiel für den Neubau eines Einfamilienhauses

Kostengliederung	**Kosten in €**
KG 100 – Kosten des Grundstücks	90.000,00
KG 200 – Kosten der vorbereitenden Maßnahmen	15.000,00
KG 300 – Kosten des Bauwerks – Baukonstruktionen	270.000,00
KG 400 – Kosten des Bauwerks – Technische Anlagen	120.000,00
Zwischensumme KG 300 + 400 Bauwerk 390.000,00 €	
KG 500 – Kosten der Außenanlagen und Freiflächen	30.000,00
KG 600 – Kosten der Ausstattung und Kunstwerke	–
KG 700 – Baunebenkosten	70.000,00
KG 800 – Finanzierung	15.000,00
Gesamtkosten	**610.000,00**

3.12 Bauwerkskosten

Kosten, die sich als Summe der Kostengruppen 300 und 400 ergeben

Der Begriff der Bauwerkskosten wurde unverändert aus der DIN 276-1:2008-12 übernommen. Die Kosten der Kostengruppen 300 und 400 betreffen ausschließlich das Bauwerk. Da diese Kosten in der Praxis von besonderem Interesse für den Bauherrn sind, sollten sie in Kostenermittlungen immer separat ausgewiesen werden.

Unter den vom Baukosteninformationszentrum Stuttgart (BKI) veröffentlichten Kostenkennwerten werden z. B. die Kostenkennwerte für die Bauwerkskosten separat ausgewiesen (vgl. BKI Baukosten Gebäude Neubau, Teil 1, 2019).

Weitere im Zusammenhang mit Bauprojekten verwendete Kostenbegriffe sind:

- Herstellungskosten,
- Herstellkosten,
- Gebäudekosten,
- Baukosten,
- reine Baukosten,
- Gesamtbaukosten.

Um Begriffsverwirrungen zu vermeiden, sollten Architekten und Fachingenieure sich bei der Planung und Realisierung von Bauprojekten bezüglich der Kosten im Bauwesen jedoch auf die Begriffe der DIN 276:2018-12 beschränken: **Bauwerkskosten und Gesamtkosten**.

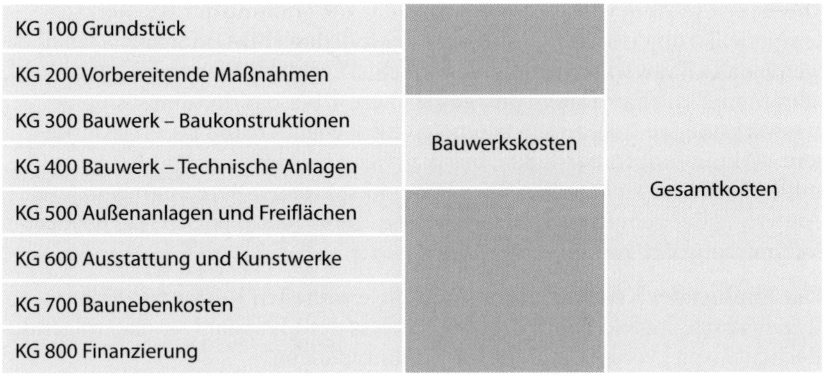

Abb. A.3: Zuordnung der verschiedenen Kostenbegriffe der DIN 276:2018-12 zu den Kostengruppen der ersten Gliederungsebene

Diese beiden Begriffe und Ihre Zuordnung zu den Kostengruppen der DIN 276:2018-12 werden in Abb. A.3 grafisch dargestellt.

3.13 Kostenkennwert

Wert, der das Verhältnis von Kosten zu einer Bezugseinheit darstellt

Kostenkennwerte werden als Verhältniswert von Kosten zu einer Bezugseinheit (z. B. m^2 Brutto-Grundfläche [BGF]) definiert.

Kostenkennwerte dienen innerhalb der Planungsphase der Ermittlung der Kosten. Zu diesem Zweck werden sie mit den jeweiligen Bezugsmengen multipliziert.

$$\text{Kostenkennwert} \cdot \text{Bezugsmenge} = \text{Kosten}$$

Kostenkennwerte werden auf der Basis abgerechneter Bauprojekte erstellt. Sie liegen in publizierter Form vielfältig vor. Das Baukosteninformationszentrum in Stuttgart (BKI) veröffentlicht z. B. jährlich statistische Kostenkennwerte für Gebäude, Bauelemente, Positionen sowie verschiedene Objekttypen. Darüber hinaus stehen vielfältige weitere Quellen zur Verfügung, die Kostenkennwerte für unterschiedliche Bezugseinheiten anbieten (vgl. hierzu Teil A, Kapitel 6).

Außerdem besteht für den Architekten/Fachplaner die Möglichkeit, Kostenkennwerte auf der Basis selbst geplanter und realisierter Bauprojekte zu bilden. So gewonnene Kostenkennwerte stellen dann einen unschätzbaren Wissensschatz dar, da der Architekt/Fachplaner in diesem Fall genau weiß, welche baulichen Qualitäten diese Kostenkennwerte abbilden.

Durch die Multiplikation der Kostenkennwerte mit Bezugsmengen werden Kosten ermittelt. Mithilfe von CAD-Anwendungen lassen sich Bezugsmengen schnell und genau ermitteln.

Diese Entwicklung wird derzeit durch neue Programme der Bauwerksdatenmodellierung (Building Information Modeling [BIM]) forciert. Dabei werden alle Bauwerksdaten digital modelliert und das Bauwerk als virtuelles Modell in einer Datenbank gespeichert. Über das dreidimensionale Bauwerksmodell und dessen geometrische Gebäudedaten lassen sich weitere Verknüpfungen herstellen, beispielsweise zu Mengen- und Kostenermittlungen oder zu bauphysikalischen und statischen Berechnungen. Jede Änderung der geometrischen Grunddaten führt (automatisch) auch zu einer Veränderung der kombinierten Daten.

Der Einfluss der Kostenkennwerte auf die ermittelten Kosten ist in der Regel jedoch ungleich höher als der Einfluss der Mengen. Das nachfolgende Rechenbeispiel verdeutlicht diesen Zusammenhang.

Beispiel: Einfluss von Kostenkennwerten

Die Menge (Fläche) von 500 m^2 Zementestrich wird zuerst mit einem Kostenkennwert von 17,00 €/m^2 und anschließend mit einem Kostenkennwert von 21,00 €/m^2 multipliziert (vgl. Berechnung 1 und 2 in Tabelle A.2). Anschließend wird untersucht, welche Flächendifferenz zu den gleichen Kosten führt wie die Verwendung des höheren Kostenkennwerts (vgl. Berechnung 3 in Tabelle A.2).

Es zeigt sich, dass eine Flächendifferenz von 117,6 m^2 den gleichen Kostenunterschied verursacht wie eine Erhöhung des Kostenkennwerts von 17,00 €/m^2 auf 21,00 €/m^2.

Tabelle A.2: Vergleich der Auswirkungen bei Kostenermittlungen infolge von Veränderungen bei Kostenkennwerten und Flächen

Berechnung	Fläche (A) in m^2	Kostenkennwert (KKW) in €/m^2	Kosten (KKW · A) in €
1	500,0	17,00	8.500,00
2	500,0	21,00	10.500,00
3	617,6	17,00	10.500,00

Das Beispiel verdeutlicht, dass bei der Wahl des zutreffenden Kostenkennwerts mit einer ungleich höheren Sorgfalt vorgegangen werden muss als bei der genauen Ermittlung der Flächen.[1]

Bei der Verwendung von Kostenkennwerten sind immer 2 Rahmenbedingungen zu berücksichtigen:

1 Unabhängig davon ist bei der Bezugsgrößenermittlung im Rahmen der Ausschreibung und Vergabe besondere Sorgfalt wichtig. Nach § 2 Abs. 3 Satz 2 und 3 VOB/B sind bei einer mehr als zehnprozentigen Über- oder Unterschreitung der ausgeführten Menge vom Mengenansatz der unter einem Einheitspreis erfassten Leistung oder Teilleistung auf Verlangen neue Einheitspreise zu vereinbaren. Dies kann in der Bauphase zu erheblichen Kostenänderungen führen.

- der zeitliche Bezugsrahmen der Kostenkennwerte und
- kostenbeeinflussende Faktoren der Kostenkennwerte.

Kostenkennwerte auf der Basis abgerechneter Bauvorhaben sind immer zeitabhängig. Preisveränderungen (in der Regel Preiserhöhungen) am Baumarkt bedingen andere (höhere) Kosten im Bauwesen. Somit müssen Kostenkennwerte an die Preisveränderungen angepasst werden. Zur Anpassung und Fortschreibung der Kostenkennwerte werden Preisindizes verwendet.

Preisindizes sind statistisch ermittelte Werte, die Preisveränderungen abbilden. Sie werden quartalsweise vom Statistischen Bundesamt für verschiedene Bereiche der Wirtschaft herausgegeben. Unter anderem werden auch Indizes für verschiedene Bauwerksarten des Hochbaus veröffentlicht, wie z. B. Wohngebäude, Bürogebäude und gewerbliche Betriebsgebäude, Neubauten von Einfamiliengebäuden, Neubauten im Tiefbau, Instandhaltungsarbeiten von Mehrfamiliengebäuden und Architekten- und Ingenieurleistungen. Mit ihrer Hilfe können Kostenkennwerte vergangener Jahre auf das aktuelle Jahr oder Quartal hochgerechnet (indiziert) werden bzw. es lassen sich Preisentwicklungen erkennen.

Folgende Formel kann verwendet werden, um Kostenkennwerte mithilfe von Preisindizes zu aktualisieren:

$$\frac{\text{alter Kostenkennwert} \cdot \text{neuer Preisindex}}{\text{alter Preisindex}} = \text{aktualisierter Kostenkennwert}$$

Dabei ist zu beachten, dass der „alte Preisindex“ dem Jahr der Fertigstellung des Bauprojekts entspricht, anhand dessen der „alte Kostenkennwert“ ermittelt wurde. Der „neue Preisindex“ ist dann der aktuelle, zur Verfügung stehende Preisindex. Der „neue Kostenkennwert“ bildet die preislichen Veränderungen am Baumarkt ab und kann für eine aktuelle Kostenermittlung verwendet werden.

In sehr frühen Planungsphasen – oder wenn zwischen Planung und Vergabe ein langer Zeitraum zu erwarten ist – müssen Kostenkennwerte für die Zukunft prognostiziert werden, denn die DIN 276:2018-12 verlangt auch, dass der Kostenstand eindeutig definiert wird (vgl. hierzu Teil A, Kapitel 4.2.4).

In solchen Fällen sind die entsprechenden Preisindizes hochzurechnen, wozu folgendes Verfahren angewandt wird: Die Preissteigerungen der vergangenen Jahre werden als Prozentzahl ermittelt. Für Bauten des Bundes werden dafür üblicherweise die letzten 5 Jahre herangezogen, für Bauten der Länder die letzten 3 Jahre. Aus den ermittelten Prozentzahlen der Preissteigerung wird das arithmetische Mittel errechnet und als PMittel in folgende Formel eingesetzt:

$$P_{\text{Prognose}} = \left(1 + \frac{P_{\text{Mittel}}}{100}\right)^{\left(\frac{t_{\text{Monate}}}{12}\right)}$$

Die Zeit t (vom Ausgangszeitpunkt der Berechnung bis zum Zeitpunkt in der Zukunft, auf den die Hochrechnung abzielt) wird in Monaten angegeben, um eine möglichst exakte Prognose zu erhalten.

Der so berechnete Wert P_{Prognose} stellt den Prozentwert für die Preissteigerung im Zeitraum t dar. Mit diesem Wert können sowohl der Preisindex als auch der Kostenkennwert hochgerechnet werden.

Bei der Verwendung dieser Formel ist jedoch dann Vorsicht geboten, wenn sich über einen längeren Zeitraum eine Preisentwicklung vollzogen hat, die sich für die Zukunft so nicht fortsetzen wird. Aktuell steigen die Baupreise aufgrund einer erhöhten Nachfrage nach Bauleistungen in Verbindung mit einem Fachkräftemangel stärker als in der Vergangenheit. Dies kann sich in der Zukunft aber wieder ändern. Diese Situation hat sich in den vergangenen Jahrzehnten bereits mehrfach wiederholt.

Werden Brutto-Kostenkennwerte aus vergangenen Jahren hochgerechnet und mittels Preisindizes aktualisiert, müssen ebenfalls Veränderungen bei der Mehrwertsteuer beachtet werden. Das letzte Mal wurde die Mehrwertsteuer zu Beginn 2007 von 16 auf 19 % erhöht. Um Kostenkennwerte diesbezüglich anzupassen, müssen sie (im Anschluss an die Aktualisierung mittels Preisindex) auf die neue Mehrwertsteuer „hochgerechnet" werden. Dazu kann ein Faktor verwendet werden (hier dargestellt am Beispiel Kostenkennwert netto), der sich wie folgt berechnet:

$$\text{Faktor}_{\text{MwSt}} = \frac{\text{Kostenkennwert netto} \cdot \text{neue Mehrwertsteuer}}{\text{alte Mehrwertsteuer}}$$

Bei der Verwendung von Kostenkennwerten ist der zeitliche Bezugsrahmen immer zu beachten. Zu beachten ist außerdem, dass Kostenangaben nach DIN 276:2018-12 im Regelfall immer als Bruttoangaben anzugeben sind, also inkl. der gesetzlichen Mehrwertsteuer, obwohl die DIN 276:2018-12 auch eine abweichende Nettoangabe zulässt (also Kostenangaben ohne die gesetzliche Mehrwertsteuer). Deshalb ist es zweckmäßig, alle Kostenangaben eindeutig zu deklarieren (alle Kostenangaben entweder mit oder ohne Mehrwertsteuer).

Den kostenbeeinflussenden Faktoren muss jedoch bei der Wahl von zutreffenden Kostenkennwerten mit gleicher Aufmerksamkeit begegnet werden. Nachfolgend werden die wichtigsten kostenbeeinflussenden Faktoren kurz erläutert.

Die hier aufgeführten Faktoren haben keinen Anspruch auf Vollständigkeit, stellen aber die wichtigsten Größen dar, die die Höhe von Kostenkennwerten mit beeinflussen.

Gebäudegröße

Bei der Wahl der Kostenkennwerte muss die Größe des Vergleichsobjekts, das diese Kostenkennwerte liefern soll, möglichst gleich der Größe des geplanten Bauprojekts sein. Baukosten steigen nicht linear mit der Gebäudegröße. So sind kleinere Bauprojekte im Verhältnis zur realisierten Fläche z. B. oft mit höheren Kosten verbunden als größere Projekte.

Gebäudekubatur

Je freier eine Gebäudeform ist, umso aufwendiger ist diese in der Herstellung. Das betrifft sowohl stark gegliederte Baukörper als auch die Verwendung geschwungener Formen bei der Gestaltung des Baukörpers. Generell lässt sich sagen, dass das Bauelement Außenwand im Normalfall das kostenträchtigste aller Bauelemente an einem Bauwerk ist.

Qualität

Kostenkennwerte spiegeln immer auch die baulichen Qualitäten eines Bauprojekts wider.

Der Begriff Qualität wird in der Betriebswirtschaft verstanden als *„die Summe aller objektiven, stofflich-technischen Eigenschaften, wie*

- *Funktionsqualität (Zuverlässigkeit), Wartbarkeit,*
- *Materialqualität,*
- *Verarbeitungsqualität“* (Pfarr, 1984, S. 104).[2]

In der Bauwirtschaft spielt ein weiterer Qualitätsfaktor eine Rolle: die gestalterische (architektonische) Qualität.

Unterschiedliche Anforderungen an die Qualitäten eines Bauprojekts führen zu unterschiedlichen Kosten desselben. Dementsprechend verändern sich auch die Kostenkennwerte.

Folglich muss bei der Wahl der Kostenkennwerte genau beachtet werden, welche qualitativen Anforderungen der Bauherr an das Bauprojekt stellt. Besonders beim Ausbau und bei den Oberflächeneigenschaften führen qualitative Unterschiede zu unterschiedlichen Kostenkennwerten.

Installationsgrad

Der Installationsgrad drückt sich in den Kosten der Kostengruppe 400 „Bauwerk – Technische Anlagen“ aus bzw. im Anteil dieser Kosten an den Bauwerkskosten. Gebäude mit einem hohen Installationsgrad sind z. B. Bürogebäude oder Gebäude mit Laborräumen. Diese besitzen eine höhere technische Infrastruktur, z. B. bedingt durch Lüftungsanlagen.

Gebäudestandort

Der Gebäudestandort beeinflusst die Kosten z. B. aufgrund von beengten räumlichen Verhältnissen, die weit höhere logistische Maßnahmen erfordern als bei einem Bauprojekt in freier Umgebung. Ebenso können aber

2 Darüber hinaus liefert Pfarr, 1984, S. 104, folgende Definitionen:
„Zuverlässigkeit ist die Wahrscheinlichkeit, dass ein System während der vorgesehenen Nutzungszeit und unter den vorgesehenen Nutzungsbedingungen einwandfrei funktioniert.“ [...]
„Wartbarkeit ist der Eignungsgrad, mit dem die Durchführung aller Servicemaßnahmen an einem System ermöglicht wird.“

auch zusätzliche Maßnahmen, die die Nachbarbebauung betreffen, wie z. B. die Unterfangung angrenzender Gebäude oder eine erforderliche Wasserhaltung bei einem hohen Grundwasserstand die Kosten eines Bauprojekts deutlich erhöhen.

3.14 Bezugseinheit

Einheit, auf die sich die Kosten in einem Kostenkennwert beziehen

Unter Bezugseinheit ist eine Einheit zu verstehen, auf die sich eine Menge oder Teilmenge bezieht und auf die auch die Kostengruppen nach DIN 276:2018-12 bezogen werden.

Leider kommt es in der Praxis immer wieder vor, dass Bezugseinheiten (z. B. €/m^2 Brutto-Grundfläche [BGF], €/m^3 Brutto-Rauminhalt [BRI]) nicht mit angegeben werden. In der Folge ergeben sich immer wieder Diskussionen darüber, worauf sich der Kostenkennwert eigentlich bezieht. Auch reicht auch nicht aus, nur die Einheit anzugeben (wie z. B. m^2 oder m^3), da die möglichen Bezugseinheiten einen großen Interpretationsspielraum zulassen (vgl. dazu auch die Ausführungen in Teil A, Kapitel 6).

3.15 Kosteneinfluss

Umstand, der sich auf die Höhe von Kosten auswirkt

Die Einflüsse auf die Höhe der Kosten von Bauprojekten sind vielfältig. In der Praxis zeigt sich dies immer dann, wenn in den Medien von Kostenüberschreitungen in nicht unerheblichem Maße zu lesen ist. Jenseits der Fachwelt wird sich dann oft gefragt, ob die Architekten und Fachplaner denn so schlecht ausgebildet werden, dass sie eine der fundamentalen Forderungen beim Planen und Bauen – ein Bauprojekt im vorgegebenen Kostenrahmen zu errichten – nicht bewerkstelligen können. Dabei wird dann zumeist übersehen, dass viele Kostensteigerungen gar nicht auf das Fachwissen der Architekten und Fachplaner zurückzuführen sind, sondern auf Faktoren außerhalb deren Einwirkungsmöglichkeiten.

In der Kategorisierung der Kosteneinflüsse lassen sich 2 Gruppen nennen, die unabhängig voneinander wirken und wie folgt in weitere Untergruppen von Einflussfaktoren ungegliedert werden können:

- **planungs- und baubezogene Kosteneinflussfaktoren**
  - projektbezogene Kosteneinflussfaktoren
  - objektbezogene Kosteneinflussfaktoren
- **externe, das Planen und Bauen direkt/indirekt beeinflussende Kosteneinflussfaktoren**
  - gesetzliche und normative Regelungen
  - politische Einflussnahmen
  - konjunkturelle, markt- und regionalspezifische Einflussfaktoren
  - klima- und witterungsbedingte Einflussfaktoren

Entsprechend dieser Gliederung sollen die Kosteneinflüsse nachfolgend beschrieben werden.

Insgesamt kann gesagt werden, dass es aufgrund der Vielzahl potenzieller Kosteneinflussfaktoren nur schwer zu prognostizieren ist, in welcher Höhe sich die einzelnen Faktoren positiv oder negativ auf das Bauprojekt auswirken.

Planungs- und baubezogene Kosteneinflussfaktoren

Projektbezogene Kosteneinflussfaktoren

Hier geht es hauptsächlich um die organisatorische Abwicklung des Planungs- und Bauprozesses, z. B. um die Frage, wer als Bauherr fungiert: Handelt es sich um einen privaten Einzelbauherrn oder den öffentlichen Bauherrn – in welcher Rechts- und Gesellschaftsform tritt er auf und welche Ziele verfolgt er?

Wie die Erfahrung zeigt, führt eine nicht gut durchdachte Planungs- und Bauorganisation zu erheblichen negativen Kosteneinflüssen – oder sogar zu positiven Kosteneinflüssen, denn beides ist möglich. Im negativen Fall kommt es zu Kostensteigerungen, im positiven Fall zu Kosteneinsparungen. Da organisatorische Festlegungen in sehr frühen Projektphasen erfolgen, sind diese im weiteren Projektverlauf nur sehr schwer oder oftmals gar nicht korrigierbar – mit den entsprechenden Auswirkungen.

Bauwerke werden in der Regel von einem sog. Bauteam errichtet, das sich von Projekt zu Projekt immer wieder neu zusammensetzt und dessen Teammittglieder – eine Vielzahl unternehmerisch selbstständiger Planer, Firmen sowie weitere Institutionen – von unterschiedlichen Interessen und Zielen geleitet werden. Wird dieses Team schlecht koordiniert und organsiert, können sich erhebliche Reibungsverluste und infolgedessen oft auch negative Kosteneinflüsse ergeben.

Weiterhin sind die projektbezogenen Zielvorgaben für eine positive oder negative Kostenbeeinflussung sehr wichtig – vor allem müssen diese auch realistisch sein. Gemeint sind die Zeit- und Kostenvorgaben des Bauherrn. Sind sie unrealistisch, also im Hinblick auf die Zeit zu eng bemessen oder bezüglich der Kosten unrealistisch zu niedrig, was oft bei öffentlichen Bauprojekten zu beobachten ist, dann führen sie zu negativen Kosteneinflüssen, da sich die Zielgrößen Qualität, Zeit und Kosten unterschiedlich auf das Bauprojekt auswirken. Kurze Planungs- und Bauzeiten führen ebenso wie hohe Qualitätsanforderungen unausweichlich zu höheren Kosten.

Objektbezogene Kosteneinflussfaktoren

Hier lassen sich viele Einflussfaktoren benennen wie z. B.:

- das Bauwerk in seiner Form und Funktion,
- die Größe (Quantität) und Qualität, in der das Bauwerk errichtet werden soll,
- die Komplexität der Funktionen,
- die Novität des Gebäudes oder Bauwerks,
- die Durchführung des Planungs- und Bauprozesses (Steuerung, Erteilung der Baugenehmigung, Vergaben usw.),

- die Örtlichkeit des Bauprojekts (Baugrund, Altlasten, Zugänglichkeit der Baustelle usw.),
- die Sach- und Fachkunde der beteiligten Architekten und Fachingenieure.

Externe, das Planen und Bauen direkt/indirekt beeinflussende Kosteneinflussfaktoren

Gesetzliche und normative Regelungen

Deutschland ist ein Land, in dem die gesetzlichen und normativen Regelungen – positiv formuliert – ständig angepasst und optimiert werden. Viele dieser Regelungen sind sicher oft gut gemeint, oftmals aber auch überzogen. In der Konsequenz führen sie leider häufig zu negativen Kosteneinflüssen, die Mehrkosten verursachen. Ein Beispiel hierfür ist aus Sicht des Autors die Energieeinsparverordnung (EnEV), die im Sinne des Klimaschutzes sicherlich gut gemeint ist, aber in der Tendenz zu Mehrkosten und in der Folge zu Mietsteigerungen geführt hat.

Politische Einflussnahmen

Der Lobbyismus ist in Deutschland sehr stark ausgeprägt und infolgedessen auch bei der Planung von Bauprojekten von nicht unerheblichem Einfluss. Es geht im Regelfall beim Bauen immer um sehr viel Geld und das bedeutet interessengeleitete Einflussnahmen.

Es ist eben als Kosteneinfluss etwa nicht unwichtig, welche Geschossflächenzahl (GFZ) oder Grundflächenzahl (GRZ) in den Bebauungsplänen von den Parlamenten festgelegt wird oder welche Auflagen dem Bauherrn im Zusammenhang mit der Infrastruktur auferlegt werden, um 2 Beispiele zu nennen.

Auch Markteingriffe durch gezielte Fördermaßnahmen und Subventionen bis hin zu Steuervergünstigungen werden als politische Einflussnahme des Staates vorgenommen, um die Bauwirtschaft zu stimulieren oder gezielte Effekte auf Teilmärkte wie z. B. den Wohnungsmarkt zu erzielen.

Konjunkturelle, markt- und regionalspezifische Einflussfaktoren

Baumärkte sind Regionalmärkte, da sie von mittelständischen Bauunternehmen und kleineren Handwerksbetrieben geprägt sind. Die Preise für Bauleistungen sind dementsprechend regional unterschiedlich. Angebot und Nachfrage sind abhängig von der konjunkturellen Situation auf den Regionalmärkten, der gesamtwirtschaftlichen Konjunkturlage und den geldmarktpolitischen Rahmenbedingungen, insbesondere von der Zinssituation in der Eurozone.

Da die Baukonjunktur in den letzten Jahrzehnten sehr volatil war und zum Teil stark abhängig von öffentlichen Bauaufträgen, haben sich die in der Bauwirtschaft tätigen Firmen und Arbeitnehmer auf diese Situation eingestellt: In Zeiten hoher Nachfrage nach Bauleistungen steigen die Baupreise stärker als in anderen Industriezweigen, so wie sie in Zeiten geringer Nachfrage aufgrund eines höheren Konkurrenzdrucks auch schneller fallen.

Klima- und witterungsbedingte Einflussfaktoren

Die witterungsbedingten Ausfallzeiten aufgrund von Schlechtwetter und Frostperioden haben sich zwar reduziert, sind aber wegen der Produktion im Freien (Baustellensituation) nicht auszuschließen. Sie spielen aber nicht mehr dieselbe Rolle wie noch in den durch strenge Frostperioden geprägten Wintern der vergangenen Jahrzehnte. Hinzu kommt, dass witterungsbedingte Produktionsausfälle durch Winterbaumaßnahmen, durch bei Frost einsetzbare winterbautaugliche Materialien sowie durch einen verbesserten Maschineneinsatz weiter reduziert werden konnten.

3.16 Kostenermittlungsverfahren

Verfahrensweise zur Ermittlung von Kosten, die von der Art der Kostengliederung, der gewählten Gliederungstiefe und den angewendeten Kostenkennwerten bestimmt wird

Die Entwicklung der Kostenermittlungsverfahren ist eng mit der Fortschreibung der DIN 276 und DIN 277 verbunden.

Aus heutiger Sicht werden 4 unterschiedliche Verfahren unterschieden, die nachfolgend beschrieben werden sollen:

- flächenartenbezogene Verfahren,
- nutzungsbezogene Verfahren,
- (Bau-)Elementverfahren,
- leistungsbereichs- oder gewerkebezogene Verfahren.

Flächenartenbezogene Verfahren

Den Ursprung der Verfahren zur Kostenermittlung nach DIN 276 bildeten flächenartenbezogene Verfahren, nach denen die Kosten üblicherweise über den Brutto-Rauminhalt (BRI) berechnet wurden. Nachdem sich herausgestellt hatte, dass der Brutto-Rauminhalt als Bezugsbasis zur Kostenermittlung weniger geeignet ist, wurde die Brutto-Grundfläche (BGF) als Bezugsbasis zur Kostenermittlung bei der Kostenschätzung verwendet.

Die ursprüngliche Idee der flächenartenbezogenen Verfahren war es, korrespondierend zur DIN 277 Flächenarten für die Nutzung zu definieren, für die dann auch die Kosten ermittelt werden können. Diese Idee wurde allerdings für die Kostenermittlungen nicht weiterverfolgt, weil Kostenkennwerte, die der Untergliederung der Nutzflächen gemäß DIN 277 entsprechen, nicht bereitgestellt wurden (also z. B. €/m^2 für Wohnen oder €/m^2 für Büroarbeit).

Aus den flächenartenbezogenen Verfahren und den daraus abgeleiteten Kostenermittlungen lassen sich nur dann einigermaßen verlässliche Aussagen ableiten, wenn den Kostenkennwerten eine größere statistische Basis ausgewerteter Objekte zugrunde liegt.

Nutzungsbezogene Verfahren

Die sog. nutzungsbezogenen Verfahren haben sich dann eher für überschlägige Kostenermittlungen wie den Kostenrahmen etabliert, der zu Beginn des Planungs- und Bauprozesses zu erstellen ist. Diese Verfahren basieren auf Bedarfsangaben über Art und Umfang der vorgesehenen Nutzung wie beispielsweise die Anzahl der Krankenhausbetten, Anzahl der Wohnungen, Anzahl der Büroarbeitsplätze usw. Solche Bedarfsangaben können üblicherweise aus dem Bedarfs- und Raumprogramm entnommen werden. Die sehr überschlägigen Berechnungen sind allerdings entsprechend ungenau, da die dafür notwendigen Kennwerte oft nicht den Unterschied qualitativer Standards widerspiegeln.

(Bau-)Elementverfahren

Ab Anfang der 1980er-Jahre wurden erstmalig die sog. Elementverfahren für die (Bau-)Kostenermittlung, konkret für die Kostengruppe 300 „Bauwerk – Baukonstruktionen" publiziert (vgl. hierzu Messregeln für Gebäudeelemente nach DIN 276, Teil 2, 1980/1982). Mit diesem Bauforschungsprojekt wurde erstmals versucht, einfache und schlüssige Regeln zu bilden, nach denen die (Bau-)Elemente bzw. Grob- und Feinelemente (der zweiten und dritten Ebene) für die Kostenermittlung bemessen werden. Die Regeln wurden katalogisiert und mit mehr als 100 Zeichnungen erläutert.

Ausgangsbasis der Überlegungen zu diesem neuen Verfahren war es, die Kostenermittlungen zu vereinfachen und zu standardisieren sowie in der Folge auch die Kostenermittlungsergebnisse zu verbessern.

Ein Bauelement beschreibt eine bestimmte baukonstruktive Lösung (z. B. eine bestimmte Außenwandkonstruktion) mit allen Teilen, also den Öffnungen (z. B. Fenster und Türen), der Tragkonstruktion (z. B. Beton oder Mauerwerk), der Außenwandverkleidung (z. B. Wärmedämmung, Putz, Sonnenschutz) – bis hin zur Innenoberfläche (z. B. Putz, Tapete oder Anstrich); es besteht also bezogen auf die Bauausführung aus verschiedenen Gewerken.

Hintergrund ist die Überlegung, das Gebäude in seine wichtigsten 6 Bestandteile (Elemente) aufzugliedern:

- Baugrube,
- Gründung,
- Außenwände,
- Innenwände,
- Decken,
- Dächer.

Diese Elemente werden dann weiter unterteilt. In diesem Zusammenhang wird auch von sog. Grob- und Feinelementen gesprochen, wobei die Definition nicht einheitlich geregelt ist (oftmals werden Feinelemente auch als Unterelemente bezeichnet).

Die DIN 276:2018-12 hat dieses Prinzip nun auch auf die Ingenieurbauwerke ausgeweitet, indem die Norm die Elementbezeichnung folgendermaßen erweitert:

- Baugrube/Erdbau (KG 310),
- Gründung, Unterbau (KG 320),
- Außenwände/Vertikale Baukonstruktionen, außen (KG 330),
- Innenwände/Vertikale Baukonstruktionen, innen (KG 340),

- Decken/Horizontale Baukonstruktionen (KG 350),
- Dächer (KG 360).

Nicht in diese Systematik passen die Kostengruppen der Technik (Kostengruppe 400 „Bauwerk – Technische Anlagen"). Anlagen sind ihrem Charakter nach keine Elemente, sondern eher technische Komponenten. Daher sind diese Kosten bisher über die Brutto-Grundfläche (BGF) ermittelt worden.

Der Logik einer differenzierten, genauer werdenden Kostenermittlung folgend müssten die Kosten über die einzelnen Systembestandteile der technischen Komponenten ermittelt werden, also bei den Wärmeversorgungsanlagen z. B. über den Heizungskessel, die Rohrleitungen, die Pumpen, Verteiler und Heizkörper usw. Dies ist aber sehr aufwendig und wird in der Praxis den Fachingenieuren überlassen, die dafür ihre eigene, oftmals individuelle Systematik verwenden. Die DIN 276: 2018-12 formuliert für die Technischen Anlagen (Kostengruppe 400) die Mengen und Bezugseinheiten neu.

Für den Hochbau wurden infolge der (Bau-)Elementierung auch die entsprechenden Kostenkennwerte bereitgestellt, sodass diese Vorgehensweise das heute übliche Verfahren zur Kostenermittlung zumindest bis zur Vergabe darstellt.

Leider wurde dieses Verfahren für die Kostengruppe 400 nicht entsprechend wie für die Kostengruppe 300 angewendet, sodass die Kosten für die Kostengruppe 400 bis heute in der Regel über die Bezugsmenge Brutto-Grundfläche (BGF) ermittelt werden – es sei denn, es wird ein spezialisierter Fachplaner beauftragt, der über büroeigene, differenzierte Kostenkennwerte verfügt.

Leistungsbereichs- oder gewerkebezogene Verfahren

Sollen die Kosten allerdings genauer und vor allem bauausführungsgerecht ermittelt werden, ist es erforderlich, die Kosten der auszuführenden Gewerke zu berechnen bzw. (für die Vorbereitung der Ausschreibung und Vergabe) die Kosten nach Leistungspositionen zu bestimmen.

Dies bedeutet einen systembedingten Verfahrenswechsel bei den Kostenermittlungen.

Bis zur Kostenermittlung in der Leistungsphase 3 gemäß HOAI, der Entwurfsphase, werden die Kosten nach Bauelementen bestimmt. Diese Vorgehensweise ist auch deshalb sinnvoll, weil speziell Architekten in Bauelementkategorien denken. Danach – in den Vergabephasen 6 (Vorbereitung der Vergabe) und 7 (Mitwirkung bei der Vergabe) und der daran anschließenden Objektüberwachung (Leistungsphase 8 gemäß HOAI) – müssen die Kosten von der bauelementorientierten Gliederung „umgeschlüsselt" werden in eine gewerke- oder positionsorientierte Gliederung bzw. entsprechend neu berechnet.

Was die gewerkeorientierte Gliederung betrifft, werden in der Praxis nur die kostenträchtigsten Gewerke ermittelt (sog. Leitgewerke). Sollen exakte Kosten für die Ausschreibung und Bauausführung ermittelt werden, müssen die Positionen mit ihren Mengen und als zu verwendende Kostenkennwerte

Einheitspreise (EP) aus abgerechneten Bauprojekten (oder besser noch Preise aus den Ausschreibungen) zur Verfügung stehen.

Die DIN 276:2018-12 verlangt nunmehr, dass in Form des neu eingeführten Kostenvoranschlags bereits beginnend in Leistungsphase 5 gemäß HOAI (Ausführungsplanung) und weiterführend in Leistungsphase 6 gemäß HOAI (Vorbereitung der Vergabe) eine Kostenermittlung nach dem gewerkebezogenen Verfahren durchgeführt wird.

4 Grundsätze der Kostenplanung

In Abschnitt 4 der DIN 276:2018-12 werden die Grundsätze der Kostenplanung beschrieben und erläutert. Die bereits in der Vorgängernorm beschriebenen Ziele werden noch einmal plakativ herausgestellt:

- Wirtschaftlichkeit,
- Kostensicherheit und
- Kostentransparenz.

Diese 3 Ziele werden nunmehr nicht nur als Ziele definiert, sondern gleichsam auch als Aufgaben der Kostenplanung beschrieben.

4.1 Allgemeines

Ziel und Aufgabe der Kostenplanung ist es, bei einem Bauprojekt Wirtschaftlichkeit, Kostensicherheit und Kostentransparenz herzustellen.

Die Kostenplanung ist entweder auf der Grundlage von Planungsvorgaben (Quantitäten und Qualitäten) oder auf der Grundlage von Kostenvorgaben kontinuierlich und systematisch über alle Phasen eines Bauprojekts durchzuführen. […]

Eine Planung ohne Ziel ist nicht möglich. Erst eine Zielfestlegung ermöglicht eine Planung. Gleichzeitig lässt sich am Erreichen des Ziels auch der Planungserfolg messen. Je genauer das Ziel (der Planung) definiert und als Zieldefinition festgeschrieben wird, umso konkreter kann auch eine Planung erfolgen.

Wie bereits beschrieben lauten die Ziele und Aufgaben der Kostenplanung: Wirtschaftlichkeit, Kostensicherheit und Kostentransparenz. Diese 3 Begriffe werden nachfolgend erläutert.

Wirtschaftlichkeit

Wirtschaftlichkeit wird in der Betriebswirtschaft als Verhältnis von Ertrag zu Aufwand oder als das Verhältnis von Leistung zu Kosten definiert (vgl. Pfarr, 1984, S. 54):

$$\text{Wirtschaftlichkeit} = \frac{\text{Ertrag (Leistung)}}{\text{Aufwand (Kosten)}}$$

Ist dieses Verhältnis größer als 1, so ist die Wirtschaftlichkeit gegeben.

Bezogen auf die Realisierung eines Bauprojekts kann der Ertrag als das Ergebnis (Output) des Bauens, also das fertige Bauprojekt, betrachtet werden. Eine genauere Bestimmung des wirtschaftlichen Ertrags eines Bauprojekts im allgemeinen Sinne erfolgt über die vorab festgelegten Qualitäten und Quantitäten dieses Projekts.

Unter Qualitäten wird dabei die Summe aller objektiven, stofflich-technischen Eigenschaften des Bauprojekts verstanden. Dabei handelt es sich um Eigenschaften wie

- Funktionsqualität,
- Wartbarkeit,
- Materialqualität,
- Verarbeitungsqualität,
- gestalterische Qualität,
- Energieverbrauch (besonders unter dem Gesichtspunkt zunehmender Ressourcenknappheit).

Der Begriff Quantitäten ist ein Oberbegriff für verschiedene Mengenarten. Im allgemeinen Sinne des Ertrags als Ergebnis des Bauens wird unter dem Begriff Quantitäten die Menge der verschiedenen nutzbaren Flächenarten zusammengefasst.

Der in der Wirtschaftlichkeitsformel verwendete Begriff Aufwand entspricht den Kosten. Im Sinne der DIN 276:2018-12 sind für die Planung und Realisierung von Bauprojekten die Gesamtkosten von Bedeutung.

Kostensicherheit

Die als Ziel der Kostenplanung formulierte Kostensicherheit soll zum Ausdruck bringen, dass die vom Bauherrn formulierte Kostenvorgabe auch tatsächlich erreicht werden soll.

Der Begriff Sicherheit ist ein allgemeiner Wertebegriff. Er beinhaltet in diesem Fall, dass das auf Vertrauen basierende Ziel (Einhaltung der vereinbarten Kosten) auch tatsächlich umgesetzt wird. Im Rahmen der Kostenplanung bestehen folgende Aufgaben:

- Schaffung hoher Qualitäten und Quantitäten bei geringen Kosten,
- Nachvollziehbarkeit der Maßnahmen der Kostenplanung,
- Einhaltung der vorgegebenen Kosten.

Leider ist bei vielen Bauprojekten zu beobachten, dass eine Kostensicherheit nicht besteht (vgl. hierzu auch die Ausführungen in Teil B, Kapitel 2.2).

Kostentransparenz

Weiterhin wird eine Kostentransparenz verlangt, also die Nachvollziehbarkeit der Kostenplanung durch den Bauherrn und Dritte. Das bedeutet, dass Kostenermittlungen und Kostenkontrollen (bzw. Kostengegenüberstellungen) in der Systematik der Kostengliederung der DIN 276:2018-1 zu ordnen sind (vgl. Teil A, Kapitel 5).

Darüber hinaus muss der Architekt/Fachplaner dem Bauherrn die eventuell notwendigen Maßnahmen der Kostensteuerung hinsichtlich ihrer Kostenrelevanz erläutern und mit diesem abstimmen.

Grundlagen der Kostenplanung

In Abschnitt 4.1 der DIN 276:2018-12 werden auch die Grundlagen der Kostenplanung genannt:

- Planungsvorgaben (Quantitäten und Qualitäten) oder
- Kostenvorgaben.

Die Planungs- und Kostenvorgaben sind durch den Bauherrn zu erbringen. Im Rahmen der Leistungsphase 1 gemäß HOAI (Grundlagenermittlung) ist es die Aufgabe des Architekten/Fachplaners, diese Planungsvorgaben beim Bauherrn zu erfragen oder mit diesem zu erarbeiten (das Klären der Aufgabenstellung ist eine der Grundleistungen der Leistungsphase 1).

Auf Qualitäten und Quantitäten als Planungsvorgabe wurde bereits eingegangen. Mit Kostenvorgaben ist zunächst die allgemeine Vorgabe von Kosten gemeint. In Abschnitt 4.6 der DIN 276:2018-12 wird auf das Thema der Kostenvorgabe näher eingegangen (vgl. Teil A, Kapitel 4.6).

Planungs- und Kostenvorgaben können vom Bauherrn einmalig zu Beginn der Planung gegeben werden; sie können sich aber auch im Laufe des Planungs- oder Bauprozesses ändern bzw. an diese Prozesse anpassen. Die Vorgaben bilden jedoch jederzeit die Grundlage der Planung und müssen dokumentiert werden.

Die Kostenplanung muss kontinuierlich über alle Phasen eines Bauprojekts durchgeführt werden – von der Projektidee bis zur Fertigstellung. Eine punktuelle Kostenermittlung in einzelnen Leistungsphasen, wie sie vielleicht aus dem Leistungsbild der Objektplanung für Gebäude und Innenräume herausgelesen werden könnte (vgl. Anlage 10 zu § 34 Abs. 4 HOAI), ist demnach nicht im Sinne der DIN 276:2018-12.

Grundsätze der Kostenplanung

[…] In der Kostenplanung können entsprechend dem Grundsatz der Wirtschaftlichkeit alternativ die folgenden Ziele und Vorgehensweisen verfolgt werden:

- ***Durch Kostenvorgaben sollten festgelegte Kosten eingehalten werden. Dabei sollten möglichst hohe quantitative und qualitative Planungsinhalte erreicht werden („Maximalprinzip“).***
- ***Durch Planungsvorgaben sollten festgelegte Quantitäten und Qualitäten eingehalten werden. Dabei sollten möglichst geringe Kosten erreicht werden („Minimalprinzip“).***

Mit dieser Definition der Grundsätze, nach denen die Kostenplanung erfolgen kann, werden 2 allgemeine Wirtschaftlichkeitsprinzipien der Betriebswirtschaftslehre in der DIN 276:2018-12 verankert.

Die wirtschaftliche Realisierung eines Bauprojekts ist wie bereits beschrieben immer von 2 Einflussgrößen abhängig:

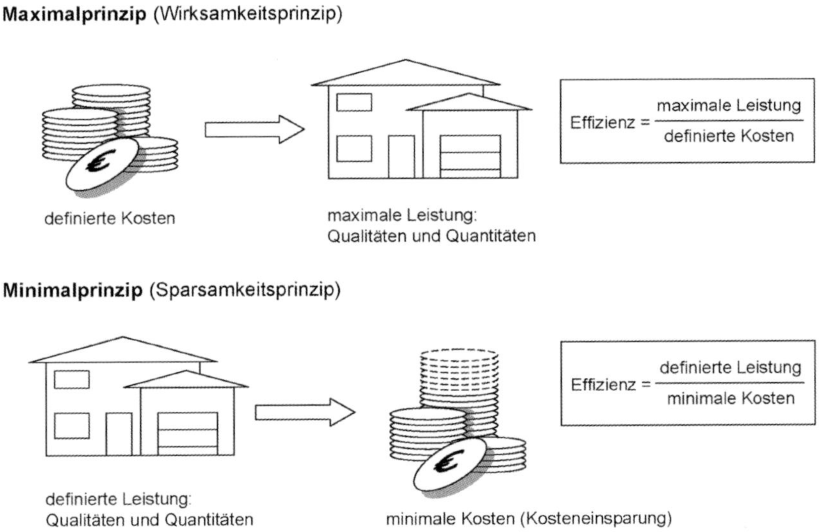

Abb. A.4: Wirtschaftlichkeitsprinzipien, angewendet auf die Planung und Realisierung von Bauprojekten

- von den Qualitäten und Quantitäten des Bauprojekts,
- von den (Gesamt-)Kosten.

Wird eine Einflussgröße fixiert, so kann die Wirtschaftlichkeit durch Änderung der anderen Einflussgröße verändert werden. In Abhängigkeit davon, welche Einflussgröße fixiert und welche variabel ist, werden die beiden Wirtschaftlichkeitsprinzipien Maximalprinzip und Minimalprinzip unterschieden:

- **Maximalprinzip:** Bei Anwendung des Maximalprinzips soll mit einem gegebenen Aufwand ein größtmöglicher Ertrag erzielt werden. Angewendet auf Bauprojekte bedeutet das, dass die Gesamtkosten als gegebener Aufwand feststehen und die Qualitäten und Quantitäten als Ertragsziel maximiert werden. Diesem Prinzip entspricht der folgende Grundsatz der Kostenplanung aus Abschnitt 4.1 der DIN 276:2018-12: *„Dabei sollten möglichst hohe quantitative und qualitative Planungsinhalte erreicht werden.“*
- **Minimalprinzip:** Bei Anwendung des Minimalprinzips soll eine vorherbestimmte Leistung (Ertrag) mit einem möglichst geringen Aufwand (Kosten) erreicht werden. Übertragen auf Bauprojekte sollen also genau definierte Qualitäten und Quantitäten mit möglichst geringen Gesamtkosten geschaffen werden. Dies wiederum entspricht diesem Grundsatz der Kostenplanung aus Abschnitt 4.1 der DIN 276:2018-12: *„Dabei sollten möglichst geringe Kosten erreicht werden.“*

Abb. A.4 verdeutlicht diese Zusammenhänge. Der hier verwendete Begriff Effizienz beschreibt dabei den gleichen Sachverhalt wie der Begriff Wirtschaftlichkeit.

Bei der Kostenvorgabe spielen diese beiden Wirtschaftlichkeitsprinzipien eine wesentliche Rolle (vgl. Teil A, Kapitel 4.6).

4.2 Kostenermittlung

4.2.1 Zweck

Kostenermittlungen dienen als Grundlagen für Finanzierungsüberlegungen und Kostenvorgaben, für Maßnahmen der Kostenkontrolle und der Kostensteuerung, für Planungs-, Vergabe- und Ausführungsentscheidungen sowie zum Nachweis der entstandenen Kosten.

Die DIN 276:2018-12 unterscheidet nunmehr 6 verschiedene Stufen der Kostenermittlung (vgl. zu den einzelnen Stufen der Kostenermittlung Teil A, Kapitel 4.3):

- Kostenrahmen,
- Kostenschätzung,
- Kostenberechnung,
- Kostenvoranschlag,
- Kostenanschlag,
- Kostenfeststellung.

Kostenrahmen, Kostenschätzung, Kostenberechnung, Kostenvoranschlag und Kostenanschlag dienen dabei einer Vorausberechnung der zu erwartenden Kosten und werden während verschiedener Planungsphasen erstellt. Sie bilden die Grundlage für Planungs-, Vergabe- und Ausführungsentscheidungen. Auf der Basis dieser Kostenermittlungen werden die zu erwartenden Kosten miteinander verglichen (Kostenkontrolle) und – bei Abweichungen – Maßnahmen der Kostensteuerung ergriffen.

Finanzierungsüberlegungen müssen durch den Bauherrn getroffen werden, bevor die Realisierungsphase des Bauprojekts beginnt. Die Kostenermittlungsstufen während der Planungsphase bilden auch hierfür die Grundlage. In der Regel müssen solche Kostenermittlungen (im Allgemeinen die Kostenberechnung) auch der finanzierenden Bank vorgelegt werden.

Die Kostenvorgabe des Bauherrn ist vom Architekten/Fachplaner auf ihre Machbarkeit hin zu überprüfen; hierfür bedient sich der Architekt/Fachplaner ebenfalls einer Kostenermittlung, die dann der Kostenvorgabe gegenübergestellt wird.

Die Kostenfeststellung dient der Zusammenstellung der tatsächlich entstandenen Kosten.

Da die ersten 5 Stufen der Kostenermittlung nach unterschiedlichen Verfahren zu verschiedenen Zeitpunkten durchgeführt werden, haben sie unterschiedliche Voraussetzungen für ihre Erstellung und dementsprechend auch einen unterschiedlichen Aussagewert (vgl. Teil A, Kapitel 4.3).

4.2.2 Darstellung und Gliederungstiefe

Kostenermittlungen sind in der Systematik der Kostengliederung nach Abschnitt 5 und Tabelle 1 zu ordnen. Die Gliederungstiefe einer Kostenermittlung richtet sich nach den Anforderungen in 4.3. Soweit es die Umstän-

de eines Bauprojekts zulassen oder erfordern, kann in begründeten Fällen davon abgewichen werden.

Die mit der Neuausgabe der Norm veröffentlichte Kostengliederung entspricht der Systematik der Vorgängernorm. Sie wurde jedoch um eine weitere Hauptkostengruppe (Kostengruppe 800 „Finanzierung") ergänzt und die Untergliederungen an die Bedürfnisse des Bauwesens angepasst, im Speziellen an die des Ingenieurbaus. So wurden etwa in der zweiten Gliederungsebene von Kostengruppe 300 den ursprünglich auf den Hochbau bezogenen Bezeichnungen der 9 Bauelemente ergänzende Begriffe hinzugefügt (z. B. KG 310 „Baugrube/Erdbau" oder KG 320 „Gründung, Unterbau").

In Abschnitt 4.3 „Stufen der Kostenermittlung" der DIN 276:2018-12 wird die Zuordnung der Gliederungstiefe zu den einzelnen Kostenermittlungsstufen neu definiert (vgl. Teil A, Kapitel 4.3). Ergänzend wird darauf hingewiesen, dass es in begründeten Fällen, wenn die Umstände eines Bauprojekts es zulassen bzw. erfordern, von der Systematik der Kostengliederung abgewichen werden kann. Unternehmen wie z. B. die Deutsche Bahn AG oder die Deutsche Post AG verwenden eigene Kostengliederungen, die von der Systematik der DIN 276:2018-12 abweichen.

In besonderen Fällen können die Kosten auch ausführungsorientiert gegliedert werden. Dabei sollten die Kosten nach projektspezifischen Bedingungen in Vergabeeinheiten zusammengefasst werden (vgl. Teil A, Kapitel 5.3).

Kostenkontrolle und Kostensteuerung basieren u. a. auf Vergleichen zwischen den einzelnen Kostenermittlungen. Solche Vergleiche sind nur aussagekräftig, wenn alle Kostenermittlungen auf die gleiche Art geordnet sind. Um darüber hinaus im Rahmen der Kostenfeststellung Kostenkennwerte zu generieren, die wiederum für Kostenermittlungen neuer Bauprojekte eingesetzt werden, ist es für den Architekten/Fachplaner wichtig zu wissen, welche Kosten in solchen Kostenkennwerten erfasst sind. Die Systematik der Kostengliederung bildet somit auch die Grundlage für Vergleiche mit anderen Bauvorhaben bzw. als Rechenbasis die Grundlage für neue Kostenermittlungen.

4.2.3 Vollständigkeit

Die Gesamtkosten sind vollständig zu erfassen und zu dokumentieren. Können Teile der Gesamtkosten nicht erfasst oder dokumentiert werden, ist dies anzugeben und an der jeweiligen Stelle kenntlich zu machen.

Im Zuge von Kostenermittlungen sind die Kosten vollständig zu erfassen. Diese Formulierung weist darauf hin, dass z. B. bei Kostenermittlungen nach der Elementmethode alle Kostengruppen der zugrunde liegenden Gliederungsebene aufzuführen sind, auch wenn keine monetäre Bewertung stattfindet. Dieses Vorgehen schützt den Architekten/Fachplaner davor, Kosten zu vergessen. Darüber hinaus ist die Information, dass einer Kostengruppe keine Kosten zugeordnet sind, im Rahmen der Kostenkontrolle und der Kostenkennwertbildung von Bedeutung.

Die Dokumentation der Kostenermittlungen dient ebenfalls der Kostenkontrolle und der späteren Nachvollziehbarkeit von Ursachen eventueller Kostenänderungen.

4.2.4 Kostenstand

Bei Kostenermittlungen ist vom Kostenstand zum Zeitpunkt der Ermittlung auszugehen. Dieser Kostenstand ist durch die Angabe des Zeitpunkts zu dokumentieren.

Die Formulierung in der DIN 276:2018-12 zum Kostenstand entspricht der Vorgängernorm.

Unter einem Kostenstand wird der Stand der Kostenermittlung zu einem bestimmten Stichtag verstanden, wobei der Stichtag der Zeitpunkt der (abgeschlossenen) Kostenermittlung ist. Dieser Stichtag ist in den Kostenermittlungen für den Kostenrahmen, die Kostenschätzung, die Kostenberechnung und den Kostenvoranschlag zu dokumentieren.

4.2.5 Grundlagen der Kostenermittlung

Die der Kostenermittlung zugrunde liegenden Unterlagen und Informationen sind anzugeben.

Grundlage der Kostenermittlungen sind z. B. Planungsunterlagen in Form von Zeichnungen, Mengenermittlungen und qualitative Angaben zum geplanten Standard des Bauprojekts.

Mit dem Fortschreiten der Planung in den einzelnen Leistungsphasen ändern sich auch die Planungsunterlagen. Dementsprechend werden auf diesen Planungsunterlagen basierende Mengenermittlungen auch voneinander abweichen.

Darüber hinaus können im Rahmen des Zielkostenmanagements (Minimalprinzip) oder auch durch Änderungswünsche des Bauherrn Qualitäten und Quantitäten neu definiert werden. Im Sinne der Kostentransparenz und einer Nachvollziehbarkeit der Kostenermittlungen sind alle verwendeten Grundlagen der Kostenermittlungen anzugeben.

Eine explizite Dokumentationspflicht im Sinne einer Archivierung dieser Grundlagen schreibt die Norm zwar nicht vor. Eine solche Archivierung ist aber grundsätzlich schon aus Haftungsgründen zu empfehlen.

4.2.6 Erläuterungen zum Bauprojekt

Erläuterungen zum Bauprojekt sind in der Systematik der Kostengliederung zu ordnen.

Zum besseren Verständnis und zur Nachvollziehbarkeit der Kostenermittlungen sind Erläuterungen notwendig. Diese müssen ebenfalls in der Systematik der für die Kostenermittlung verwendeten Kostengliederung geordnet werden, um eine bessere Nachvollziehbarkeit zu gewährleisten.

Zusammen mit der Forderung nach Dokumentation aller kostenbestimmenden, kostenverändernden und kostenrelevanten Kostenermittlungen und Kostenfortschreibungen im Sinne der Kostensteuerung sind alle kostenrelevanten Informationen in nachvollziehbarer und kostentransparenter Weise in der Systematik der Kostengliederung zu erläutern bzw. zu beschreiben.

4.2.7 Kostenermittlungsverfahren und Kostenkennwerte

Die bei der Kostenermittlung angewendeten Kostenermittlungsverfahren sowie die Quellen der verwendeten Kostenkennwerte sind anzugeben.

Die bei den Kostenermittlungen anzuwendenden Kostenermittlungsverfahren werden in Kapitel 4.3 von Teil A dieses Buches ausführlich beschrieben. Diese unterscheiden sich dadurch, dass dem jeweiligen Kostenermittlungsverfahren entsprechende Kostenkennwerte verwendet werden (vgl. zu den Kostenkennwerten Teil A, Kapitel 3.13).

Die Quellen der so verwendeten Kostenkennwerte sind anzugeben. Besonders wichtig ist es in diesem Zusammenhang, nicht nur die Herkunft anzugeben, sondern auch die Basis für das Zustandekommen des Kostenkennwerts – also Angaben wie Nutzung, Größe des Objekts, Standard, regionale Herkunft, Jahr der mittleren Bauzeit, verwendete Indexierungen usw. Fehlen diese Angaben, ist der Kostenkennwert nicht aussagekräftig und damit unbrauchbar.

4.2.8 Unterschiedliche Bauten oder Anlagen, mehrere Bauwerke oder Abschnitte

Besteht ein Bauprojekt aus unterschiedlichen Bauten oder Anlagen (z. B. Hochbauten, Ingenieurbauten, Infrastrukturanlagen, Freiflächen), sind dafür jeweils getrennte Kostenermittlungen aufzustellen. Das Gleiche gilt für Bauprojekte mit mehreren Bauwerken oder Abschnitten, die z. B. funktional, zeitlich, räumlich oder wirtschaftlich getrennt sind.

Ein Bauprojekt zeichnet sich gegenüber einem Bauobjekt dadurch aus, dass es aus verschiedenen einzelnen Objekten bestehen kann. Ein Bürogebäude hat z. B. oftmals ein eigenes Parkhaus, ggf. eine dezentrale Energiezentrale, eine Fußgängerbrücke zum Parkhaus sowie Freiflächen. Für diese einzelnen Objekte und Anlagen sind jeweils getrennte Kostenermittlungen zu erstellen.

Aus verschiedenen Gründen kann es auch erforderlich sein, ein Bauprojekt in mehreren Bauabschnitten zu realisieren. Die Aufstellung getrennter Kostenermittlungen zielt dabei auf verschiedene Situationen ab, je nachdem wie die einzelnen Abschnitte voneinander unterschieden werden.

Funktional unterschiedliche Bauabschnitte bedingen in den Kostenermittlungen differenzierte Kostenkennwerte. Nur die Aufstellung getrennter Kostenermittlungen kann diesem Umstand gerecht werden.

Zeitlich unterschiedliche Bauabschnitte können mehrere Ursachen haben. In der Regel wird sich in diesem Fall jedoch auch die Fortschreibung der Planung auf jeweils einen Abschnitt beziehen. Somit würden zu einem bestimmten Stichtag für die einzelnen Bauabschnitte qualitativ unterschiedliche Grundlagen der Kostenermittlung zur Verfügung stehen. Im Sinne einer kontinuierlich und systematisch über alle Phasen eines Bauprojekts durchzuführenden Kostenplanung müssen daher die Kostenermittlungen für jeden Bauabschnitt separat durchgeführt werden. Damit wird letztendlich auch sichergestellt, dass eine praktikable Kostenkontrolle und Kostensteuerung möglich ist.

Eine wirtschaftliche Trennung einzelner Abschnitte kann unterschiedliche Hintergründe haben, die hier nicht weiter aufgeführt werden. Lediglich das Beispiel unterschiedlicher Finanzierungen soll erwähnt werden; die getrennten Kostenermittlungen dienen in diesem Fall auch den differenzierten Finanzierungsüberlegungen und Finanzierungen an sich (vgl. zu Kostenermittlungen als Grundlage für Finanzierungsüberlegungen Teil A, Kapitel 4.6.1).

4.2.9 Bauprojekte im Bestand

Bei Kostenermittlungen für Bauprojekte im Bestand richten sich die Gliederungstiefe der Ermittlungen sowie die angewendeten Kostenermittlungsverfahren und Kostenkennwerte nach den besonderen Umständen von Bestandsmaßnahmen und den projektspezifischen Vorgaben.

Für Bauprojekte im Bestand gelten ggf. andere Bedingungen als für Neubauprojekte. Dies betrifft sowohl die Kostengliederung, die Gliederungstiefe, die Kostenermittlungsart und die Unterscheidung nach Abbruch, Instandsetzung, Modernisierung oder Neubau, da alle diese Leistungen beim Bauen im Bestand gleichzeitig vorkommen können. Ist dies der Fall, sind projektspezifische Vorgaben erforderlich.

So ist es bei Bestandsbauten wenig sinnvoll, eine Kostenermittlung auf der Basis von Bauelementen vorzunehmen. Vielmehr kann es aber sinnvoll sein, schon die Kostenermittlungen für den Vorentwurf und den Entwurf auf der Basis von Gewerken oder Leistungspositionen zu berechnen und als Kostengliederung die gewerkeorientierte Struktur der VOB/C zu verwenden.

In der Vorgängernorm der DIN 276:2018-12 wurde gefordert, eine Unterscheidung der Kosten nach Abbruch-, Instandsetzungs- und Neubaumaßnahmen vorzunehmen. Diese Vorgehensweise diente zum einen der besseren Nachvollziehbarkeit der Kostenermittlungen. Zum anderen werden die Kosten für Baumaßnahmen an Wohngebäuden im Bestand auf die Netto-Kaltmiete umgelegt. Die Umlage dieser Kosten erfolgt bei geförderten Wohngebäuden oder Wohngebäuden mit bestehenden Mietverträgen auf besondere Art. Dabei wird zwischen Instandsetzungs- und Modernisierungsmaßnahmen unterschieden, die jeweils unterschiedlich mietrelevant sind.[3]

---

3 *„Bei umfangreichen Arbeiten, bei denen mit den Modernisierungsmaßnahmen zugleich Instandsetzungen vorgenommen werden, bedarf es einer ausführlichen und vor allem verständlichen Erläuterung der Einzelmaßnahmen in dem Mieterhöhungsschreiben auch dahin gehend, was die Instandsetzungsarbeiten gekostet hätten; die Angabe von Quoten genügt nicht.“* (Landgericht Hamburg, Urteil vom 29.10.1999 – 311 S 114/99)

Diese Unterscheidung der Kosten nach Abbruch-, Instandsetzung- oder Neubauarbeiten wurde in der DIN 276:2018-12 durch den Passus *„nach den besonderen Umständen von Bestandsmaßnahmen und den projektspezifischen Vorgaben“* ersetzt.

4.2.10 Vorhandene Substanz

Wenn der Wert der vorhandenen Substanz (z. B. Grundstück, Baukonstruktionen, Technische Anlagen) für das Bauprojekt ermittelt werden sollte, ist dieser bei den betreffenden Kostengruppen gesondert auszuweisen. Die Art der Ermittlung und die Zuordnung des Wertes zu den Kostengruppen bzw. den Gesamtkosten richten sich nach den projektspezifischen Vorgaben.

Wird bei einem Bauprojekt vorhandene Bausubstanz integriert und/oder einzelne Teile wiederverwendet, so ist der entsprechende monetäre Wert in den Kostenermittlungen aufzunehmen und gesondert auszuweisen. Bezogen auf wiederverwendete Bauteile galt diese Regelung schon in der Vorgängernorm, neu ist diese Regelung hinsichtlich der vorhandenen Bausubstanz.

Diese Regelung zielt zum einen wieder auf die bessere Vergleichbarkeit von Kostenermittlungen unterschiedlicher Bauprojekte bzw. von Kostenkennwerten ab. Zum anderen spielen sowohl der Wert vorhandener Bausubstanz als auch wiederverwendeter Teile eine besondere Rolle bei der Honorarermittlung des Architekten (vgl. § 4 Abs. 3 HOAI).

Die Kostenermittlungen sind die Basis für die Ermittlung der anrechenbaren Kosten im Rahmen der Honorarermittlung. Da die Honorarermittlung nachvollziehbar prüfbar sein muss, ist der Wert vorhandener Bausubstanz und wiederverwendeter Bauteile innerhalb der Kostenermittlungen und bei den entsprechenden Kostengruppen gesondert auszuweisen.

4.2.11 Eingebrachte Güter und Leistungen

Die Werte von unentgeltlich eingebrachten Gütern und Leistungen (z. B. Materialien, Eigenleistungen) sind den betreffenden Kostengruppen zuzurechnen, aber gesondert auszuweisen. Dafür sind die aktuellen Marktwerte dieser Güter und Leistungen zu ermitteln und einzusetzen.

Wie schon in den Vorgängernormen der DIN 276:2018-12 festgelegt, ist der Wert von unentgeltlich eingebrachten Gütern und Leistungen (vormals auch als Eigenleistungen bezeichnet) zu erfassen und bei den betreffenden Kostengruppen gesondert auszuweisen. Dabei gelten als Maßstab die Kosten, die für entsprechende Unternehmerleistungen entstehen würden. Dass den unentgeltlich eingebrachten Gütern und Leistungen in den DIN-276-Normentexten jeweils ein eigener Abschnitt gewidmet wird, unterstreicht deren Bedeutung und die Tatsache, dass insbesondere bei eigengenutzten Bauprojekten häufig unentgeltlich Güter und Leistungen eingebracht werden.

Zu Beginn der Planung steht in der Regel noch nicht fest, ob oder welche unentgeltlich eingebrachten Güter und Leistungen durch den Bauherrn übernommen werden. Im Rahmen der Kostenermittlung müssen alle Kosten erfasst werden (vgl. Teil A, Kapitel 4.2.3).

den Begriff der prognostizierte Kosten als „*Kosten, die auf den Zeitpunkt der Kostenfeststellung prognostiziert werden*" und an den betreffenden Stellen der Kostengliederung gesondert auszuweisen sind.

Prognostizierte Kosten sind im Gegensatz zum Kostenstand eine Vorhersage der Gesamtkosten auf den voraussichtlichen Zeitpunkt der Fertigstellung des Bauprojekts. Prognostizierte Kosten unterliegen einer bestimmten Wahrscheinlichkeit und sind mit Unsicherheiten behaftet. Mit der möglichen Prognostizierung der Kosten auf den Zeitpunkt der Fertigstellung wird zugleich die Grundlage für eine dynamische Kostenbetrachtung geschaffen. So lässt sich die zeitliche Entwicklung eines Bauprojekts und die sich damit verändernde Baupreisentwicklung besser berücksichtigen.

4.2.14 Risikobedingte Kosten

Kosten, die durch Risiken aufgrund von Unsicherheiten und Unwägbarkeiten drohen, sind an den betreffenden Stellen der Kostengliederung gesondert auszuweisen. Die Art der Ermittlung und die Zuordnung der risikobedingten Kosten zu den Kostengruppen bzw. den Gesamtkosten richten sich nach den Vorgaben des projektbezogenen Risikomanagements.

Mit diesen Ausführungen zu risikobedingten Kosten wird das Risikomanagement als planerische Leistung in die DIN 276:2018-12 aufgenommen. Bevor zu diesem Thema weitere Ausführungen folgen, wird auf eine Besonderheit in der Formulierung der DIN eingegangen.

Risikobedingte Kosten als Pflicht-Vorschrift

Durch die Neuformulierung und Definition von risikobedingten Kosten im Rahmen der DIN 276:2018-12 besteht nunmehr eine Pflicht, risikobedingte Kosten gesondert auszuweisen. Nach der HOAI ist dies jedoch keine Grundleistung. Wenn der gesonderte Ausweis von risikobedingte Kosten auch als Aufgabe des Architekten/Fachplaners definiert wird, muss diese Leistung als Besondere Leistung gesondert vertraglich vereinbart werden.

Da dem Architekten vielfältige Informationspflichten gegenüber dem Bauherrn obliegen, stellt sich natürlich auch die Frage, wie mit den Hinweisen auf Risikotatbestände und deren Kosten umzugehen ist, z. B. beim Bauen im Bestand oder bei Baugrundrisiken, da diese Hinweise immer auch sofort mit der Beantwortung der Frage nach den zusätzlichen Kosten für die Beseitigung der Risiken verbunden sind.

Die DIN 276:2018-12 formuliert hier eine konkrete, spezifische Aufgabe: „*Kosten, die durch Risiken aufgrund von Unsicherheiten und Unwägbarkeiten drohen, sind an den betreffenden Stellen der Kostengliederung gesondert auszuweisen.*" Diese Formulierung lässt keinen Zweifel daran, dass es sich hierbei nicht um eine „Kann"-Formulierung, sondern um eine „Muss"-Vorgabe handelt, die zu erfüllen ist.

Risikobedingte Kosten sind nach dem Wortlaut der DIN 276:2018-12 alle Risiken aufgrund von Unsicherheiten und Unwägbarkeiten.

In DIN ISO 31000:2018-10 „Risikomanagement – Leitlinien“ wird eine Unsicherheit als *„der Effekt an Unsicherheit in Bezug auf die Zielerreichung“* definiert. Unsicherheit wird dabei *„mit dem gänzlichen oder teilweise Fehlen von Informationen“* beschrieben.

Wenn von Unsicherheiten die Rede ist, müssen 2 Faktoren zusammenkommen:

- Die Unsicherheit (das Risiko) wirkt sich auf das endgültige Kostenergebnis aus, also auf die Kostenfeststellung.
- Die Unsicherheit (das Risiko) besteht darin, dass den Projektbeteiligten (wichtige) Informationen ganz oder teilweise fehlen.

Diese Informationen können das Risiko als Ganzes betreffen. Es gibt Unsicherheiten, die noch nicht bekannt sind, aber erfahrungsgemäß eintreten können (z. B. Nachtragsangebote). Es gibt andere Risiken, die zwar erkennbar sind, aber in ihren kostenmäßigen Auswirkungen nicht abschätzbar (z. B. Baugrundrisiken).

Im ersten Fall, der prophylaktischen Unsicherheit, verwendet die Baupraxis schon seit längerer Zeit die sog. Reserve, also Kosten, die genau für diesen Zweck in Kostenermittlungen eingestellt werden, die aber keiner definierten Kostengruppe zugeordnet sind (z. B. als Pseudo-Kostengruppe 999). Dagegen wehren sich viele Auftraggeber, gerade der öffentlichen Hand, weil diese Kostenansätze den Grundsatz der Transparenz verletzen. Andere Praktiker argumentieren dagegen, dass risikobedingte Kosten beim Planen und Bauen unvermeidlich sind, und stellen deshalb diese Reservekosten offen oder verdeckt mit in ihre Kostenermittlungen ein. Hierfür werden sogar Prozentsätze in unterschiedlicher Höhe für Neubauten, Bauten im Bestand oder öffentliche Bauprojekte offen benannt.

Unter einer Unwägbarkeit lassen sich Begriffe wie Gefahr, Schwierigkeit, Unberechenbarkeit subsumieren. Die Baupraxis kennt auch hierfür schon länger ein Synonym: das Unvorhersehbare (was wiederum so viel bedeutet wie das Unkalkulier-, Unberechen-, Unabsehbare); es wird hier von Faktoren ausgegangen, die mit risikobedingten Kosten in noch nicht abschätzbarer Höhe verbunden sind. Das Risiko als solches ist also bekannt, kann aber noch nicht konkretisiert und infolgedessen auch in seiner kostenmäßigen Höhe noch nicht eingeschätzt werden.

Risikomanagement

Im modernen Controlling ist die Risikoplanung und -steuerung in Form eines Risikomanagements integrierter Bestandteil des wirtschaftlichen Handelns. Auch bei der Planung und Realisierung von Bauprojekten muss eine anforderungsgerechte Kostenermittlung bzw. Kostenkontrolle und Kostensteuerung auf die im Bauprozess vorhersehbaren Kostenrisiken eingehen. Nur so ist eine kostensichere Realisierung von Bauprojekten möglich. Nach den einschlägigen Urteilen des Bundesgerichtshofes ist der Architekt verpflichtet, den Auftraggeber über etwaige Kostenmehrungen zu informieren (vgl. BGH, Urteil vom 11.11.2004 – VII ZR 128/03).

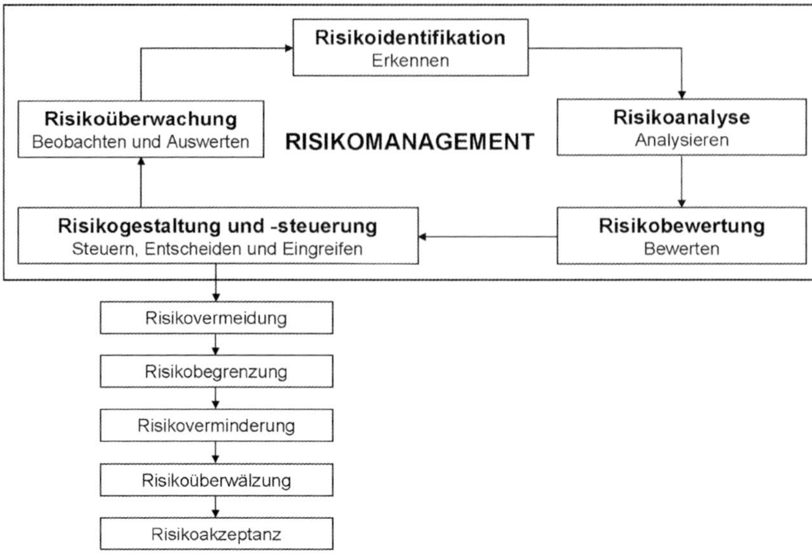

Abb. A.5: Risikomanagement

Kostenrisiken bergen immer die Gefahr einer Kostenmehrung in sich. Es ist also auch aufgrund der Rechtsprechung ein durchdachtes Risikomanagement bezüglich der Gesamtkosten eines Bauprojekts zu betreiben.

Nachfolgend werden die einzelnen Bereiche und Abläufe des Risikomanagements in groben Zügen umrissen und auf die Planung und Realisierung von Bauprojekten übertragen.

Prozesse im Risikomanagement

Die Grundlage des Risikomanagements bildet eine genaue Betrachtung des Projekts und seines Umfelds. Dabei werden die zu erreichenden Projektziele festgelegt sowie allgemeine Risikofaktoren bestimmt, die das Projekt beeinträchtigen können. Im Kontext der DIN 276:2018-12 beschäftigt sich das Risikomanagement vorrangig mit risikobedingten Kosten.

Die einzelnen Prozesse des Risikomanagements setzten sich aus folgenden Bereichen zusammen:

- Risikoidentifikation,
- Risikoanalyse,
- Risikobewertung,
- Risikogestaltung und -steuerung mit den Bausteinen:
  - Risikovermeidung,
  - Risikobegrenzung,
  - Risikoverminderung,
  - Risikoüberwälzung,
  - Risikoakzeptanz (Risiko selbst tragen),
- Risikoüberwachung.

Der Zusammenhang zwischen diesen Bereichen wird in Abb. A.5 dargestellt. Die dort gezeigten Prozesse und Bereiche des Risikomanagements werden im Folgenden erläutert.

Risikoidentifikation

Ziel der Risikoidentifikation ist es, alle Risiken, die die Erfüllung der Projektziele gefährden, zu finden, aufzulisten und zu charakterisieren. Der gesamte Prozess des Risikomanagements ist von der Identifizierung der Risiken abhängig.

Daher sollte die Risikoidentifikation systematisch erfolgen. Im Sinne der DIN 276:2018-12 sind also alle Risiken zu erfassen, die eine Kostenerhöhung oder in der Kostenermittlung noch nicht berücksichtigte Kosten beinhalten; dieser Vorgang entspricht der in der Norm angeregten Benennung der Kostenrisiken nach ihrer Art. Dazu kann sich der Architekt/Fachplaner zunächst wieder an der Kostengliederung der DIN 276 orientieren.

Darüber hinaus ist die DIN 18205:2016-11 „Bedarfsplanung im Bauwesen" mit ihren Prüflisten geeignet, die Grundlagenrisiken systematisch zu erfassen und die Anforderungen nach ihrer Vollständigkeit zu kontrollieren. Die Prüflisten gibt es in 3 Varianten, die sich in ihrem Detaillierungsgrad unterscheiden. Insofern ist diese Norm ein wichtiges Hilfsmittel für den Bauherrn und Nutzer, um sich im Rahmen der Bedarfsplanung einen Überblick zu verschaffen über

- die Art und Anzahl der benötigten Flächen und Räume,
- die Qualität und Ausstattung,
- die organisatorischen und betrieblichen Randbedingungen,
- die technischen und gesetzlichen Randbedingungen,
- die finanziellen und terminlichen Randbedingungen.

So können mögliche Risiken, die sich aus den genannten Vorgaben ergeben, identifiziert werden. Die Zusammenstellung der Risiken erfolgt in einer Tabelle, der sog. Risk-Map (Visualisierungstool zur Vermittlung spezifischer Risiken, denen ein Bauprojekt ausgesetzt ist), und dient als Grundlage für die folgenden Prozesse des Risikomanagements. Auf diese Art und Weise werden alle Risiken erfasst, die in Zusammenhang mit den Kostenermittlungen des Architekten/Fachplaners stehen.

Risikoanalyse

Mithilfe der Risikoanalyse werden die Ursachen für Risiken ermittelt und Abhängigkeiten der Risiken untereinander festgestellt. Gegebenenfalls ist es notwendig, während der Risikoanalyse den Prozess der Risikoidentifikation zu wiederholen, um mögliche Folgerisiken zu erfassen.

Risikobewertung

Nach der Identifikation und Analyse müssen die Einzelrisiken hinsichtlich ihres Ausmaßes bewertet werden. Dabei wird zwischen der Eintrittswahrscheinlichkeit und den Auswirkungen der Risiken auf die Projektziele unterschieden. Die Auswirkungen werden als Schadenshöhe beziffert. Die Risikobewertung bildet die Grundlage für die Risikogestaltung und -steuerung.

Risikobetrachtungen und -bewertungen sind in anderen Feldern betriebswirtschaftlichen Handelns seit längerer Zeit üblich. Aus dem Verständnis heraus, dass Unsicherheiten zu Mehrkosten führen können, sollen diese durch möglichst genaue Kalkulation und Berücksichtigung minimiert werden. So wird bei der Kalkulation von Angebotspreisen durch Baufirmen z. B. immer ein Zuschlag für das Wagnis vorgenommen. Der Begriff Wagnis beschreibt nichts anderes als die möglichen Kostenrisiken der Baufirma. Der für das Wagnis kalkulierte Betrag wird bei Eintritt des Risikos ganz oder teilweise aufgezehrt. Bleibt das Risiko aus, steht das finanziell bewertete Wagnis der Baufirma als Gewinn zur Verfügung (in diesem Fall ist die positive Seite des Risikos eingetreten, die Chance).

Aus der Betrachtungsweise des Architekten/Fachplaners stellt sich dieses Verfahren ähnlich dar. Finanziell bewertete und in Kostenermittlungen berücksichtigte Risikokosten werden bei Eintritt des Risikos aufgezehrt. Bei Ausbleiben des Risikos steht der entsprechende Betrag dem Bauherrn zur Verfügung und kann z. B. für eine höhere Ausbauqualität verwendet werden.

4.2.15 Umsatzsteuer

Die Umsatzsteuer kann entsprechend den jeweiligen Erfordernissen wie folgt berücksichtigt werden:

- ***In den Kostenangaben ist die Umsatzsteuer enthalten („Brutto-Angabe“).***
- ***In den Kostenangaben ist die Umsatzsteuer nicht enthalten („Netto-Angabe“).***
- ***Nur bei einzelnen Kostenangaben (z. B. bei übergeordneten Kostengruppen) ist die Umsatzsteuer ausgewiesen.***

In Kostenermittlungen und bei Kostenkennwerten ist immer anzugeben, in welcher Form die Umsatzsteuer berücksichtigt worden ist.

Die Ausführungen zur Umsatzsteuer in Abschnitt 4.2.15 der DIN 276:2018-12 sind aus der Vorgängernorm DIN 276-1:2008-12 übernommen worden. Kostenermittlungen dienen neben der Entscheidung über die ihnen zugrunde liegende Planung auch der Information des Bauherrn. Somit entscheidet die umsatzsteuerliche Veranlagung des Bauherrn in der Regel darüber, ob in den Kostenangaben die Umsatzsteuer auszuweisen ist oder nicht. Dieser Sachverhalt ist vom Architekten/Fachplaner beim Bauherrn abzufragen und bei den Kostenermittlungen zu berücksichtigen.

Die Mischform (Berücksichtigung der Umsatzsteuer nur bei einzelnen Kostenangaben wie z. B. übergeordneten Kostengruppen) kann beispielsweise bei einer ausführungsorientierten Gliederung der Kosten von Interesse sein. Um eine bessere Vergleichbarkeit einzelner Leistungsbereiche mit späteren Abschnittssummen der Angebotsleistungsverzeichnisse zu erreichen, könnten die Leistungsbereiche/Gewerke z. B. Nettoangaben enthalten, während nur die übergeordneten Bereiche (Vergabeeinheiten)[5] in den Zusammenstellungen brutto ausgewiesen werden.

Diese Möglichkeit, nur bei einzelnen Kostenangaben die Umsatzsteuer auszuweisen, darf jedoch nicht zu einer Vermischung von Brutto- und Nettoangaben innerhalb der Kostengliederung führen. Hier ist darauf zu achten, dass auf gleicher Gliederungsebene immer auch eine identische Systematik der Umsatzsteuerbehandlung angewendet wird.

Im Sinne einer durchgängigen Systematik bei den Kostenermittlungen und der Kostenfortschreibung (Kostenplanung als kontinuierlicher und systematischer Prozess), ist es nicht zweckmäßig, im Projektverlauf zwischen den einzelnen in DIN 276:2018-12 beschriebenen Möglichkeiten der Umsatzsteuerbehandlung zu wechseln. Dies würde den Prozess der Kostenkontrolle und -steuerung unnötig erschweren.

Entsprechend der Norm ist in Kostenermittlungen immer anzugeben, inwieweit die verwendeten Kostenkennwerte sowie die ausgewiesenen Kosten die Umsatzsteuer beinhalten.

4.3 Stufen der Kostenermittlung

4.3.1 Allgemeines

In 4.3.2 bis 4.3.7 werden die Stufen der Kostenermittlung nach ihrem Zweck, den erforderlichen Grundlagen und dem Detaillierungsgrad festgelegt.

Bei den Kostenermittlungen in 4.3.2 bis 4.3.4 und 4.3.7 (Kostenrahmen, Kostenschätzung, Kostenberechnung und Kostenfeststellung) handelt es sich um Kostenermittlungen, die im Projektablauf bezogen auf den jeweiligen Planungsschritt einmalig und zu einem bestimmten Zeitpunkt durchgeführt werden.

Bei der Kostenermittlung in 4.3.5 (Kostenvoranschlag) handelt es sich um eine Kostenermittlung, die einmalig und zu einem bestimmten Zeitpunkt oder im Projektablauf wiederholt und in mehreren Schritten durchgeführt werden kann.

Bei der Kostenermittlung in 4.3.6 (Kostenanschlag) handelt es sich um eine Kostenermittlung, die im Projektablauf wiederholt und in mehreren Schritten durchgeführt wird.

Die DIN 276:2018-12 unterscheidet nunmehr **6 Stufen der Kostenermittlung**:

- Kostenrahmen,
- Kostenschätzung,
- Kostenberechnung,
- Kostenvoranschlag,
- Kostenanschlag,
- Kostenfeststellung.

5 Vergabeeinheiten = Zusammenstellung einzelner oder mehrerer Leistungsbereiche/Gewerke, die Gegenstand einer Ausschreibung oder eines Auftrages sind

Die Norm legt fest, in welchem zeitlichen Ablauf die Stufen der Kostenermittlung zu erfolgen haben. Sie unterscheidet dabei zwischen den Kostenermittlungsstufen Kostenrahmen, Kostenschätzung, Kostenberechnung sowie Kostenfeststellung, die einmalig und zu einem bestimmten Zeitpunkt zu erbringen sind, der Stufe Kostenvoranschlag, der einmalig oder in mehreren Schritten durchgeführt wird, und dem Kostenanschlag, der in mehreren Schritten im Projektablauf durchgeführt wird.

Bezogen auf die Kostenermittlungsstufen Kostenrahmen, Kostenschätzung, Kostenberechnung und Kostenfeststellung ist schon immer von der beschriebenen Einmaligkeit ausgegangen worden – nur im Ausnahmefall einer Neu- oder Umplanung des Projekts aufgrund zu hoher Kosten haben die Ausgangsparameter keine Relevanz mehr.

Neu sind die Vorgaben für den Kostenvoranschlag, den es so bisher nicht gab, und den Kostenanschlag. Hier wird ein altes Problem behandelt, das als ein Schwachpunkt bei den bisher zu erbringenden Stufen der Kostenermittlung in den Vorläufernormen von DIN 276:2018-12 angesehen werden muss. Kostenanschläge basieren im Regelfall auf Kostenwerten abgerechneter Bauobjekte, auf aktuellen Ausschreibungen oder einer Mischung aus beidem. Auch wenn die VOB/A das anders fordert, erstreckt sich der Vergabeprozess aufgrund der zeitlichen Verteilung der Ausschreibungen über einen längeren Zeitraum, was in der Vergangenheit dazu führte, dass ein verbindlicher, alle Kostengruppen umfassender Kostenanschlag erst nach der letzten Ausschreibung – also kurz vor Bauende – erstellt wurde bzw. werden konnte.

Dieser kontinuierliche Prozess der Erstellung eines Kostenanschlags wird nunmehr durch die Neueinführung eines Kostenvoranschlags neu geregelt, denn dieser kann einmalig zu einem bestimmten Zeitpunkt oder mehrmalig im Projektablauf wiederholt und in mehreren Schritten durchgeführt werden. Diese „Kann-Option“ wird in der Praxis sicher dazu führen, dass der Kostenvoranschlag ebenso wie der Kostenanschlag mehrfach im Projektablauf und in mehreren Schritten durchgeführt wird.

Damit wird das bisherige Vorgehen bei der Erstellung des Kostenanschlags auf 2 Stufen der Kostenermittlung verteilt mit der Einschränkung, dass der Kostenvoranschlag (bisher keine HOAI-Grundleistung) den HOAI-Leistungsphasen 5 „Ausführungsplanung“ und 6 „Vorbereitung der Vergabe“ zugeordnet wird, während der Kostenanschlag der HOAI-Leistungsphase 7 „Mitwirkung bei der Vergabe“ zugeordnet ist. Da sich die Leistungsphasen im Projektablauf im Regelfall aber überlappen, dürfte diese Vorgehensweis in der Praxis nicht ganz unproblematisch werden.

Als wesentlichstes Unterscheidungsmerkmal zwischen dem Kostenvoranschlag und dem Kostenanschlag ist neben der zeitlichen Komponente die Art der Ermittlung der Kosten anzusehen, die sich bei den einzelnen Stufen der Kostenermittlung geändert haben (vgl. hierzu Teil A, Kapitel 4.3.5 und 4.3.6).

Die Ergebnisse der verschiedenen Stufen der Kostenermittlung beinhalten jeweils einen unterschiedlichen Genauigkeitsgrad entsprechend der Zuordnung zum jeweiligen Planungsstand bzw. Baufortschritt.

In den Kostenermittlungsstufen Kostenschätzung, Kostenberechnung, Kostenvoranschlag und Kostenanschlag werden nahezu gleichlautende Formulierungen hinsichtlich der zu verwendenden Informationen zur organisatorischen und terminlichen Abwicklung sowie zur Verwendung bereits entstandener Kosten gefordert.

Die organisatorische und terminliche Abwicklung beeinflusst die Kostensituation nicht unerheblich. Soll beispielsweise ein Bauprojekt mit einem Generalunternehmer durchgeführt werden, ist von höheren Kosten auszugehen, als wenn das gleiche Bauprojekt mit vielen einzelnen Unternehmen errichtet werde würde. Zeitliche Verschiebungen führen im Regelfall ebenfalls zu höheren Kosten – zum einen bedingt durch höhere Baupreise, die über einen längeren Zeitraum steigen, zum anderen durch ggf. höhere Zinskosten während der Bauphase (Kostengruppe 800 „Finanzierung").

Liegen zum Zeitpunkt der Erstellung einer Stufe der Kostenermittlung bereits entstandene Kosten vor, z. B. für das Grundstück (oder der Wert des Grundstücks, wenn dies bereits vorhanden ist), die Erschließung oder Baunebenkosten, so sind diese in die Kostenermittlung aufzunehmen. Beim Erstellen des Kostenanschlags sind neben den Angebots- und Auftragswerten auch die bereits abgerechneten Aufträge mit ihren Rechnungsbeträgen aufzunehmen.

Die DIN 276 fordert grundsätzlich vom Architekten/Fachplaner, dass alle Kostengruppen kostenmäßig bestimmt werden müssen. Für bestimmte Kostengruppen ist der Architekt/Fachplaner allerdings auf die Offenlegung von Kosteninformationen durch den Bauherrn angewiesen. Dies betrifft beispielsweise die Kostengruppen 100 „Grundstück" und 700 „Baunebenkosten". Der Grundstückskauf wird im Regelfall vom Bauherrn direkt vorgenommen, ebenso wird auch die Honorargestaltung mit Beteiligten wie dem Projektsteuerer oder anderen Fachplanern meist nicht vom Architekten übernommen. Gleichwohl sind diese Kosten Gegenstand der entsprechenden Kostengruppen der DIN 276 und müssen im Sinne der Kostentransparenz angegeben werden.

Der Planungsablauf mit den jeweiligen Leistungsphasen ist in der HOAI beschrieben. Dementsprechend werden hier die einzelnen Arten der Kostenermittlung verschiedenen Leistungsphasen als Grundleistung des Planers zugeordnet. Die zurzeit gültige Fassung der HOAI von 2013 bezieht sich jedoch auf die DIN 276-1:2008-12. Somit werden in den Teilen 2 bis 4 der HOAI (Grundleistungen der Objekt- und Fachplanung) nur die folgenden Kostenermittlungen berücksichtigt, die auch in der Ausgabe der DIN 276 von 2008 enthalten waren:

- Kostenschätzung,
- Kostenberechnung,
- Kostenanschlag,
- Kostenfeststellung.

HOAI Leistungsphasen	HOAI 2013 Leistungsbild Gebäude	DIN 276-1 Ausgabe 2008		DIN 276 Ausgabe 2018	
LP 1 – Grundlagenermittlung		Kostenrahmen	Kostenkontrolle und -steuerung	Kostenrahmen	Kostenkontrolle und -steuerung
LP 2 – Vorplanung	Kostenschätzung	Kostenschätzung		Kostenschätzung	
LP 3 – Entwurfsplanung	Kostenberechnung Kostenkontrolle	Kostenberechnung		Kostenberechnung	
LP 4 – Genehmigungsplanung					
LP 5 – Ausführungsplanung				Kostenvoranschlag	
LP 6 – Vorbereitung der Vergabe	bepreistes LV Kostenkontrolle				
LP 7 – Mitwirkung an der Vergabe	Vergleich bepreistes LV – Ausschreibung	Kostenanschlag		Kostenanschlag	
LP 8 – Objektüberwachung	Kostenfeststellung Kostenkontrolle	Kostenfeststellung		Kostenfeststellung	
LP 9 – Objektbetreuung und Dokumentation					

Abb. A.6: Zuordnung der Leistungsphasen (LP) und der Kostenplanungsstufen nach HOAI und DIN 276 (LV = Leistungsverzeichnis)

Die Zuordnung dieser Kostenermittlungen in der HOAI zu den einzelnen Leistungsphasen entspricht dabei ebenfalls den Vorgaben der DIN 276-1:2008-12. Die Unterschiede in der Zuordnung der Kostenermittlungsstufen zu den einzelnen Leistungsphasen werden in Abb. A.6 dargestellt.

Wichtige Voraussetzung für die einzelnen Stufen der Kostenermittlung ist die genaue Beschreibung des zu erstellenden Bauobjekts hinsichtlich der in der DIN 276:2018-12 beschriebenen Grundlagen.

Weiterhin ermöglichen die Stufen der Kostenermittlung

- eine Wechselwirkung zwischen Planung und Kosten,
- eine Beeinflussung und Regulierung von Planungsvorstellungen mit Vergleichsdaten,
- eine Kontrolle der Bauleistung anhand von Soll-Werten,
- eine Analyse der Planung und eine Beurteilung ihres Erfolges.

Die Genauigkeit der Kostenermittlung entspricht dem Genauigkeitsgrad der zur Verfügung stehenden Angaben zur Planung bzw. zum Baufortschritt.

Die Kostenfeststellung dient dem Nachweis der tatsächlich entstandenen Kosten und der Bildung von Kostenkennwerten. Die Bildung von Kostenkennwerten ist jedoch nicht Bestandteil der Norm und wird zurzeit auch in keiner anderen Norm geregelt. Jedes Büro ist jedoch gut beraten, eigene Kostenkennwerte zu bilden.

4.3.2 Kostenrahmen

Der Kostenrahmen dient der Entscheidung über die Bedarfsplanung, grundsätzlichen Wirtschaftlichkeits- und Finanzierungsüberlegungen sowie der Festlegung einer Kostenvorgabe.

Bei dem Kostenrahmen werden insbesondere folgende Informationen zugrunde gelegt:

- ***gegebenenfalls Angaben zum Standort;***
- ***quantitative und qualitative Bedarfsangaben (z. B. Raumprogramm mit Nutzeinheiten, Funktionselemente und deren Flächen, bautechnische Anforderungen, Funktionsanforderungen, Ausstattungsstandards), aufgrund der Bedarfsplanung, z. B. nach DIN 18205;***
- ***gegebenenfalls auch Berechnung der Mengen von Bezugseinheiten der Kostengruppen nach dieser Norm und nach der Normenreihe DIN 277;***
- ***erläuternde Angaben zur organisatorischen und terminlichen Abwicklung des Bauprojekts.***

Im Kostenrahmen müssen die Gesamtkosten nach Kostengruppen in der ersten Ebene der Kostengliederung ermittelt werden.

Gegenüber der Vorgängernorm haben sich für die Stufe des Kostenrahmens die Rahmenbedingungen in einigen Punkten verändert. Der Kostenrahmen ist auch weiterhin innerhalb des Planungsablaufes in die Leistungsphase 0 „Bedarfsplanung" einzuordnen. Diese Leistungsphase 0 ist zwar in der HOAI nicht vorgesehen, wird aber in der Praxis als eine Leistungsphase z. B. für die Projektsteuerungsleistungen bezeichnet, in der die Zielsetzungen des Projekts in Bezug auf Qualität/Quantität, Zeit und Kosten festgelegt werden. Soll der Kostenrahmen vom Architekten erbracht werden, erfolgt dies häufig in der Leistungsphase 1 „Grundlagenermittlung" als eine Besondere Leistung nach HOAI, die auch gesondert zu vergüten ist.

Die für die Kostenermittlung des Kostenrahmens zu verwendenden Informationen basieren auch weiterhin auf den quantitativen und qualitativen Bedarfsangaben wie Raumprogramm, Ausstattungsstandards, bautechnischen Anforderungen usw. Daran hat sich gegenüber der Vorgängernorm wenig verändert. Es werden aber weitere Informationen genannt, die optional hinzukommen können, wie Angaben zum Standort, Berechnungen von Mengen von Bezugseinheiten der Kostengruppen oder erläuternde Angaben zur organisatorischen und terminlichen Abwicklung.

Neu ist aber die Forderung, die Kostengenauigkeit der ersten Kostengruppenebene der DIN 276:2018-12 für alle Kostengruppen einzuhalten. Dies ist eine Verschärfung gegenüber der Vorgängernorm, da in DIN 276-1:2008-12 bisher nur der Ausweis der Bauwerkskosten innerhalb der Gesamtkosten gefordert war.

Diese Einordnung des Kostenrahmens in die HOAI ergibt sich aus 2 Sachverhalten:

- Die Kostenschätzung ist der Leistungsphase 2 nach HOAI (Vorplanung) zuzuordnen (vgl. Teil A, Kapitel 4.3.3). Da der Kostenrahmen eine vorhergehende Stufe der Kostenermittlung ist, muss er auch derjenigen Leistungsphase zugeordnet werden, die vor der Leistungsphase liegt, in der die Kostenschätzung erstellt wird.

- Der zweite Sachverhalt ergibt sich aus den Grundlagen des Kostenrahmens: Hier führt die Norm lediglich Bedarfsangaben auf (und ggf. Angaben zum Standort, zu den Mengen der Bezugseinheiten der Kostengruppen sowie organisatorische und terminliche Angaben zur Abwicklung). Die Klärung der Aufgabenstellung auf Grundlage der Vorgaben oder der Bedarfsplanung des Auftraggebers ist Bestandteil der Grundlagenermittlung (Leistungsphase 1 nach Anlage 10 HOAI 2013). Sie kann aber auch als eine Besondere Leistung (Bedarfsplanung/Bedarfsermittlung) beauftragt werden. Dies betrifft ebenso das Aufstellen eines Kostenrahmens, was ebenfalls als Besondere Leistung gesondert beauftragt werden muss.

Grundsätzlich gehört die Bedarfsplanung zu den originären Bauherrenaufgaben. Die DIN 18205:2016-11 „Bedarfsplanung im Bauwesen" stellt mit ihren Prüflisten ein gutes Hilfsmittel für die Bedarfsplanung dar.

Grundsätzliche Finanzierungs- und Wirtschaftlichkeitsüberlegungen stellt der Bauherr in der Regel bereits an, bevor er einen Architekten mit der Planung und Realisierung eines Bauprojekts beauftragt.

Unabhängig von dem zuvor genannten Regelfall, in dem der Bauherr mit konkreten Bedarfsangaben und/oder einem Finanzierungsrahmen an den Architekten/Fachplaner herantritt, sollte dieser in der Lage sein, den Bauherrn in diesen Punkten zu unterstützen, so wie er auch grundsätzlich in der Lage sein sollte, ihn beim Ermitteln der Kostenvorgabe zu unterstützen (vgl. Teil A, Kapitel 4.6.2).

Der Kostenrahmen dient als Grundlage zur Festlegung der Kostenvorgabe. Dies kann nur auf der Basis einer Bedarfsplanung und der Wirtschaftlichkeits- und/oder Finanzierungsüberlegungen des Bauherrn erfolgen. Dementsprechend bilden die qualitativen und die quantitativen Bedarfsangaben die Grundlagen des Kostenrahmens. Da in allen Kostenermittlungsstufen die Gesamtkosten zu erfassen sind (vgl. Teil A, Kapitel 4.2.2 und 4.2.3), müssen für den Kostenrahmen auch Angaben zum Standort vorliegen, um die Kostengruppe 100 „Grundstück" erfassen zu können.

Die Kostenvorgabe kann mithilfe des Budgets des Bauherrn oder der Kostenermittlungen festgelegt werden (vgl. Teil A, Kapitel 4.6.2).

4.3.3 Kostenschätzung

Die Kostenschätzung dient der Entscheidung über die Vorplanung.

In der Kostenschätzung werden insbesondere folgende Informationen zugrunde gelegt:

- ***Angaben zum Baugrundstück;***
- ***Angaben zur Erschließung;***
- ***Ergebnisse der Vorplanung, insbesondere Planungsunterlagen, zeichnerische Darstellungen;***
- ***Berechnung der Mengen von Bezugseinheiten der Kostengruppen, nach dieser Norm und nach der Normenreihe DIN 277;***

- ***erläuternde Angaben zu den planerischen Zusammenhängen, Vorgängen und Bedingungen sowie zur organisatorischen und terminlichen Abwicklung des Bauprojekts;***
- ***Zusammenstellungen der zum Zeitpunkt der Kostenschätzung bereits entstandenen Kosten (z. B. für das Grundstück, Erschließung, Baunebenkosten usw.).***

In der Kostenschätzung müssen die Gesamtkosten nach Kostengruppen in der zweiten Ebene der Kostengliederung ermittelt werden.

Die Vorgaben der DIN 276:2018-12 weichen in einigen Punkten von der Vorgängernorm ab.

Die Kostenschätzung dient der Entscheidung über die Vorplanung. Mit ihrer Hilfe soll entschieden werden, ob die Ergebnisse der Vorplanung den Anforderungen des Bauherrn an das Bauprojekt hinsichtlich der Kostenvorgabe genügen. Dies impliziert bereits eine Kostenkontrolle im Sinne eines Vergleichs der Ergebnisse der Kostenschätzung mit der Kostenvorgabe bzw. dem Kostenrahmen (sofern vorhanden).

Übersteigt die Kostenschätzung die Anforderungen des Kostenrahmens, muss die Planung entsprechend modifiziert werden. Genügt die Kostenschätzung den Anforderungen des Kostenrahmens, so kann die Planung fortgeschrieben werden. Hierbei – und bei den folgenden beiden Kostenermittlungsstufen – ist wieder darauf zu achten, um welche Art des Kostenrahmens es sich handelt: Kostenobergrenze oder Zielkosten (vgl. hierzu die Ausführungen in Teil B, Kapitel 2).

Da die Vorplanung Gegenstand der Leistungsphase 2 nach HOAI ist, muss die Kostenschätzung in dieser Leistungsphase erstellt werden. Demzufolge entspricht auch der Informationsgrad, der der Kostenschätzung zugrunde liegt, der Vorplanung. Die zeichnerische Darstellung des Vorentwurfs (vgl. hierzu DIN 1356 „Bauzeichnungen – Teil 1: Grundregeln der Darstellung" [2018]) erfolgt nach der HOAI 2013 im Maßstab nach Art und Größe des Objekts.

Gemäß DIN 276:2018-12 müssen die Mengen von Bezugseinheiten der Kostengruppen nach den Vorgaben dieser Norm aus diesen zeichnerischen Darstellungen berechnet werden (vgl. dazu DIN 276:2018-12, Abschnitt 6.2, Tabelle 2, und Abschnitt 6.3, Tabelle 3). Im Rahmen der Kostenschätzung sind dies die Mengen der zweiten Gliederungsebene des geplanten Gebäudes bzw. Objekts. Allerdings sind die Vorgaben in Abschnitt 6.2, Tabelle 3, der Norm nur für die Kostengruppe 300 „Bauwerk – Baukonstruktionen" definiert. Für die Kostengruppe 400 „Bauwerk – Technische Anlagen" werden für die zweite Ebene der Kostengliederung bis auf wenige Ausnahmen keine Flächen als Bezugseinheiten vorgegeben.

Die erläuternden Angaben zu planerischen Zusammenhängen, Vorgängen und Bedingungen liefern die Basis für die korrekte Wahl der Kostenkennwerte vor allem der Kostengruppen 300 und 400. In diesem Zusammenhang muss darauf hingewiesen werden, dass die Wahl von zutreffenden Kostenkennwerten – im Sinne von Kostenkennwerten, die die geplanten Qualitäten genau abbilden – weit wichtiger ist als eine „überexakte" Ermittlung der Mengen von Bezugseinheiten.

4.3.4 Kostenberechnung

Die Kostenberechnung dient der Entscheidung über die Entwurfsplanung.

In der Kostenberechnung werden insbesondere folgende Informationen zugrunde gelegt:

- ***Planungsunterlagen, z. B. durchgearbeitete Entwurfszeichnungen (Maßstab nach Art und Größe des Bauvorhabens), gegebenenfalls auch Detailpläne mehrfach wiederkehrender Raumgruppen;***
- ***Berechnungen der Mengen von Bezugseinheiten der Kostengruppen, nach dieser Norm und nach der Normenreihe DIN 277;***
- ***Erläuterungen, z. B. Beschreibung der Einzelheiten in der Systematik der Kostengliederung, die aus den Zeichnungen und den Berechnungsunterlagen nicht zu ersehen, aber für die Berechnung und die Beurteilung der Kosten von Bedeutung sind;***
- ***Erläuterungen zur organisatorischen und terminlichen Abwicklung des Bauprojekts;***
- ***Zusammenstellungen der zum Zeitpunkt der Kostenberechnung bereits entstandenen Kosten (z. B. für das Grundstück, Erschließung, Baunebenkosten usw.).***

In der Kostenberechnung müssen die Gesamtkosten nach Kostengruppen in der dritten Ebene der Kostengliederung ermittelt werden.

Die Kostenberechnung wird in der DIN 276:2018-12 ähnlich wie in der Vorgängernorm beschrieben. Die Kostenberechnung als eine Grundlage für die Entscheidung über die Entwurfsplanung muss in der Leistungsphase 3 „Entwurfsplanung“ nach HOAI erfolgen.

Entscheidungsgegenstand sind dabei auch die in der Kostenberechnung ermittelten Kosten. Diese sind dann hinsichtlich der Einhaltung der Kostenvorgabe zu bewerten.

Der Informationsgrad der Entwurfsplanung ist deutlich höher als im Vorentwurf. Entwurfszeichnungen, auf deren Basis über die Entwurfsplanung entschieden werden soll, sind so durchgearbeitet, dass sie die Beiträge anderer fachlich an der Planung Beteiligter integrieren und z. B. technische, bauphysikalische und energiewirtschaftliche Anforderungen berücksichtigen. Dieser Informationsgrad muss in die Kostenberechnung einfließen.

Die Gesamtkosten der Kostenberechnung müssen bis zur dritten Ebene der Kostengliederung ermittelt werden. Damit verschärft die DIN 276:2018-12 die Kostengenauigkeit gegenüber der Vorgängernorm um eine Gliederungsebene.

4.3.5 Kostenvoranschlag

Der Kostenvoranschlag dient den Entscheidungen über die Ausführungsplanung und die Vorbereitung der Vergabe.

Der Kostenvoranschlag kann entsprechend dem für das Bauprojekt gewählten Projektablauf einmalig oder in mehreren Schritten aufgestellt werden.

Im Kostenvoranschlag werden insbesondere folgende Informationen zugrunde gelegt:

- ***Planungsunterlagen, z. B. Ausführungs-, Detail- und Konstruktionszeichnungen;***
- ***Leistungsbeschreibungen der Leistungsbereiche;***
- ***Berechnungen, z. B. für Standsicherheit, Wärmeschutz, technische Anlagen;***
- ***Berechnungen der Mengen von Bezugseinheiten der Kostengruppen nach dieser Norm und nach der Normenreihe DIN 277;***
- ***Mengenermittlungen von Teilleistungen;***
- ***Erläuterungen zur organisatorischen und terminlichen Abwicklung des Bauprojekts;***
- ***Zusammenstellungen der Kosten von bereits vorliegenden Angeboten und Aufträgen sowie der bereits entstandenen Kosten.***

Im Kostenvoranschlag müssen die Gesamtkosten nach Kostengruppen in der dritten Ebene der Kostengliederung ermittelt und darüber hinaus nach technischen Merkmalen oder herstellungsmäßigen Gesichtspunkten weiter untergliedert werden.

Unabhängig von der Art der Ermittlung bzw. dem jeweils gewählten Kostenermittlungsverfahren müssen die ermittelten Kosten auch nach den für das Bauprojekt vorgesehenen Vergabeeinheiten geordnet werden, damit die Angebote, Aufträge und Abrechnungen (einschließlich der Nachträge) aktuell zusammengestellt, kontrolliert und verglichen werden können.

Die DIN 276:2018-12 hat eine neue Stufe der Kostenermittlung eingeführt. Dadurch soll erreicht werden, dass der Genauigkeitsgrad der Kostenermittlung als Entscheidungsgrundlage vor Baubeginn verbessert wird. Die Zuordnung des Kostenvoranschlags erfolgt parallel zur Ausführungsplanung (Leistungsphase 5) und Vorbereitung der Vergabe (Leistungsphase 6) nach HOAI.

Der Begriff Kostenvoranschlag wurde in den Vorgängernormen der DIN 276 im Rahmen der Kostenermittlungen und der HOAI bisher nicht verwendet.

In der Baupraxis ist dieser Begriff immer dann verwendet worden, wenn bei einem Bauhandwerker/Bauunternehmer ein Angebot eingeholt worden ist, dessen Leistungsinhalt vom Bauunternehmer selbst erstellt wurde.

Durch die Aufnahme in die DIN 276:2018-12 als neue Stufe der Kostenermittlung bekommt der Begriff nunmehr eine andere Bedeutung und auch neue inhaltliche Ausrichtung.

Wie schon bisher beim Kostenanschlag (vgl. Teil A, Kapitel 4.3.6) kann der Kostenvoranschlag dann erstellt werden, wenn die entsprechenden Informationen vorliegen:

- Planungsunterlagen (Ausführungs-, Detail- und Konstruktionszeichnungen),
- Berechnungen (statische Berechnungen, Wärmeschutz, technische Anlagen),

- Mengen von Bezugseinheiten der Kostengruppen (dritte Gliederungsebene),
- Positionsmengen der Gewerke (Teilleistungen).

Da die Ausführungsplanung, die Berechnungen und darauf aufbauend auch die Mengenermittlungen und Leistungsbeschreibungen als ein sukzessiver Prozess anzusehen sind, der entsprechend dem Planungs- und Bauprozess erfolgt, wird in der DIN 276:2018-12 gefordert, den Kostenvoranschlag **einmalig oder in mehreren** Schritten anzufertigen.

Eine weitere Forderung betrifft den Aufbau des Kostenvoranschlags. Er ist zunächst bauelementorientiert in der dritten Gliederungsebene der Kostengruppen von DIN 276:2018-12 zu erstellen, aber darüber hinaus gleichzeitig auch nach technischen Merkmalen oder herstellungsmäßigen Gesichtspunkten gemäß den für das Bauobjekt vorgesehenen Vergabeeinheiten, damit die Angebote, Aufträge und Abrechnungen (einschließlich der Nachträge) aktuell zusammengestellt, kontrolliert und verglichen werden können.

Die Zusammenfassung einzelner Kostengruppen zu Vergabeeinheiten stellt somit die Schnittstelle von der bauelementeorientierten Kostengliederung zur ausführungsorientierten Kostengliederung dar. Dieser Schritt ist die Voraussetzung für die kontinuierlich und systematisch über alle Phasen eines Bauprojekts durchzuführende Kostenplanung.

Das heißt konkret: Es reicht nicht aus, den Kostenvoranschlag nur in der dritten Gliederungsebene der DIN 276: 2018-12 zu erstellen. Gefordert wird in jedem Fall zusätzlich eine weitere Zusammenstellung nach Vergabeeinheiten. Diese kann aber nur dann erfolgen, wenn vorher die Gewerkekosten ermittelt werden. Dies setzt jedoch zwangsläufig das Vorliegen von nach Teilleistungen (Positionen) gegliederten Leistungsverzeichnissen voraus, die in der Leistungsphase 6 der HOAI (Vorbereitung der Vergabe) zu erstellen sind. Da zu diesem Zeitpunkt noch keine Angebote von den ausführenden Firmen vorliegen, sind z. B. die BKI-Kostenkennwerte des Baukosteninformationszentrums Stuttgart oder aus der Erfahrung gewonnene Kostenkennwerte (des eigenen Büros) zu verwenden.

Die Bildung von Vergabeeinheiten bezieht sich nicht auf alle Kostengruppen der Gesamtkosten, sondern nur auf jene Kostengruppen, denen Teilleistungen der bauausführenden Unternehmen zugeordnet werden können. Das betrifft folgende Kostengruppen einschließlich der jeweiligen tiefer gehenden Gliederungsebene:

- 210 „Herrichten“,
- 300 „Bauwerk – Baukonstruktionen“,
- 400 „Bauwerk – Technische Anlagen“,
- 500 „Außenanlagen und Freiflächen“,
- 600 „Ausstattung und Kunstwerke“.

Die zentrale Aussage der DIN 276:2018-12 zum Kostenvoranschlag ist somit, dass die hier zu ermittelnden Kosten nicht auf Basis der Angebotspreise der Baufirmen zusammengestellt werden dürfen. Der Kostenvoranschlag muss entsprechend der DIN 276:2018-12 als eine kostenplanerische Leistung des

Architekten/Fachplaners vor der eigentlichen Ausschreibung und Vergabe gemäß Leistungsphase 7 HOAI verstanden werden.

Zusammenfassend kann festgestellt werden, dass der Kostenvoranschlag nach der DIN 276:2018-12 nunmehr eine Brückenfunktion zwischen der Kostenberechnung und dem nachfolgendem Kostenanschlag einnimmt. Die planerischen Vorgaben und Anforderungen sind mit dem Kostenvoranschlag als zusätzlicher Kostenermittlungsart erhöht worden. Die Ergebnisse des Kostenvoranschlags sollen die Kostengenauigkeit im Vorfeld des Baubeginns verbessern und in ihrer inhaltlichen Ausgestaltung eine Verbesserung der Transparenz sowohl zur Überprüfung der Planung als auch als Vorgabe für die Bauausführung darstellen.

4.3.6 Kostenanschlag

Der Kostenanschlag dient den Entscheidungen über die Vergaben und die Ausführung.

Der Kostenanschlag wird entsprechend dem für das Bauprojekt gewählten Projektablauf in mehreren Schritten aufgestellt, indem die Kosten auf dem jeweils aktuellen Kostenstand (Angebot, Auftrag oder Abrechnung) zusammengestellt werden.

Im Kostenanschlag werden insbesondere folgende Informationen zugrunde gelegt:

- ***Planungsunterlagen, z. B. Ausführungs- und Detailzeichnungen, Konstruktions- und Montagezeichnungen, Aufmaß- und Abrechnungszeichnungen;***
- ***Angebote der ausführenden Unternehmen mit Leistungsbeschreibungen;***
- ***Aufträge an ausführende Unternehmen einschließlich der Vertragsunterlagen;***
- ***technische Berechnungen;***
- ***Mengenermittlungen von Teilleistungen;***
- ***Rechnungen der ausführenden Unternehmen und Ergebnisse der Rechnungsprüfung;***
- ***Informationen über die Ausführung und zur organisatorischen und terminlichen Abwicklung des Bauprojekts;***
- ***Zusammenstellungen der in Teilbereichen bereits entstandenen Kosten.***

Im Kostenanschlag müssen die Kosten nach den für das Bauprojekt im Kostenvoranschlag festgelegten Vergabeeinheiten zusammengestellt und geordnet werden.

Durch die Einführung des Kostenvoranschlags als neue Stufe der Kostenermittlung in der DIN 276:2018-12 haben sich auch Gegenstand und Inhalt des Kostenanschlags geändert.

Das betrifft zunächst einmal die neue Zuordnung des Kostenanschlags zu den Leistungsphasen 7 (Mitwirkung bei der Vergabe) und 8 (Objektüberwachung) der HOAI. Durch diese Verschiebung soll auch dokumentiert werden, dass der Kostenanschlag nunmehr die logische Fortsetzung des Kostenvoranschlags darstellt.

Zu den planerischen Grundlagen des Kostenanschlags wie den Ausführungs- und Detailzeichnungen kommen die Aufmaß- und Abrechnungszeichnungen sowie die Mengenermittlungen der Teilleistungen hinzu.

Der Aufbau des Kostenanschlags ist nicht mehr nach Kostenelementen (dritte Gliederungseben der Kostengruppen nach DIN 276:2108-12) strukturiert, sondern nach Vergabeeinheiten und Gewerken, damit in Fortsetzung der im Kostenvoranschlag begonnenen Strukturierung nach Vergabeeinheiten im Kostenanschlag die Angebote der ausführenden Unternehmen, die abgeschlossenen Verträge und die nachfolgenden Rechnungen/Abrechnungen sowie Nachträge verfolgt werden können. Da dies nur sukzessiv möglich ist, wird gefordert, den Kostenanschlag in mehreren Schritten aufzustellen.

Im Kostenanschlag müssen nach DIN 276:2018-12 die Kosten nach den für das Bauprojekt im Kostenvoranschlag festgelegten Vergabeeinheiten zusammengellt und geordnet werden. Dementsprechend kann eine Vergabeeinheit als die Zusammenfassung verschiedener Teilleistungen zum Zweck der Vergabe (Beauftragung) an ein bauausführendes Unternehmen bezeichnet werden.

Dabei muss jedoch beachtet werden, dass die Einheitspreise in den Leistungsverzeichnissen der bauausführenden Unternehmen immer Nettoangaben darstellen, die Angaben des Kostenanschlags jedoch Netto- oder Bruttoangaben sein können (vgl. Teil A, Kapitel 4.2.15). Es ist also jeweils anzugeben, ob es sich um Brutto- oder Nettoangaben handelt.

Der Kostenanschlag übernimmt damit gleichzeitig 3 zentrale Funktionen der Kostenplanung:

- **Darstellung des Kostenstands** des Bauprojekts zu bestimmten Zeitpunkten:
  Wenn gefordert wird, dass der Kostenanschlag in mehreren Schritten erstellt wird und sich aus den Bestandteilen Angebote, Verträge und Abrechnungen zusammensetzt, lässt sich aus diesen Informationen ein Kostenstand zu einem bestimmten Zeitpunkt ableiten.
- **Instrument der Kostenkontrolle** (durch Vergleich Kostenvoranschlag/ Kostenanschlag):
  Aufgrund der kostenplanerischen Aufteilung in die Stufen Kostenvoranschlag und Kostenanschlag lässt sich nun auch besser eine Kostenkontrolle durchführen. Verglichen werden können die aus der Kostenschätzung und -berechnung hervorgegangenen bauelementierten Kosten mit denen im Kostenvoranschlag umgeschlüsselten Kosten der Vergabeeinheiten und der Leistungsbereiche/Gewerke mit denen des Kostenanschlages.
- **Instrument der Kostensteuerung** (durch Vergleich der Kostenprognose im Kostenvoranschlag mit Angeboten, Verträgen und Abrechnungen im Kostenanschlag):
  Die Ergebnisse der Kostenkontrolle können bei Erkennen von Abweichungen weiter für eine Kostensteuerung verwendet werden. Lediglich die auf Unsicherheiten und Unwägbarkeiten basierenden risikobedingten Kosten sind zunächst nicht Gegenstand der im vorangegangenen Punkt

der Auflistung beschriebenen Vergleiche (vgl. hierzu Teil A, Kapitel 4.5). Ohne eine wie unten beschriebene Kostenkontrolle wäre eine Kostensteuerung allerdings gar nicht möglich.

Zusammenfassend kann festgehalten werden: Die Neueinführung einer zusätzlichen Stufe der Kostenermittlung in Form des Kostenvoranschlags führt in Verbindung mit dem Kostenanschlag bei der Kostenplanung für Bauprojekte in der DIN 276:2018-12 insgesamt zu einem Mehr an Kostengenauigkeit und -transparenz. Gleichzeitig können beide Kostenermittlungen für Zwecke der Kostenkontrolle und Kostenverfolgung/-steuerung eine wichtige Grundlage für eine Verbesserung der Kostensicherheit sein.

4.3.7 Kostenfeststellung

Die Kostenfeststellung dient dem Nachweis der entstandenen Kosten sowie gegebenenfalls Vergleichen und Dokumentationen.

In der Kostenfeststellung werden insbesondere folgende Informationen zugrunde gelegt:

- ***geprüfte Abrechnungsbelege, z. B. Schlussrechnungen;***
- ***Nachweise der unentgeltlich eingebrachten Güter und Leistungen;***
- ***Planungsunterlagen, z. B. Abrechnungszeichnungen;***
- ***Erläuterungen.***

In der Kostenfeststellung müssen die Gesamtkosten nach Kostengruppen bis zur dritten Ebene der Kostengliederung bzw. nach der für das Bauprojekt festgelegten Struktur des Kostenanschlags unterteilt werden.

Die Kostenfeststellung dient zum Nachweis der bei der Planung und Realisierung des Bauprojekts entstandenen Kosten. Somit ist die Kostenfeststellung erst mit der Fertigstellung des Bauprojekts möglich und muss zum Ende der Leistungsphase 8 „Objektüberwachung – Bauüberwachung und Dokumentation“ gemäß HOAI durchgeführt werden.

Die Basis der Kostenfeststellung bilden die geprüften Schlussrechnungen der bauausführenden Unternehmen. Da in der Kostenfeststellung wie in allen anderen Stufen der Kostenermittlung die Gesamtkosten zu erfassen sind, müssen alle angefallenen Kosten einschließlich der unentgeltlich eingebrachten Güter und Leistungen aufgeführt werden. Dazu zählt u. a. auch die Schlussrechnung des Architekten und der anderen Planer, in deren Aufgabenbereich die Kostenfeststellung fällt. Der Architekt sollte jedoch in der Lage sein, den voraussichtlichen Betrag seiner Schlussrechnung zu beziffern und in die Kostenfeststellung aufzunehmen. Auch dürfen die Eigenleistungen des Bauherrn nicht vergessen werden, da diese auch von externen Dienstleistern wie z. B. Projektsteuerungsgesellschaften hätten erbracht werden können (vgl. hierzu Teil A, Kapitel 4.2.11).

Die besondere Bedeutung der Erfassung aller Kosten liegt in einer weiteren Funktion der Kostenfeststellung, da diese ggf. auch die Grundlage für Vergleiche und Dokumentationen darstellt. Dies bezieht sich vor allem auf die Bildung von Kostenkennwerten auf Basis der Kostenfeststellung. Da diese Kennwerte wieder für die Kostenermittlungen zukünftiger Bauprojekte herangezogen werden, müssen die Grundlagen der Kostenfeststellung genau dokumentiert werden. Dazu zählen auch exakte Angaben zu den Qualitäten und Quantitäten des realisierten Bauprojekts. Diese Angaben bilden die zukünftige Entscheidungsgrundlage bei der Frage, inwieweit die aus der Kostenfeststellung gewonnenen Kostenkennwerte für ein spezielles Bauprojekt verwendet werden können. Es ist allerdings darauf hinzuweisen, dass es sich bei der Auswertung und Ermittlung von Kostenkennwerten nicht um eine HOAI-Grundleistung handelt.

Vor dem Hintergrund der Bildung von Kostenkennwerten ist auch die zusätzliche Forderung der DIN 276:2018-12 nach einer generellen Gliederung der Gesamtkosten nach Kostengruppen bis zur dritten Ebene der Kostengliederung zu bewerten. Durch die Einbeziehung aller 3 Gliederungsebenen können eben auch für diese 3 Ebenen Kostenkennwerte gebildet werden, d. h., es muss wiederum eine Umschlüsselung von der gewerkeorientierten in eine bauteilorientierte Gliederung erfolgen.

Die Vorgabe der DIN 276:2018-12 lässt aber außerdem die Möglichkeit zu, in der Kostenfeststellung auch die Struktur des Kostenanschlags zu verwenden, also eine nach Vergabeeinheiten mit Leistungsbereichen/Gewerken gegliederte Struktur. Eigentlich ist diese Struktur durch die Fortschreibung des Kostenanschlags schon vorhanden und wird bei Vorliegen aller Schlussrechnungen automatisch zu einer Kostenfeststellung, die dann durch Zuordnung der bauelementierten Kostengliederung nach Kostengruppen wiederum in die Struktur des Kostenvoranschlages (dritte Gliederungsebene) übergeht.

In dieser Struktur bietet die Gliederung der Gesamtkosten bis zur dritten Ebene der Kostengliederung in der Kostenfeststellung auch die Möglichkeit der Kostenkontrolle im Sinne eines Vergleichs mit dem Kostenanschlag. Dies kann notwendig sein, um die Ursachen von Kostenveränderungen und/oder Kostenverschiebungen zu analysieren und dieses Wissen bei zukünftigen Kostenplanungen zu berücksichtigen.

Die Kostenfeststellung zeigt dann auf, inwiefern die Kostenvorgabe des Bauherrn eingehalten wurde. Damit ist die Kostenfeststellung letztendlich auch ein Beleg für die Qualität der kostenplanerischen Tätigkeit des Architekten/Fachplaners.

4.4 Kostenkontrolle

Die Kostenkontrolle und die Kostensteuerung (vgl. Teil A, Kapitel 4.5) gehören neben der Kostenermittlung zu den elementaren Maßnahmen der Kostenplanung. Die DIN 276:2018-12 widmet der Kostenkontrolle und der Kostensteuerung jeweils ein eigenes Kapitel. Damit wird die immer weiter gestiegene Bedeutung dieser Thematik für die Kostenplanung unterstrichen.

4.4.1 Zweck

Die Kostenkontrolle dient der Überwachung der Kostenentwicklung und als Grundlage für die Kostensteuerung.

Die Einhaltung der Kosten muss das zentrale kostenplanerische Ziel des Architekten/Fachplaners sein. Die Kostenkontrolle dient dabei der Überwachung der Kostenentwicklung und dem Aufzeigen von Kostenänderungen.

4.4.2 Grundsatz

Bei der Kostenkontrolle sind aktuelle Kostenermittlungen mit früheren Kostenermittlungen und Kostenvorgaben kontinuierlich zu vergleichen. Das gilt auch für Kostenentwicklungen zwischen den einzelnen Stufen der Kostenermittlungen.

Bei der Vergabe und der Ausführung sind die Angebote, Aufträge und Abrechnungen (einschließlich der Nachträge) auf dem jeweils aktuellen Stand des Kostenanschlags mit vorherigen Ergebnissen kontinuierlich zu vergleichen.

Die Kostenkontrolle muss entsprechend den Vorgaben der DIN 276:2018-12 über alle Phasen der Planung und Ausführung eines Bauprojekts kontinuierlich durchgeführt werden.

In den Vorgängernormen wurde die Kostenkontrolle als *„der Vergleich einer aktuellen mit einer früheren Kostenermittlung“* definiert (vgl. DIN 276:1993-06, Abschnitt 2.4, und auch DIN 276-1:2008-12, Abschnitt 2.5). Diese Art der Kostenkontrolle ist nach der DIN 276:2018-12 nicht mehr ausreichend. Stattdessen sieht die aktuelle Norm einen kontinuierlichen Prozess der Kostenkontrolle und Kostenentwicklung zwischen den einzelnen Stufen der Kostenermittlungen vor, der dem des Risikomanagements ähnelt (vgl. hierzu die Ausführungen in Teil A, Kapitel 4.2.14).

Der hiermit angesprochene **Soll-Ist-Vergleich** – so ist es auch in der Betriebswirtschaft üblich – stellt die Kostenabweichung von der Kostenvorgabe fest bzw. von der veränderten Kostenvorgabe, die vom Bauherrn genehmigt wurde.

Im Normentext wird der Zweck der Kostenkontrolle definiert als:

- Überwachung der Kostenentwicklung und
- Grundlage für die Kostensteuerung.

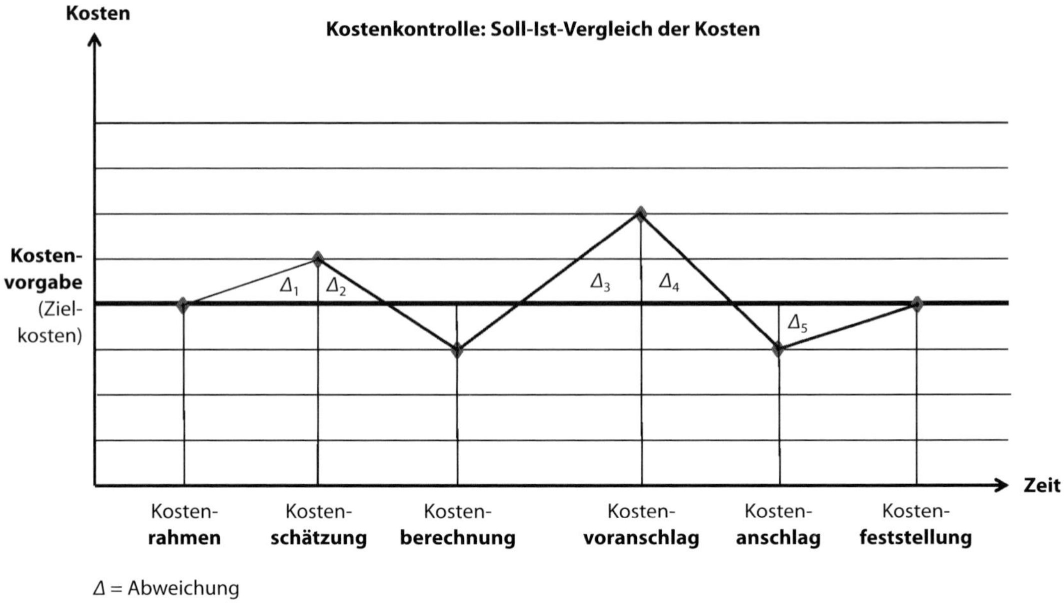

Abb. A.7: Kostenkontrolle als Prozess der Kostenentwicklung, orientiert an der Kostenvorgabe

Bei der Überwachung der Kostenentwicklung können Abweichungen durch 2 Vergleiche festgestellt werden:

Ergebnis der aktuellen Kostenermittlung	–	Ergebnis einer vorhergehenden Kostenermittlung	=	Kostenabweichung
in der Kostenvorgabe festgelegter Betrag	–	Ergebnis der aktuellen Kostenermittlung	=	Kostenabweichung

Die Kostenermittlung ist je nach Planungs- und Ausführungsstand entweder der Kostenrahmen, die Kostenschätzung, die Kostenberechnung oder der Kostenvoranschlag. Ebenso gehören aber auch der Kostenanschlag und die Kostenfeststellung während der Ausführungsphase dazu, also Kostenermittlungen auf Basis der Angebote, Aufträge, Nachträge und Abrechnungen.

Die Darstellung in Abb. A.7 macht deutlich, dass der Soll-Ist-Vergleich auf Basis der Kostenvorgabe als Soll-Größe sowohl in der Zahlendarstellung als auch in der grafischen Präsentation eindeutige Vergleichsaussagen liefert, da die Abweichungen immer nur an der Vorgabe gemessen werden.

Soll-Ist-Vergleiche der Kostenkontrolle stellen aber immer auch einen Bezug zur vorhergehenden Kostenermittlung her, um Ursachen von Kostenabweichungen von einer zur nächsten Kostenermittlungsart ermitteln zu können.

Da die Kostenvorgabe des Bauherrn jedoch die zentrale Vergleichsgröße und somit Grundlage für den weiteren Planungs- und Entscheidungsprozess darstellt, ist der Soll-Ist-Vergleich auf der Basis der Kostenvorgabe prinzipiell von entscheidender Bedeutung. Dabei nehmen die Vergabe und die Ausführung eine Sonderstellung ein, wie nachfolgend erklärt werden soll.

Die Kostenkontrolle ist gemäß DIN 276:2018-12, Abschnitt 4.4.2, auch bei der Vergabe und der Ausführung durchzuführen, indem die Angebote, Aufträge und Abrechnungen (einschließlich der Nachträge) des jeweiligen Kostenanschlagstandes mit vorherigen Ergebnissen kontinuierlich zu vergleichen sind.

Gerade in der Ausführungsphase fällt eine Vielzahl von kostenrelevanten Ereignissen an, die in den Soll-Ist-Vergleich der Kosten, der wiederum sowohl auf der Basis des Kostenvoranschlags als auch der Kostenentwicklung (vorherige Kostenermittlungen) durchzuführen ist, kontinuierlich einfließen müssen. Solche kostenrelevante Ereignisse sind z. B.:

- Angebote der erforderlichen Gewerke,
- Aufträge der erforderlichen Gewerke,
- Abschlags- und Schlussrechnung dieser Gewerke,
- ggf. Nachträge,
- Mengenänderungen,
- Terminänderungen,
- Schadenersatzforderungen der ausführenden Firmen.

Weil die daraus resultierenden Abweichungen kurzfristig festgestellt werden sollen, ist dieser Kontrollprozess als eigenständiger, kontinuierlicher Prozess ausformuliert worden.

In diesem Prozess müssen alle kostenrelevanten Ereignisse erfasst werden und aktuell dem Bauherrn in ihren Auswirkungen aufgezeigt werden können, sodass der Planer in Abstimmung mit dem Bauherrn kontinuierlich Entscheidungen im Vergabe- und Abwicklungsprozess treffen kann.

4.4.3 Dokumentation

Gegenüber Kostenermittlungen festgestellte Abweichungen bei den einzelnen Kostengruppen sind nach Art und Umfang darzustellen, zu erläutern und zu dokumentieren.

Die Daten der Kostenkontrolle zeichnen die Vergleichsergebnisse der Kostenvorgabe mit den Kostenermittlungsstufen bzw. den Vergabe- und Ausführungsergebnissen auf. Sie sollen systematisch und für jeden nachvollziehbar aufgezeichnet werden.

Über die Art und Weise der Dokumentation werden in der Norm keine Aussagen getroffen. Im Sinne einer kostentransparenten Kostenplanung muss die Dokumentation jedoch für alle Beteiligten einschließlich des Bauherrn nachvollziehbar sein. Dabei ist darauf zu achten, dass die Dokumentation auch noch zu späteren Zeitpunkten und von projektfremden Personen nachvollziehbar sein muss. Dies wird in der DIN 276:2018-12 zwar nicht formuliert, ergibt sich aber aus dem Umstand, dass die meisten Rechtsverfahren zwischen Bauherren und Architekten/Fachplanern das Thema der Kosten zum Inhalt haben.

4.5 Kostensteuerung

4.5.1 Zweck

Die Kostensteuerung dient der zielgerichteten Beeinflussung der Kostenentwicklung und der Einhaltung von Kostenvorgaben.

Die Kostensteuerung beinhaltet alle Maßnahmen für das Eingreifen in die Kostenentwicklung mit dem Ziel, die Kostenvorgabe einzuhalten. Dabei ist die Art der Kostenvorgabe immer zu berücksichtigen, da von dieser die Maßnahmen der Kostensteuerung abhängen.

Die Kostensteuerung muss im Planungs- und Bauprozess kontinuierlich und im Zusammenhang mit kostenrelevanten Entscheidungen oder als Ergebnis der Kostenkontrolle durchgeführt werden. Sind zu hohe Kosten zu erwarten oder sind in der Kostenkontrolle zu hohe Ist-Kosten festgestellt worden, muss mit zielgerichteten Optimierungsmaßnahmen eingegriffen werden. Gleiches gilt, wenn nach dem Maximalprinzip gearbeitet wird und sich zu niedrige Kosten ergeben.

Grundsätzlich gilt aber auch, dass die Kostensteuerung der Kostenvorgabe nachgeordnet ist. Der Bauherr kann generell die Kostenvorgabe ändern (anheben oder reduzieren).

Wenn also eine negative Kostenabweichung im Soll-Ist-Vergleich auftritt, also die Ist-Kosten größer als die Kostenvorgabe sind, kann der Bauherr die Kostenvorgabe durch Willensbekundung (Zustimmung) anheben. Alternativ kann er die Quantitäten oder Qualitäten ändern oder Vergabegewinne mit Vergabeverlusten verrechnen. Da der Planer die Kostenkontrolle erarbeitet und die Abweichungen feststellt, muss er auch dem Bauherrn Vorschläge für (zielgerichtete) Maßnahmen der Kostensteuerung unterbreiten, wenn er damit beauftragt wurde.

Der Bauherr muss dann entscheiden, wie weiter verfahren werden soll. Dies ist eine seiner originären Bauherrenaufgaben. Entweder wird trotz negativer Abweichungen die Planung unverändert fortgesetzt – dann wird die Kostenvorgabe auf Anweisung des Bauherrn angepasst. Alternativ wird in die Bauqualität und/oder das Bauvolumen (Quantitäten) eingegriffen bzw. es werden Optimierungsverfahren angewendet, um die Kostenvorgabe einzuhalten.

Dieses Vorgehen umschreibt der Begriff Kostensteuerung. Während die Kostenkontrolle nur Tatbestände feststellt, beschreibt die Kostensteuerung den Anpassungsprozess. Mit welchen Methoden dieser Anpassungsprozess durchgeführt werden kann, ist nicht Gegenstand der Norm.

4.5.2 Grundsatz

Bei der Kostensteuerung sind die bei der Kostenkontrolle festgestellten Abweichungen hinsichtlich ihrer Auswirkungen auf die Gesamtkosten und die Einhaltung von Kostenvorgaben sowie auf die Planungsinhalte zu bewerten.

Aufgrund dieser Bewertung ist zu entscheiden, ob die Planung oder die Ausführung unverändert fortgesetzt werden kann oder ob Vorschläge für geeignete Maßnahmen der Kostensteuerung zu entwickeln sind, um der aufgezeigten Kostenentwicklung entgegenzuwirken, z. B. durch Programm-, Planungs- oder Ausführungsänderungen.

Zweck der Kostensteuerung ist es, das definierte Kostenziel zu erreichen. Dazu bedarf es einer eindeutigen Vorgabe (vgl. hierzu Teil A, Kapitel 4.6.2).

Wurde die Kostenvorgabe als Kostenobergrenze festgelegt, zielen die Maßnahmen der Kostensteuerung darauf ab, die Kostenobergrenze einzuhalten bzw. die Kosten zu senken und unter der Kostenobergrenze zu halten. Dabei ist das Ziel, die geforderten Qualitäten und Quantitäten bei der Planung und Realisierung des Bauprojekts sicherzustellen und gleichzeitig die Kosten so weit wie möglich zu senken.

Wurde die Kostenvorgabe als Zielkosten festgelegt, müssen die Maßnahmen der Kostensteuerung darauf ausgerichtet sein, diese Zielkosten möglichst genau zu erreichen. Das bedeutet, dass Qualitäten und Quantitäten permanent den Zielkosten anzupassen sind. Mit Beginn der Projektrealisierung, also ab Baubeginn, wird die Kostensteuerung nur noch die Qualitäten beeinflussen können. Liegen die zum Fertigstellungszeitpunkt zu erwartenden Kosten unter dem Kostenziel, müssen (können) die im Rahmen der Projektrealisierung beeinflussbaren Qualitäten angehoben werden.

Werden also Kostenabweichungen von der Kostenvorgabe mit Auswirkung auf die Gesamtkosten festgestellt, ist zunächst einmal eine Bewertung vorzunehmen. Diese Bewertung kann zu unterschiedlichen Ergebnissen führen.

Beispiele: Bewertungen von Kostenabweichungen

- Die Abweichung wird als nur temporär eingestuft, sie kann durch den weiteren Vergabeprozess aufgefangen werden.
- Die Abweichung ist nicht erheblich, sie kann durch Reservemittel oder Umschichtungen/Einsparungen an anderer Stelle aufgefangen werden.
- Die Abweichung ist erheblich und kann nicht durch eine Mittelumschichtung aufgefangen werden. Es sind kosteneinsparende Maßnahmen zu ergreifen wie z. B. Reduzierung der Qualität, Absenkung des baulichen Standards, Umplanungen.
- Die Abweichung ist gravierend. Sie kann nur durch eine zusätzliche Aufstockung der Finanzierung (zusätzliches Eigen- oder Fremdkapital) aufgefangen werden.
- Die Abweichung ist so gravierend, dass sie durch keine geeignete Maßnahme ausgeglichen werden kann. Das Bauprojekt wird nicht realisiert bzw. bei bereits erfolgtem Baubeginn erfolgt eine temporäre Beendigung der Planung und Bauausführung.
- Es ist notwendig, einen Sanierungsplan zu erstellen und ggf. das Projekt zu veräußern, um es unter anderen Rahmenbedingungen neu zu entwickeln (wie z. B. Nutzungsänderung, organisatorische Veränderungen, Umbau der Finanzierung).

Entsprechend der DIN 276:2018-12 ist im Rahmen der Kostensteuerung wie folgt vorzugehen:

- kontinuierliches Erfassen aller kostenrelevanten Abweichungen bei der Planung und Realisierung des Bauprojekts,
- Bewertung negativer Kostenabweichungen bei der Planung und Realisierung des Bauprojekts,
- Benennung von geeigneten Maßnahmen zur Kosteneinsparung,
- Entscheidung über die vorgeschlagenen Maßnahmen der Kosteneinsparung,
- Einleitung und Durchführung der entsprechenden Maßnahmen,
- Kontrolle der wirksamen Umsetzung der Kosteneinsparung.

Die für die Beurteilung von Kostenabweichungen zugrunde zu legenden Daten werden in der aktuellen Norm nicht mehr genannt, sie ergeben sich aber aus dem Normenkontext. Mit den Programm-, Planungs- oder Ausführungsänderungen werden aber die Maßnahmen genannt, die in den Fällen erkannter Kostenabweichungen zu ergreifen sind.

Programmänderungen beziehen sich auf die geplante Nutzung des Bauprojekts. Diese sind ein gravierender Eingriff, da damit jeweils auch eine Planungsänderung verbunden sein dürfte. Planungsänderungen – dazu zählen auch sog. Umplanungen mit den Ziel, Kosteneinsparungen vorzunehmen – bedeuten, Teile der Planung, die sich noch nicht in der Baurealisierung befinden, durch Quantitäts- oder Qualitätsanpassungen zu verändern. Zu beachten ist dabei allerdings, dass solche Planungsänderungen zeitaufwendig sein können und die zu erzielenden Kosteneinsparungen dadurch oftmals aufgezehrt werden. In extremen Ausnahmesituationen kann es sogar zweckmäßig sein, ggf. einen Teilabriss (nach Baubeginn) vorzunehmen und das Projekt so umzuplanen oder zu verändern, dass die notwendigen Kosteneinsparungen erzielt werden können.

Das zentrale Ziel der Kostensteuerung ist immer die Einhaltung der Kostenvorgabe. Die Bewertung der Kostenentwicklung muss also immer auf dieser Grundlage erfolgen. Inwiefern dabei die Besonderheiten in Bezug auf die Art der Kostenvorgabe zu beachten sind, wird in Kapitel 4.6 von Teil A des vorliegenden Buches erläutert.

Wichtig ist in diesem Zusammenhang, dass eine verbindliche Kostenvorgabe als Budget- und Soll-Vorgabe der Kostensteuerung festgeschrieben wird. Diese sog. erste(n) Zahl(en) für die Gesamtkosten wie auch für die Kostengliederung bis hin zur dritten Ebene bzw. bis zur ausführungsorientierten Kostengliederung sollte(n) dokumentiert und nicht mehr verändert oder ggf. später angepasst werden. Sich ergebende Kostenänderungen im positiven wie auch im negativen Sinne, wie sie sich bei jeder Baumaßnahme in mehr oder minder großem Umfang einstellen können, sind gesondert auszuweisen und budgetmäßig abzusichern. Aus der Bewertung von „erster Zahl“ und Kostenänderung bzw. Budgetänderung ergibt sich für den jeweiligen Betrachtungszeitpunkt der Kostensteuerung die aktuelle Ist-Vorgabe (vgl. beispielhaft Tabelle A.3).

Tabelle A.3: Beispiel für das Festschreiben des Urbudgets

Kostengruppe		Urbudget („erste Zahl")	Kosten- und Budgetänderung	aktuelles Ist-Budget
300	Bauwerk – Baukonstruktionen	1.000.000 €	+ 200.000 €	1.200.000 €

Diesen Vorgaben stehen die Ist-Werte (Verträge [Hauptaufträge], Nachaufträge und Rechnungen) in Form des jeweiligen Kosten- bzw. Leistungsstands gegenüber.

Alle Planungs- und Ausführungsmaßnahmen sind regelmäßig hinsichtlich der aus ihnen resultierenden Kosten zu bewerten (prognostizierte Kosten zum Fertigstellungszeitpunkt – Kostenprognose). Wenn Abweichungen von der Kostenvorgabe festgestellt werden, sind

- die Abweichungen zu bewerten,
- Maßnahmen zur Kostensteuerung vorzuschlagen (dem Bauherren),
- Maßnahmen zur Kostensteuerung durchzuführen (nach Abstimmung mit dem Bauherrn),
- die Abweichungen (einschließlich der getroffenen Maßnahmen) zu dokumentieren.

Die hier dargestellten Zahlenwerte sind für alle Kostengruppen in regelmäßigen Abständen dem Bauherrn oder seinem beauftragten Projektsteuerer vorzulegen und die sich ggf. daraus ergebenden Konsequenzen und Maßnahmen mit diesen abzustimmen.

4.5.3 Dokumentation

Die Bewertungen, die Entscheidungen sowie die vorgeschlagenen und durchzuführenden Maßnahmen der Kostensteuerung sind zu dokumentieren.

Nicht nur die Ergebnisse der Kostenkontrolle, also die festgestellten Abweichungen nach Art und Umfang, sind zu dokumentieren, sondern auch die Bewertungen, Entscheidungen und durchzuführenden Maßnahmen, die getroffen wurden, um die Kostenabweichungen zurückzuführen.

Insofern ist es ratsam, die dem Bauherrn vorgeschlagenen Maßnahmen der Kostensteuerung nicht nur zu dokumentieren, sondern auch von diesem gegenzeichnen zu lassen.

Kennzeichen einer transparenten und nachvollziehbaren Dokumentation ist die lückenlose Aufzeichnung aller relevanten Zahlenströme und die Verhinderung nachträglicher Manipulationen (z. B. durch Überschreiben von Daten und Fakten). Alle kostenrelevanten Änderungen im Rahmen der Kostensteuerung sind so zu dokumentieren, dass diese jederzeit nachvollziehbar (revisionssicher) sind.

Diese Leistungen werden nicht mehr mit einfachen Werkzeugen wie z. B. mit einer Textverarbeitung und/oder einer Tabellenkalkulation erbracht werden können, sondern nur mithilfe eines professionellen EDV-Systems, in dem nicht nur die Daten in Form von Zahlen der Kostenkontrolle und -steuerung erfasst werden, sondern auch die Dokumentationspflicht mit Zuordnung zu den jeweiligen Kostengruppen der DIN 276:2018-12 erfolgt.

Diese, den Planungsprozess begleitende Dokumentation im Rahmen der Kostenkontrolle gehört zu den elementaren Pflichten des Planers (auch nach HOAI, vgl. Teil C, Kapitel 3.1.3).

4.6 Kostenvorgabe

In Abschnitt 3.6 der DIN 276-1:2008-12 wurde der Begriff der Kostenvorgabe definiert als *„Festlegung von Kosten als Obergrenze oder als Zielgröße für das Bauprojekt"*.

Demnach kann die Kostenvorgabe auf 2 verschiedenen Arten festgelegt werden:

- Kosten als Obergrenze,
- Kosten als Zielgröße der Planung.

An dieser grundsätzlichen Vorgabe der Vorgängernorm hat sich auch in der aktuellen Norm nichts geändert.

Im Folgenden wird dargestellt, inwiefern sich diese Arten der Kostenvorgabe unterscheiden und wie sie den bereits beschriebenen Wirtschaftlichkeitsprinzipien zugeordnet werden (vgl. Teil A, Kapitel 4.1).

Festlegung der Kosten als Obergrenze (Kostenobergrenze)

Wenn eine Grenze festgelegt wird, bedeutet das im Allgemeinen eine Einschränkung. Eine Obergrenze drückt aus, dass die Einschränkung sich auf den Bereich über der Grenze bezieht, während sich der Bereich unter der Grenze ohne Beschränkungen darstellt. Daraus lässt sich ableiten, dass bei einer Festlegung von bestimmten Kosten als Obergrenze diese Kosten nicht überschritten werden dürfen. Eine Unterschreitung der Kosten ist jedoch möglich. Daher soll im weiteren Text für diese Art der Kostenvorgabe der Begriff Kostenobergrenze verwendet werden.

Die Kostenvorgabe als Kostenobergrenze eignet sich, wenn der Bauherr genau definiert, welche Qualitäten und Quantitäten er mit dem zu planenden und zu realisierenden Bauprojekt verwirklichen möchte. In diesem Fall ist die Leistung (Qualitäten und Quantitäten) vorherbestimmt, während für den Aufwand (Kosten) eine Obergrenze festgelegt ist, die jedoch unterschritten werden soll (Minimierung der Kosten). Somit entspricht die Kostenvorgabe als Kostenobergrenze dem Minimalprinzip.

Festlegung der Kosten als Zielgröße der Planung (Zielkosten)

Wenn ein Ziel definiert wird, ist es Aufgabe der Planung, dieses Ziel zu erreichen. Dementsprechend werden alle Einflussgrößen, die das Erreichen des Ziels (Kostenziel) beeinflussen, so weit und so lange modifiziert, bis das

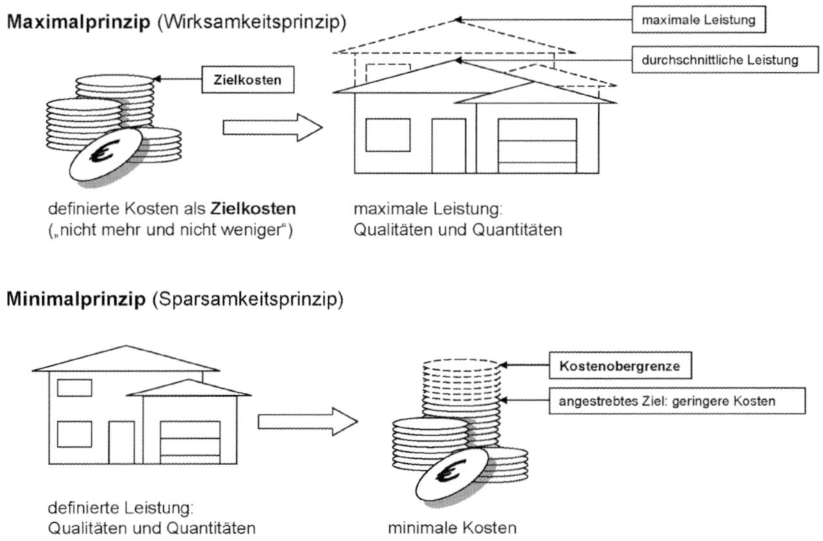

Abb. A.8: Wirtschaftlichkeitsprinzipien und Kostenvorgabe

Ziel exakt erreicht ist. Insofern stellt das Kostenziel eine feststehende Größe dar, die Mittel und Wege zur Erreichung dieses Ziels hingegen sind variabel. Im weiteren Text wird für diese Art der Kostenvorgabe der Begriff Zielkosten verwendet.

Wenn der Bauherr Kosten als Zielgröße der Planung vorgibt, ist die Planung an dieser Zielgröße auszurichten. Die Kosten als Bewertungsgröße für den Aufwand sind somit fixiert, die Leistung soll maximiert werden. Das bedeutet, dass unter Erreichung der Zielgröße (Zielkosten) maximale Qualitäten und Quantitäten – bezogen auf das zu planende und zu realisierende Bauprojekt – erreicht werden sollen. Somit entspricht die Kostenvorgabe als Zielkosten dem Maximalprinzip.

Dieser oben beschriebene Zusammenhang wird in Abb. A.8 nochmals verdeutlicht; zur besseren Vergleichbarkeit werden die Wirtschaftlichkeitsprinzipien in der gleichen Reihenfolge dargestellt wie in Abb. A.4 dargestellt (zuerst Maximalprinzip, dann Minimalprinzip).

4.6.1 Zweck

Kostenvorgaben dienen dazu, Kosten zu begrenzen, die Kostensicherheit zu erhöhen, Investitionsrisiken zu vermindern und frühzeitige Alternativüberlegungen in der Planung zu fördern.

Bei der Planung und Realisierung eines Bauprojekts ist die Einhaltung der Kostenvorgabe (Kostensicherheit) für den Bauherrn in den meisten Fällen von elementarer Bedeutung. Ein Überschreiten der Kostenvorgabe bedeutet einen erhöhten Aufwand (höhere Gesamtkosten). Dem gegenüber stehen die Qualitäten und Quantitäten, die sich bei einer Überschreitung der Kostenvorgabe nicht zwingend ändern. Bezogen auf die wirtschaftliche Realisierung des Bauprojekts entsteht somit ein ungünstigeres Verhältnis zwischen den Qualitäten und Quantitäten und dem Aufwand (Kosten).

Bei einer Überschreitung der Kostenvorgabe wird sich dementsprechend die Wirtschaftlichkeit des Bauprojekts verschlechtern und somit das Investitionsrisiko für den Bauherrn steigen.

Mit Einführung der Kostenvorgabe (in der Norm DIN 276-1:2006-11) und deren Anwendung in der Praxis soll eine höhere Kostensicherheit bei der Planung und Realisierung von Bauprojekten erreicht werden. Dass frühzeitige Alternativüberlegungen in der Planung auch das Thema der Gesamtkosten berücksichtigen müssen, ist dabei nur folgerichtig.

Das Arbeiten mit Kostenvorgaben ist seit Langem Bestandteil des Target Costing, auch unter dem Begriff Zielkostenplanung bekannt (zu den Hintergründen und Ursprüngen des Target Costing vgl. Blecken/Hasselmann, 2007, S. 28).

Inwiefern die Kostenvorgabe an sich dazu beitragen kann, die Kostensicherheit zu erhöhen, soll im Folgenden beschrieben werden.

Zunächst wird erläutert, wie im Rahmen der Zielkostenspaltung[6] die Gesamtkosten nach DIN 276:2018-12 auf die einzelnen Kostengruppen verteilt werden. Dieses Verfahren ist in der Bauwirtschaft auch unter dem Begriff der Kostengruppenaufteilung bekannt. Dabei werden zunächst feststehende Kosten, wie z. B. die Grundstückskosten (Kostengruppe 100), oder pauschal festlegbare Kosten, wie die Kosten für Herrichten und Erschließen (Kostengruppe 200) und die Kosten der Außenanlagen (Kostengruppe 500), und eventuell auch die Kosten für Ausstattung und Kunstwerke (Kostengruppe 600) bestimmt und von den Gesamtkosten abgezogen. Die verbleibenden Kosten verteilen sich auf die Bauwerkskosten (Kostengruppen 300 und 400), die Baunebenkosten (Kostengruppe700) und die Finanzierungskosten (Kostengruppe 800). Die Bauneben- und Finanzierungskosten können in der Regel über einen Prozentsatz bestimmt werden, der sich auf die Bauwerkskosten bezieht. Durch eine weitere Rückrechnung lassen sich so die Bauwerkskosten ermitteln. In Abb. A.9 wird der Vorgang der Zielkostenspaltung bei der Anwendung auf Bauprojekte schematisch dargestellt.

Die Bauwerkskosten werden im Sinne der Zielkostenspaltung weiter auf die Kosten der Baukonstruktionen (Kostengruppe 300) und die Kosten der technischen Anlagen (Kostengruppe 400) verteilt. Anschließend müssen diese beiden Kostenblöcke in Beziehung zu den Qualitäten und Quantitäten des Bauprojekts gesetzt werden.

Qualitäten und Quantitäten ergeben sich wiederum aus den Nutzeranforderungen. Steht der Nutzer noch nicht fest, muss eine Zielgruppe definiert und aus dieser Definition heraus ein Nutzerprofil entwickelt werden, mithilfe dessen dann wiederum Anforderungen an Qualitäten und Quantitäten festgelegt werden.

6 Der Begriff Zielkostenspaltung stammt ebenfalls aus dem Target Costing.

Gesamtkosten nach DIN 276:2018-12

abzüglich Grundstückskosten inkl. Nebenkosten	(KG 100)
abzüglich Kosten für Herrichten und Erschließen	(KG 200)
abzüglich Kosten für Außenanlagen	(KG 500)
abzüglich Kosten für Ausstattung und Kunstwerke	(KG 600)
= ∑ (Bauwerkskosten + Baunebenkosten + Finanzierung)	(KG 300 + 400 + 700 + 800)

Bauwerkskosten = 100 %
Baunebenkosten = x % (bezogen auf Bauwerkskosten) ▶ ∑ = 100 % · x %

$$\textbf{Bauwerkskosten} = \frac{\sum(\text{Bauwerkskosten} + \text{Baunebenkosten} + \text{Finanzierung}) \cdot 100\,\%}{100\,\% \cdot x\,\%}$$

Abb. A.9: Zielkostenspaltung bei der Anwendung auf Bauprojekte

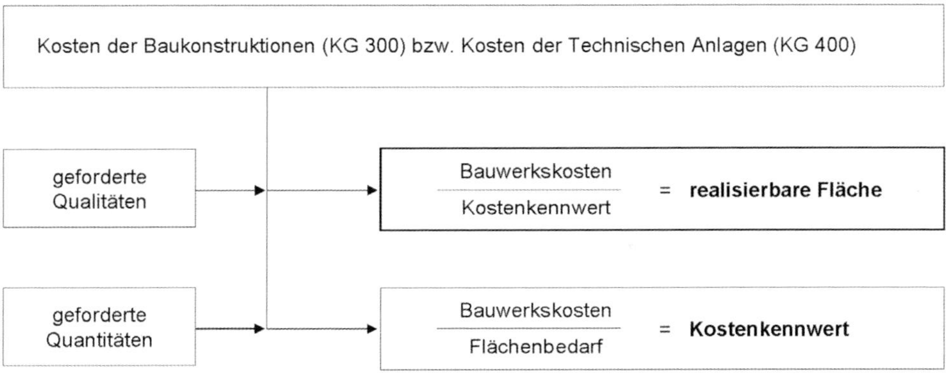

Abb. A.10: Retrograde Ermittlung von Kostenkennwerten

Werden die Kosten der Baukonstruktionen (Kostengruppe 300) und die Kosten der technischen Anlagen (Kostengruppe 400) auf die geforderten Qualitäten in Form von Kostenkennwerten bezogen, lassen sich auf diesem Weg die realisierbaren Flächen ermitteln. Bei Bezugnahme der Kosten der Baukonstruktionen und technischen Anlagen auf die geforderten Quantitäten (zu realisierende Flächen) lassen sich so Kostenkennwerte bestimmen, aus denen Rückschlüsse auf die realisierbaren Qualitäten gezogen werden können. Abb. A.10 verdeutlicht diesen Zusammenhang. Diese rückwärtsgerichtete Berechnungsweise, die von den Gesamtkosten ausgeht und diese immer weiter im Rahmen der Zielkostenspaltung aufsplittet, wird auch retrograde Kostenermittlung genannt.

gabe) muss jedoch vorgegeben werden, da sonst keine Kostenplanung im Sinne der Norm durchgeführt werden kann.

Die DIN 276:2018-12 nennt 2 verschiedene Möglichkeiten für eine Festlegung der Kostenvorgabe:

- Kostenvorgabe auf der Grundlage von Budgetermittlungen,
- Kostenvorgabe auf der Grundlage von Kostenermittlungen.

Ein Budget für die Planung und Realisierung von Bauprojekten wird in der Regel vom Bauherrn vorgegeben. Der Architekt/Fachplaner muss dieses zur Verfügung stehende Budget – im Sinne der dem Bauherrn zur Verfügung stehenden finanziellen Möglichkeiten – bei diesem erfragen (Budgetermittlung).

Die Kostenvorgabe auf Grundlage der Budgetermittlung dient dann im weiteren Vorgehen der Festlegung der Qualitäten und Quantitäten des zu realisierenden Bauprojekts. Reichen die verfügbaren Mittel nicht aus, um die gewünschten Qualitäten oder Quantitäten zu erzielen, sind entweder die Qualitätsstandards zu senken oder Einschnitte bei der Quantität (Größe) vorzunehmen (vgl. hierzu auch Teil A, Kapitel 4.3.2).

Die Kostenvorgabe auf Grundlage von Kostenermittlungen geht von definierten Qualitäten und Quantitäten aus. Die z. B. für einzelne Bereiche festgelegten Qualitäten bestimmen dabei die Höhe des Kostenkennwerts, die Quantitäten entsprechen der Größe des Bauprojekts, z. B. im Sinne der Festlegung einer nutzbaren Fläche. Aus diesen Faktoren werden dann die einzelnen Kosten der Kostengruppen nach DIN 276:2018-12 zusammengestellt; in ihrer Summe bilden sie die Kostenvorgabe. Somit erfordert eine Kostenvorgabe auf der Grundlage von Kostenermittlungen in der Regel immer die Zuarbeit des Architekten/Fachplaners oder eine Bedarfsplanung als Vorgabe des Bauherrn.

Aus dem Normentext geht nicht hervor, auf Grundlage welcher Kostenermittlung die Kostenvorgabe festgelegt werden sollte. Daraus kann entnommen werden, dass eine Kostenvorgabe auch zu einem späteren Zeitpunkt als zu Beginn der Kostenplanung festgelegt werden kann.

Kosten infolge von Kostenrisiken (vgl. Teil A, Kapitel 4.2.14) müssen in beiden Fällen Bestandteil der Kostenvorgabe sein.

In Abb. A.11 werden die unterschiedlichen Grundlagen der Kostenvorgabe schematisch dargestellt.

Die Kostenvorgabe ist inhaltlich immer mit den Qualitäten und Quantitäten des zu realisierenden Bauprojekts verbunden und kann nie separat betrachtet werden. Je nach Art der Grundlage der Kostenvorgabe (Budget- oder Kostenermittlung) werden die Qualitäten und Quantitäten aus ihr abgeleitet (Budgetermittlung als Grundlage der Kostenvorgabe) oder die Qualitäten und Quantitäten bestimmen direkt die Höhe der Kostenvorgabe (Kostenermittlungen als Grundlage der Kostenvorgabe). Bevor die Kostenvorgabe als verbindliche Planungsgröße für den Architekten/Fachplaner festgelegt wird, ist ihre Realisierbarkeit im Hinblick auf die weiteren Planungsziele zu überprüfen. Abb. A.11 veranschaulicht dieses Vorgehen, das nachfolgend auch

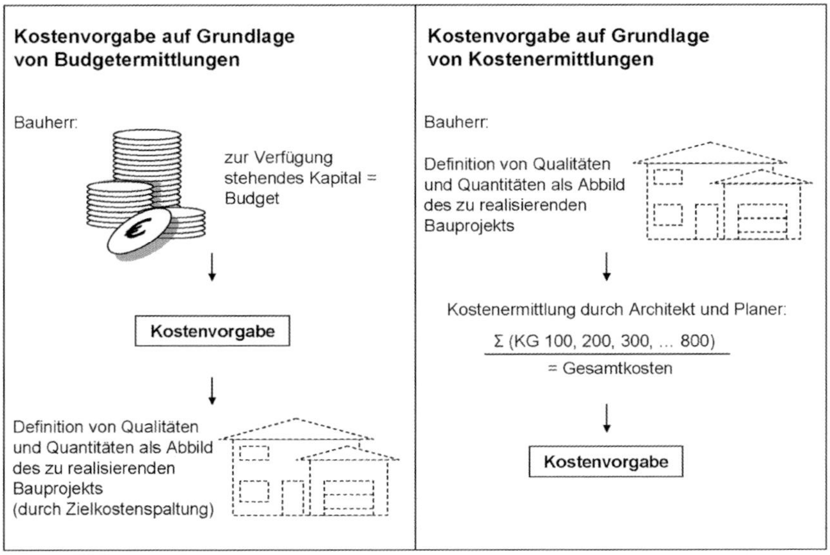

Abb. A.11: Budget- oder Kostenermittlung als Grundlage der Kostenvorgabe

beschrieben wird, wobei anzumerken ist, dass diese Beschreibung nur eine schematische Vereinfachung der unterschiedlichen Vorgehensweisen darstellt.

Kostenvorgabe auf der Grundlage von Budgetermittlungen:

- Der Architekt/Fachplaner klärt das zur Verfügung stehende Budget des Bauherrn.
- Dieses Budget stellt die Kostenvorgabe dar.
- Durch Zielkostenspaltung werden Qualitäten und Quantitäten des Bauprojekts definiert.
- Diese Qualitäten und Quantitäten sind mit den Zielen (Wünschen) des Bauherrn abzustimmen.
- Können die Ziele des Bauherrn nicht durch Modifikation der Qualitäten **oder** Quantitäten erreicht werden, müssen kostengünstigere Alternativlösungen gesucht werden.
- Können durch kostengünstigere Alternativlösungen die Ziele des Bauherrn immer noch nicht realisiert werden, muss der Bauherr seine Ziele modifizieren (geringere Qualitäten und/oder Quantitäten) oder das Budget erhöhen.
- Erst wenn die Kostenvorgabe in Form des zur Verfügung stehenden Budgets mit den ggf. modifizierten Zielen des Bauherrn übereinstimmt, kann die Kostenvorgabe als Planungsgröße festgelegt werden.

Kostenvorgabe auf der Grundlage von Kostenermittlungen:

- Der Bauherr definiert Qualitäten und Quantitäten des zu planenden und zu realisierenden Bauprojekts.
- Der Architekt/Fachplaner ermittelt im Rahmen von Kostenermittlungen die zugehörigen Kosten.

- Die ermittelten Kosten stellen die Kostenvorgabe dar.
- Die Kostenvorgabe muss mit dem finanziellen Rahmen des Bauherrn verglichen werden.
- Übersteigt die Kostenvorgabe die finanziellen Möglichkeiten des Bauherrn, müssen kostengünstigere Alternativlösungen gesucht werden.
- Können durch kostengünstigere Alternativlösungen die im Rahmen von Kostenermittlungen ermittelten Kosten nicht so weit gesenkt werden, dass sie dem finanziellen Rahmen des Bauherrn entsprechen, sind Qualitäten und Quantitäten in Absprache mit dem Bauherrn zu minimieren.
- Die Minimierung der Qualitäten und Quantitäten erfolgt so lange, bis die im Rahmen von Kostenermittlungen ermittelten Kosten (für die Planung und Realisierung des Bauprojekts) mit den finanziellen Möglichkeiten übereinstimmen.
- Erst wenn die Qualitäten und Quantitäten des zu realisierenden Bauprojekts mit den finanziellen Möglichkeiten des Bauherrn übereinstimmen, kann die Kostenvorgabe als Planungsgröße festgelegt werden.

Bei der Festlegung der Kostenvorgabe ist immer zu bestimmen, welche Art der Kostenvorgabe diese darstellt:

- Kosten als Obergrenze (Kostenobergrenze),
- Kosten als Zielgröße der Planung (Zielkosten).

In Abhängigkeit von der Art der Kostenvorgabe wird ein weiteres Planungsziel definiert:

- Kostenobergrenze: Minimierung der Kosten bei gleichbleibenden Qualitäten und Quantitäten,
- Zielkosten: Maximierung der Qualitäten und Quantitäten bei völliger Ausnutzung der im Rahmen der Kostenvorgabe festgelegten finanziellen Mittel.

Planungsänderungen auf Wunsch des Bauherrn bedingen immer auch Änderungen der Kosten des zu planenden und zu realisierenden Bauprojekts. Der Architekt/Fachplaner muss den Bauherrn auf diese Kostenänderungen hinweisen. Wenn der Bauherr infolgedessen die Kostenvorgabe verändert, gelten die oben bereits beschriebenen Vorgehensweisen.

In der DIN 276:2018-12 werden 2 weitere Aspekte der Kostenvorgabe neu definiert.

- Kostenvorgaben müssen sich nicht zwangsläufig nur auf die Gesamtkosten (alle Kostengruppen 100 bis 800) beziehen. Vielmehr ist es auch möglich, Kostenvorgaben nur auf eine oder mehrere Kostengruppen anzuwenden. Wird diese Vorgabe auf die Tätigkeiten der Architekten/Fachplaner bezogen, so kann festgestellt werden, dass sie auf bestimmte Kostengruppen keinen oder nur geringen (mittelbaren) Einfluss haben, z. B. auf die Kostengruppe 100 (Grundstück) oder die Kostengruppe 700 (Baunebenkosten) und die Kostengruppe 800 (Finanzierung). Da es nunmehr möglich ist, die Kostenvorgaben auf eine oder mehrere Kostengruppen zu beziehen, bietet es sich an, diese Vorgaben z. B. nur auf die Bauwerkskosten zu beschränken, also auf die Kostengruppen 300 und 400 oder einzelne Kostengruppen dieser beiden genannten Hauptkostengruppen.

- Für die Kostenvorgaben Kostenobergrenze und Zielkosten, die im definitorischen Sinne als Höchstbeträge anzusehen sind, wird nunmehr auch eine Untergrenze zugelassen. Damit wird der definierte Höchstwertcharakter der Kostenvorgaben variabler gestaltet, indem ein „Kostenkorridor" definiert werden kann, innerhalb dessen sich die Gesamt- oder definierten Teilkosten für bestimmte Kostengruppen bewegen können. Damit wird ein höheres Maß an Kostenflexibilität erreicht, das immer dann sinnvoll sein wird, wenn die Kostensituation aufgrund unklarer Zielformulierungen des Bauherrn hinsichtlich Programm, Qualität und Quantität (Größe) speziell in den ersten Planungsphasen (Vor- und Entwurfsplanung) keine exakten Kostenvorgaben möglich macht. Diese Vorgehensweise eignet sich auch für diejenigen Fälle, für die erst im weiteren Planungsverlauf Kostenvorgaben vereinbart werden, oder wenn Planungsänderungen fortgeschrieben werden sollen und die Planungsfortschreibung eine fest definierte Obergrenze nicht sinnvoll erscheinen lässt, da die Auswirkungen der Planungsfortschreibung nicht genau vorhersehbar sind.

Die Festlegung der Kostenvorgabe sowie Änderungen der Kostenvorgabe (Fortschreiben der Kostenvorgabe) müssen immer dokumentiert werden.

5 Kostengliederung

Der Aufbau der Kostengliederung nach DIN 276:2018-12 ist in ihrer Systematik erweitert worden, da zum einen eine weitere Hauptkostengruppe (Kostengruppe 800 „Finanzierung") hinzugefügt wurde und zum anderen begriffliche Ergänzungen mit dem Ziel einer stärkeren Einbeziehung von Ingenieurbauwerken vorgenommen wurden.

Die Ausführungen der DIN 276:2018-12 zum Thema der Kostengliederung und die Darstellung der Kostengliederung wurden redaktionell überarbeitet.

5.1 Aufbau der Kostengliederung

Die Kostengliederung ist in Tabelle 1 dargestellt. Sie sieht drei Ebenen vor, die durch dreistellige Ordnungszahlen gekennzeichnet sind.

In der ersten Ebene der Kostengliederung werden die Gesamtkosten in folgende acht Kostengruppen gegliedert:

- ***100 Grundstück;***
- ***200 Vorbereitende Maßnahmen;***
- ***300 Bauwerk - Baukonstruktionen;***
- ***400 Bauwerk - Technische Anlagen;***
- ***500 Außenanlagen und Freiflächen;***
- ***600 Ausstattung und Kunstwerke;***
- ***700 Baunebenkosten;***
- ***800 Finanzierung.***

Diese Kostengruppen der ersten Ebene sind im Weiteren in die Kostengruppen der zweiten und dritten Ebene untergliedert.

Die Kostengliederung der DIN 276:2018-12 ist eine bauelementeorientierte Gliederung, d. h., das Bauprojekt wird in *„abgegrenzte, fest definierte Bauteile gleicher oder ähnlicher Konstruktion bzw. Eigenschaften gegliedert"* (Seifert/Preussner, 2003, S. 147).

Das System der dreistelligen Ordnungszahl, die die Tiefe der Gliederungsebene abbildet, hat sich in der Praxis bewährt und wurde in der DIN 276:2018-12 aus der Vorgängernorm übernommen. Die einzelnen Ziffern der Ordnungszahl stehen dabei für die jeweilige Gliederungsebene: die erste Ziffer für die erste Gliederungsebene, die zweite Ziffer für die zweite Gliederungsebene und die dritte Ziffer für die dritte Gliederungsebene. Über diese Codierung der Ebenen der Kostengliederung lassen sich die einzelnen Kostengruppen mithilfe ihrer Ordnungszahl sofort der jeweiligen Gliederungsebene sowie übergeordneten Kostengruppen zuordnen.

Die Gesamtkosten eines Bauprojekts werden in 8 Hauptkostengruppen unterteilt. Diese Kostengruppen werden in der DIN 276:2018-12 um die neue Hauptkostengruppe 800 „Finanzierung" erweitert.

5.2 Anwendung der Kostengliederung

Die Kostengruppen 300 und 400 können zu Bauwerkskosten (siehe 3.12) zusammengefasst werden.

Die bei Kostenermittlungen anzuwendende Gliederungstiefe bzw. die zu wählende Ebene der Kostengliederung richtet sich nach den für die jeweilige Stufe der Kostenermittlung festgelegten Anforderungen entsprechend 4.3 oder nach den projektspezifischen Umständen entsprechend 4.2.2.

Die Kosten sind möglichst getrennt und eindeutig den einzelnen Kostengruppen zuzuordnen. Bestehen mehrere Zuordnungsmöglichkeiten und ist eine Aufteilung nicht möglich, sind die Kosten entsprechend der überwiegenden Verursachung zuzuordnen (z. B. bei den Kostengruppen 390, 490, 590).

Über die Kostengliederung dieser Norm hinaus können die Kosten in weiteren Ebenen detaillierter untergliedert werden, u. a. entsprechend den technischen Merkmalen (z. B. für eine differenzierte Kostenplanung), nach herstellungsmäßigen Gesichtspunkten (z. B. im Hinblick auf Vergabe und Ausführung) oder nach Lage im Bauwerk bzw. auf dem Grundstück (z. B. für Zwecke der Termin- oder Finanzierungsplanung).

Bei Bauprojekten im Bestand können die Kosten nach projektspezifischen Anforderungen (z. B. nach Abbruch-, Entsorgungs-, Instandsetzungs- und Neubaumaßnahmen) unterschieden werden.

Die Zusammenfassung der Kostengruppen 300 und 400 zu „Bauwerkskosten“ wird an dieser Stelle der DIN 276:2018-12 wiederholt, da der Begriff der Bauwerkskosten auch schon in der Vorgängernorm DIN 276-1:2008-12 vorhanden war (vgl. Teil A, Kapitel 3.12).

Die DIN 276:2018-12 weist ausdrücklich darauf hin, dass die Gliederungstiefe bzw. die zu wählende Ebene der Kostengliederung für die einzelnen Stufen der Kostenermittlung nach den Vorgaben der Norm wie folgt umzusetzen ist:

- Kostenrahmen: erste Gliederungsebene,
- Kostenschätzung: zweite Gliederungsebene,
- Kostenberechnung: dritte Gliederungsebene,
- Kostenvoranschlag: dritte Gliederungsebene und nach herstellungsmäßigen Gesichtspunkten (Vergabeeinheiten und Teilleistungen/Gewerke),
- Kostenanschlag: nach Vergabeeinheiten,
- Kostenfeststellung: dritte Gliederungsebene bzw. nach der Struktur des Kostenanschlags (Vergabeeinheiten).

Weiterhin wird in Abschnitt 5.2 der DIN 276: 2018-12 betont, dass die Kosten über die Kostengliederung der Norm hinaus weiter untergliedert werden können. Dies impliziert, dass die Kostengliederung der Norm eine übergeordnete Kostengliederung darstellt, die immer zuerst anzuwenden ist, sofern nicht eine grundsätzliche, ausführungsorientierte Gliederung der Kosten vorgenommen wird (vgl. zur ausführungsorientierten Gliederung der Kosten Teil A, Kapitel 5.3).

Die weitere Untergliederung der Kosten kann dabei nach folgender Unterscheidung erfolgen:

- technische Merkmale, z. B. für eine differenzierte Kostenplanung im Sinne einer weiteren Aufsplittung der Feinelemente,
- herstellungsmäßige Gesichtspunkte, z. B. im Hinblick auf die Vergabe und Ausführung (vgl. hierzu Teil A, Kapitel 4.3.5 und 4.3.6),
- Lage im Bauwerk bzw. auf dem Grundstück, z. B. für Zwecke der Finanz- und Terminplanung (vgl. hierzu Teil A, Kapitel 4.2.8).

Welche weitere Unterscheidung der Kosten im Einzelfall vorgenommen wird, ist von den projektspezifischen Bedingungen abhängig.

Die DIN 276:2018-12 führt im letzten Absatz von Abschnitt 5.2 aus, dass bei Bauprojekten im Bestand eine Kostengliederung nach projektspezifischen Anforderungen sinnvoll sein kann, und erwähnt ausdrücklich als Beispiele die Unterscheidungsmerkmale nach Abbruch-, Entsorgungs-, Instandsetzungs- und Neubaumaßnahmen.

5.3 Ausführungsorientierte Gliederung der Kosten

In geeigneten Fällen und bei den dafür geeigneten Kostengruppen (z. B. KG 300 Bauwerk – Baukonstruktionen), können die Kosten vorrangig ausführungsorientiert gegliedert werden. Dabei können bereits die Kostengruppen der ersten Ebene der Kostengliederung nach ausführungs- oder gewerkeorientierten Strukturen unterteilt werden. Diese Unterteilung entspricht der zweiten Ebene der Kostengliederung. Hierfür können die Gliederungen z. B. in Leistungsbereiche entsprechend dem Standardleistungsbuch (STLB-Bau) oder in Gewerke (ATV) nach VOB Teil C verwendet werden.

Im Falle einer solchen ausführungsorientierten Gliederung der Kosten ist eine weitere Unterteilung, z. B. in Teilbereiche oder in Teilleistungen, erforderlich, damit die Leistungen hinsichtlich Inhalt, Eigenschaften und Menge beschrieben und erfasst werden können. Diese Unterteilung entspricht der dritten Ebene der Kostengliederung.

Die in Abschnitt 5.4 der DIN 276:2018-12 abgebildete Kostengliederung stellt die bauelementeorientierte Gliederung dar.

Abweichend von dieser Gliederung kann in den Stufen der Kostenermittlung eine ausführungsorientierte Gliederung der Kosten vorgenommen werden.

Die ausführungsorientierte Gliederung der Kosten ist insbesondere beim Wechsel von der Planung zur Bauausführung von Bedeutung, da diese durch die handwerkliche Gewerkebildung geprägt ist. Für die Systematik der Kostenermittlungen bedeutet dies, dass spätestens bei der Erstellung des Kostenvoranschlags eine ausführungsorientierte Gliederung der Kosten notwendig ist.

Dem Normentext zufolge sind die Gesamtkosten eines Bauprojekts auch bei einer ausführungsorientierten Gliederung zunächst in der ersten Ebene der Kostengliederung (die 8 Hauptkostengruppen) nach DIN 276:2018-12 zu unterteilen. Die weitere Unterteilung der Kostengruppen der zweiten Ebene nach ausführungs- oder gewerkeorientierten Strukturen entspricht dann der dritten Ebene der Kostengliederung. Dabei werden in der zweiten Ebene den einzelnen Bereichen nur Kostensummen zugeordnet.

Die DIN 276:2018-12 führt als Möglichkeit für die ausführungs- oder gewerkeorientierte Gliederung wie in der Vorgängernorm die Gliederung in Leistungsbereiche entsprechend dem Standardleistungsbuch (STLB-Bau) an. Die Leistungsbereiche werden in der Norm nicht mehr abgedruckt, sondern es wird auf das STLB-Bau bzw. die VOB/C verwiesen. Da die Leistungsbereiche des STLB-Bau ständig überarbeitet und erweitert werden, ist dieser Verweis notwendig, um die Aktualität bei der Benutzung der Leistungsbereiche für eine ausführungs- oder gewerkeorientierte Struktur zu gewährleisten. In Tabelle A.4 sind die aktuellen Leistungsbereiche nach STLB-Bau aufgeführt.

Tabelle A.4: Leistungsbereiche (LB) des STLB-Bau, Stand Oktober 2019

LB	Bezeichnung	LB	Bezeichnung
000	Sicherheitseinrichtungen, Baustelleneinrichtungen	029	Beschlagarbeiten
001	Gerüstarbeiten	030	Rollladenarbeiten
002	Erdarbeiten	031	Metallbauarbeiten
003	Landschaftsbauarbeiten	032	Verglasungsarbeiten
004	Landschaftsbauarbeiten – Pflanzen –	033	Baureinigungsarbeiten
005	Brunnenbauarbeiten und Aufschlussbohrungen	034	Maler- und Lackiererarbeiten – Beschichtungen –
006	Spezialtiefbauarbeiten	035	Korrosionsschutzarbeiten an Stahlbauten
007	Untertagebauarbeiten	036	Bodenbelagsarbeiten
008	Wasserhaltungsarbeiten	037	Tapezierarbeiten
009	Entwässerungskanalarbeiten	038	Vorgehängte hinterlüftete Fassaden
010	Drän- und Versickerungsarbeiten	039	Trockenbauarbeiten
011	Abscheider- und Kleinkläranlagen	040	Wärmeversorgungsanlagen – Betriebseinrichtungen –
012	Mauerarbeiten	041	Wärmeversorgungsanlagen – Leitungen, Armaturen, Heizflächen –
013	Betonarbeiten	042	Gas- und Wasseranlagen – Leitungen und Armaturen –
014	Natur- und Betonwerksteinarbeiten	043	Druckrohrleitungen für Gas, Wasser und Abwasser
016	Zimmer- und Holzbauarbeiten	044	Abwasseranlagen – Leitungen, Abläufe, Armaturen –
017	Stahlbauarbeiten	045	Gas-, Wasser- und Entwässerungsanlagen – Ausstattung, Elemente, Fertigbäder –
018	Abdichtungsarbeiten	046	Gas-, Wasser- und Entwässerungsanlagen – Betriebseinrichtungen –
020	Dachdeckungsarbeiten	047	Dämm- und Brandschutzarbeiten an technischen Anlagen
021	Dachabdichtungsarbeiten	049	Feuerlöschanlagen, Feuerlöschgeräte
022	Klempnerarbeiten	050	Blitzschutz-/Erdungsanlagen, Überspannungsschutz
023	Putz- und Stuckarbeiten, Wärmedämmsysteme	051	Kabelleitungstiefbauarbeiten
024	Fliesen- und Plattenarbeiten		
025	Estricharbeiten		
026	Fenster, Außentüren		
027	Tischlerarbeiten		
028	Parkettarbeiten, Holzpflasterarbeiten		

Tabelle A.4, Fortsetzung

LB	Bezeichnung	LB	Bezeichnung
052	Mittelspannungsanlagen	070	Gebäudeautomation
053	Niederspannungsanlagen – Kabel/Leitungen, Verlegesysteme, Installationsgeräte –	075	Raumlufttechnische Anlagen in Vorbereitung
054	Niederspannungsanlagen; Verteilersysteme und Einbaugeräte	078	Kälteanlagen für raumlufttechnische Anlagen
055	Sicherheits- und Ersatzstromversorgungsanlagen	080	Straßen, Wege, Plätze
057	Gebäudesystemtechnik	081	Betonerhaltungsarbeiten
058	Leuchten und Lampen	082	Bekämpfender Holzschutz
059	Sicherheitsbeleuchtungsanlagen	084	Abbruch-, Rückbau- und Schadstoffsanierungsarbeiten
060	Sprech-, Ruf-, Antennenempfangs-, Uhren- und elektroakustische Anlagen	085	Rohrvortriebsarbeiten
061	Kommunikationsnetze	087	Abfallentsorgung; Verwertung und Beseitigung
062	Kommunikationsanlagen	090	Baulogistik
063	Gefahrenmeldeanlagen	091	Stundenlohnarbeiten
064	Zutrittskontroll-, Zeiterfassungssysteme	096	Bauarbeiten an Bahnübergängen
069	Aufzüge	097	Bauarbeiten an Gleisen und Weichen
		098	Witterungsschutzmaßnahmen

Alternativ steht für die Implementierung einer ausführungs- oder gewerkeorientierten Struktur die VOB/C „Allgemeine Technische Vertragsbedingungen für Bauleistungen (ATV)“ mit der zugehörigen Normenreihe zur Verfügung. Die Normen der VOB/C (Stand 2019) werden anschließend aufgelistet:

ATV DIN 18299	Allgemeine Regelungen für Bauarbeiten jeder Art
ATV DIN 18300	Erdarbeiten
ATV DIN 18301	Bohrarbeiten
ATV DIN 18302	Arbeiten zum Ausbau von Bohrungen
ATV DIN 18303	Verbauarbeiten
ATV DIN 18304	Ramm-, Rüttel- und Pressarbeiten
ATV DIN 18305	Wasserhaltungsarbeiten
ATV DIN 18306	Entwässerungskanalarbeiten
ATV DIN 18307	Druckrohrleitungsarbeiten außerhalb von Gebäuden
ATV DIN 18308	Drän- und Versickerungsarbeiten
ATV DIN 18309	Einpressarbeiten
ATV DIN 18311	Nassbaggerarbeiten
ATV DIN 18312	Untertagebauarbeiten

ATV DIN 18313	Schlitzwandarbeiten mit stützenden Flüssigkeiten
ATV DIN 18314	Spritzbetonarbeiten
ATV DIN 18315	Verkehrswegebauarbeiten – Oberbauschichten ohne Bindemittel
ATV DIN 18316	Verkehrswegebauarbeiten – Oberbauschichten mit hydraulischen Bindemitteln
ATV DIN 18317	Verkehrswegebauarbeiten – Oberbauschichten aus Asphalt
ATV DIN 18318	Verkehrswegebauarbeiten – Pflasterdecken und Plattenbeläge in ungebundener Ausführung, Einfassungen
ATV DIN 18319	Rohrvortriebsarbeiten
ATV DIN 18320	Landschaftsbauarbeiten
ATV DIN 18321	Düsenstrahlarbeiten
ATV DIN 18322	Kabelleitungstiefbauarbeiten
ATV DIN 18323	Kampfmittelräumarbeiten
ATV DIN 18325	Gleisbauarbeiten
ATV DIN 18326	Renovierungsarbeiten an Entwässerungskanälen
ATV DIN 18329	Verkehrssicherungsarbeiten
ATV DIN 18330	Mauerarbeiten
ATV DIN 18331	Betonarbeiten
ATV DIN 18332	Naturwerksteinarbeiten
ATV DIN 18334	Zimmer- und Holzbauarbeiten
ATV DIN 18335	Stahlbauarbeiten
ATV DIN 18336	Abdichtungsarbeiten
ATV DIN 18338	Dachdeckungs- und Dachabdichtungsarbeiten
ATV DIN 18339	Klempnerarbeiten
ATV DIN 18340	Trockenbauarbeiten
ATV DIN 18345	Wärmedämm-Verbundsysteme
ATV DIN 18349	Betonerhaltungsarbeiten
ATV DIN 18350	Putz- und Stuckarbeiten
ATV DIN 18351	Vorgehängte Hinterlüftete Fassaden
ATV DIN 18352	Fliesen- und Plattenarbeiten
ATV DIN 18353	Estricharbeiten
ATV DIN 18354	Gussasphaltarbeiten
ATV DIN 18355	Tischlerarbeiten
ATV DIN 18356	Parkett- und Holzpflasterarbeiten
ATV DIN 18357	Beschlagarbeiten
ATV DIN 18358	Rollladenarbeiten
ATV DIN 18360	Metallbauarbeiten
ATV DIN 18361	Verglasungsarbeiten
ATV DIN 18363	Maler- und Lackiererarbeiten – Beschichtungen
ATV DIN 18364	Korrosionsschutzarbeiten an Stahlbauten
ATV DIN 18365	Bodenbelagsarbeiten
ATV DIN 18366	Tapezierarbeiten
ATV DIN 18379	Raumlufttechnische Anlagen
ATV DIN 18380	Heizanlagen und zentrale Wassererwärmungsanlagen
ATV DIN 18381	Gas-, Wasser- und Entwässerungsanlagen innerhalb von Gebäuden
ATV DIN 18382	Nieder- und Mittelspannungsanlagen mit Nennspannungen bis 36 kV

ATV DIN 18384	Blitzschutzanlagen
ATV DIN 18385	Aufzugsanlagen, Fahrtreppen und Fahrsteige sowie Förderanlagen
ATV DIN 18386	Gebäudeautomation
ATV DIN 18421	Dämm- und Brandschutzarbeiten an technischen Anlagen
ATV DIN 18451	Gerüstarbeiten
ATV DIN 18459	Abbruch- und Rückbauarbeiten

Da die der VOB/C zugrunde liegenden Normen sämtlich mit der Codierung 18 beginnen, reichen die 3 letzten Ziffern für eine Systematisierung aus.

Unabhängig davon, welche Variante der ausführungsorientierten Gliederung – STLB-Bau oder die Normenreihe der VOB/C – verwendet wird, sollte in der entsprechenden Kostenermittlung immer darauf hingewiesen werden, welche Gliederungssystematik verwendet wurde (vgl. hierzu auch Teil A, Kapitel 4.3.5).

Um bei einer ausführungsorientierten Gliederung der Kosten den Anforderungen der DIN 276:2018-12 an den Kostenvoranschlag (Ermittlung der Gesamtkosten nach Kostengruppen mindestens bis zur dritten Ebene der Kostengliederung und herstellungsmäßigen Gesichtspunkten) gerecht zu werden, müssen die einzelnen Leistungen in Teilleistungen unterteilt werden und hinsichtlich Inhalt, Eigenschaften und Menge beschrieben und erfasst werden, um den Übergang von der planungs-/bauteilorientierten zur vergabe- bzw. gewerkeorientierten Kostenermittlung zu ermöglichen.

Darüber hinaus sind die Kosten ebenfalls in Vergabeeinheiten zu ordnen. Dazu kann z. B. den einzelnen Teilleistungen jeweils eine der vorgesehenen Vergabeeinheiten zugeordnet werden, um dann die entsprechenden, auf die jeweilige Vergabeeinheit bezogenen Summen der Teilleistungen bilden zu können.

5.4 Darstellung der Kostengliederung

Die Kostengliederung der DIN 276:2018-12 bis in die dritte Kostengliederungsebene wird nachfolgend zusammen mit einer inhaltlichen Beschreibung dargestellt (vgl. Teil A, Kapitel 5.4.1 bis 5.4.8 mit den Tabellen A.7 bis A.14).

Zunächst werden in Tabelle A.5 die einzelnen Kostengruppen der DIN 276:2018-12 bis zur dritten Gliederungsebene aufgeführt und mit denen der DIN 276-1:2008-12 verglichen, sodass die Änderungen erkennbar werden. In den Fällen, in denen eine bisherige Kostengruppe in einer neuen Kostengruppe aufgegangen ist, werden zum Verständnis und zur Einordnung dieses Sachverhaltes Anmerkungen hinzugefügt.

Insgesamt wurden umfangreiche Neuordnungen vorgenommen und zum Teil neue Kostengruppen aufgrund neuerer technologischer und sachlicher Erfordernisse aufgenommen. Damit ist eine konkretere und eindeutigere Zuordnung der Kosten zu den einzelnen Kostengruppen nach dem Prinzip der überwiegenden Verursachung möglich.

Tabelle A.5: Übersicht über die Änderungen innerhalb der einzelnen Kostengruppen

neue Kostengruppen DIN 276:2018-12			**alte Kostengruppen DIN 276-1:2008-12**		**Mengenermittlung nach DIN 276:2018-12 (auszugsweise) sowie weitere Anmerkungen**
KG 100	**Grundstück**				
KG 124	Grunderwerbssteuer		KG 125	Grunderwerbssteuer	
KG 125	Untersuchungen	neu			
KG 126	Wertermittlungen		KG 126	Wertermittlung, Untersuchungen	
KG 128	Bodenordnung		KG 128	Bodenordnung, Grenzregulierung	
KG 129	Sonstiges zur KG 120		KG 129	Grundstücksneben kosten, Sonstiges	
KG 139	Sonstiges zur KG 133		KG 139	Freimachen, Sonstiges	
KG 200	**Vorbereitende Maßnahmen**		KG 200	Herrichten und Erschließen	
KG 219	Sonstiges zur KG 210		KG 219	Herrichten, Sonstiges	
KG 229	Sonstiges zur KG 220		KG 229	Öffentliche Erschließung, Sonstiges	
KG 240	Ausgleichsmaßnahmen und -abgaben		KG 240	Ausgleichsabgaben	
KG 251	Bauliche Maßnahmen		KG 251	Provisorien	
KG 252	Organisatorische Maßnahmen		KG 252	Auslagerungen	
KG 259	Sonstiges zur KG 250	neu			
KG 300	**Bauwerk – Baukonstruktionen**				
KG 310	Baugrube/Erdbau		KG 310	Baugrube	m^3 Baugrubenrauminhalt
KG 311	Herstellung		KG 311	Baugrubenherstellung	m^3 Baugrubenrauminhalt
KG 312	Umschließung		KG 312	Baugrubenumschließung	m^2 Umschließungsfläche
KG 314	Vortrieb	neu			m^3 Vortriebsvolumen
KG 319	Sonstiges zur KG 310		KG 319	Baugrube, Sonstiges	m^3 Baugrubenrauminhalt

Tabelle A.5, Fortsetzung

neue Kostengruppen DIN 276:2018-12			**alte Kostengruppen DIN 276-1:2008-12**		**Mengenermittlung nach DIN 276:2018-12 (auszugsweise) sowie weitere Anmerkungen**
KG 320	Gründung, Unterbau		KG 320	Gründung	m^2 Gründungsfläche
KG 322	Flachgründungen und Bodenplatten		KG 322	Flachgründungen	m^2 Flachgründungsfläche
KG 324	Gründungsbeläge		KG 324	Unterböden und Bodenplatten	m^2 Gründungsbelagsfläche
KG 325	Abdichtungen und Bekleidungen		KG 325	Bodenbeläge	m^2 Abdichtungsfläche
KG 326	Dränagen		KG 326	Bauwerksabdichtungen	m^2 Gründungsbelagsfläche
KG 329	Sonstiges zur KG 320		KG 329	Gründung, Sonstiges	m^2 Gründungsbelagsfläche
KG 330	Außenwände/Vertikale Baukonstruktionen, außen		KG 330	Außenwände	m^2 Außenwandfläche
KG 334	Außenwandöffnungen		KG 334	Außentüren und -fenster	m^2 Außenwandöffnungsfläche
KG 337	Elementierte Außenwandkonstruktionen		KG 337	Elementierte Außenwände	m^2 Außenwandfläche
KG 338	Lichtschutz		KG 338	Sonnenschutz	m^2 Außenwand-Lichtschutzfläche
KG 339	Sonstiges zur KG 330		KG 339	Außenwände Sonstiges	m^2 Außenwandfläche
KG 340	Innenwände/Vertikale Baukonstruktionen, innen		KG 340	Innenwände	m^2 Innenwandfläche
KG 344	Innenwandöffnungen		KG 344	Innentüren und -fenster	m^2 Innenwandöffnungsfläche
KG 346	Elementierte Innenwandkonstruktionen		KG 346	Elementierte Innnenwände	m^2 Innenwandfläche
KG 347	Lichtschutz	neu			m^2 Innenwand-Lichtschutzfläche
KG 349	Sonstiges zur KG 340		KG 349	Innenwände, Sonstiges	m^2 Innenwandfläche
KG 350	Decken/Horizontale Baukonstruktionen		KG 350	Decken	m^2 Deckenfläche
KG 352	Deckenöffnungen		KG 352	Deckenbeläge	m^2 Deckenöffnungsfläche
KG 353	Deckenbeläge		KG 353	Deckenbekleidungen	m^2 Deckenbelagsfläche

Tabelle A.5, Fortsetzung

neue Kostengruppen DIN 276:2018-12			**alte Kostengruppen DIN 276-1:2008-12**		**Mengenermittlung nach DIN 276:2018-12 (auszugsweise) sowie weitere Anmerkungen**
KG 355	Elemetierte Decken konstruktionen	neu			m^2 Deckenfläche
KG 359	Sonstiges zur KG 350		KG 359	Decken, Sonstiges	m^2 Deckenfläche
KG 362	Dachöffnungen		KG 362	Dachfenster, Dachöffnungen	m^2 Dachfläche
KG 365	Elemetierte Dachkonstruktionen	neu			m^2 Dachfläche
KG 366	Lichtschutz zur KG 340	neu			m^2 Dach-Lichtschutzfläche
KG 369	Sonstiges zur KG 360		KG 369	Dächer, Sonstiges	m^2 Dachfläche
KG 370	Infrastrukturanlagen		KG 370	Baukonstruktive Einbauten	nach Projektanforderung
KG 371	Anlagen für den Straßenverkehr		KG 371	Allgemeine Einbauten	
KG 372	Anlagen für den Schienenverkehr		KG 372	Besondere Einbauten	
KG 373	Anlagen für den Flugverkehr	neu			
KG 374	Anlagen des Wasserbaus	neu			
KG 375	Anlagen der Abwasserentsorgung	neu			
KG 376	Anlagen der Wasserversorgung	neu			
KG 377	Anlagen der Energie- und Informationsversorgung	neu			
KG 378	Anlagen der Abfallentsorgung	neu			
KG 379	Sonstiges zur KG 370		KG 379	Baukonstruktive Einbauten, Sonstiges	
KG 380	Baukonstruktive Einbauten		KG 370	Baukonstruktive Einbauten	nach Projektanforderung
KG 381	Allgemeine Einbauten		KG 371	Allgemeine Einbauten	
KG 382	Besondere Einbauten		KG 372	Besondere Einbauten	
KG 383	Landschaftsgestalterische Einbauten	neu			

Tabelle A.5, Fortsetzung

neue Kostengruppen DIN 276:2018-12			**alte Kostengruppen DIN 276-1:2008-12**		**Mengenermittlung nach DIN 276:2018-12 (auszugsweise) sowie weitere Anmerkungen**
KG 384	Mechanische Einbauten	neu			
KG 385	Einbauten in Konstruktionen des Ingenieurbaus	neu			
KG 386	Orientierungs- und Informationssysteme	neu			
KG 387	Schutzeinbauten	neu			
KG 389	Sonstiges zur KG 380	neu			
KG 399	Sonstiges zur KG 390		KG 399	Sonstige Maßnahmen für Baukonstruktionen, Sonstiges	
KG 400	**Bauwerk – Technische Anlagen**				
KG 419	Sonstiges zur KG 410		KG 419	Abwasser-, Wasser-, Gasanlagen, Sonstiges	
KG 424	Verkehrsheizflächen	neu			
KG 429	Sonstiges zur KG 420		KG 429	Wärmeversorgungsan lagen, Sonstiges	
KG 430	Raumlufttechnische Anlagen		KG 430	Lufttechnische Anlagen	
KG 439	Sonstiges zur KG 430		KG 439	Lufttechnische Anlagen, Sonstiges	
KG 440	Elektrische Anlagen		KG 440	Starkstromanlagen	
KG 449	Sonstiges zur KG 440		KG 449	Starkstromanlagen, Sonstiges	
KG 450	Kommunikations-, sicherheits- und informationstechnische Anlagen		KG 450	Fernmelde- und informationstechnische Anlagen	
KG 455	Audiovisuelle Medien- und Antennenanlagen		KG 455	Fernseh- und Antennenanlagen	
KG 457	Datenübertragungsnetze		KG 457	Übertragungsnetze	
KG 458	Verkehrsbeeinflussungsnetze	neu			

Tabelle A.5, Fortsetzung

neue Kostengruppen DIN 276:2018-12			alte Kostengruppen DIN 276-1:2008-12		Mengenermittlung nach DIN 276:2018-12 (auszugsweise) sowie weitere Anmerkungen
KG 459	Sonstiges zur KG 450		KG 459	Fernmelde- und informationstechnische Anlagen, Sonstiges	
KG 466	Hydraulikanlagen	neu			
KG 469	Sonstiges zur KG 460		KG 469	Förderanlagen, Sonstiges	
KG 470	Nutzungsspezifische und verfahrenstechnische Anlagen		KG 470	Nutzungsspezifische Anlagen	
KG 473	Medienversorgungsanlagen, Medizin- und labortechnische Anlagen		KG 473	Medienversorgungs anlagen	
KG 474	Feuerlöschanlagen		KG 474	Medizin- und labortechnische Anlagen	
KG 475	Prozesswärme-, kälte- und -luftanlagen		KG 475	Feuerlöschanlagen	
KG 476	Weitere nutzungsspezifische Anlagen		KG 476	Badetechnische Anlagen	
KG 477	Verfahrenstechnische Anlagen, Wasser, Abwasser und Gase		KG 477	Prozesswärme-, -kälte und -lufttechnische Anlagen	
KG 478	Verfahrenstechnische Anlagen, Feststoffe, Wertstoffe und Abfälle		KG 478	Entsorgungsanlagen	
KG 479	Sonstiges zur KG 470		KG 479	Nutzungsspezifische Anlagen, Sonstiges	
KG 480	Gebäude- und Anlagenautomation		KG 480	Gebäudeautomation	
KG 481	Automationseinrichtungen		KG 481	Automationssysteme	
KG 482	Schaltschränke, Automationsschwerpunkte		KG 482	Schaltschränke	
KG 483	Automationsmanagement		KG 483	Management- und Bedieneinrichtungen	
KG 484	Kabel, Leitungen und Verlegesysteme		KG 484	Raumautomations systeme	

Tabelle A.5, Fortsetzung

neue Kostengruppen DIN 276:2018-12			alte Kostengruppen DIN 276-1:2008-12		Mengenermittlung nach DIN 276:2018-12 (auszugsweise) sowie weitere Anmerkungen
KG 485	Datenübertragungsnetze		KG 485	Übertragungsnetze	
KG 489	Sonstiges zur KG 480		KG 489	Gebäudeautomation, Sonstiges	
KG 499	Sonstiges zur KG 490		KG 499	Sonstige Maßnahmen für technische Anlagen, Sonstiges	
KG 500	**Außenanlagen und Freiflächen**		KG 500	Außenanlagen	
KG 510	Erdbau		KG 510	Geländeflächen	
KG 511	Herstellung		KG 511	Oberbodenarbeiten	
KG 512	Umschließung		KG 512	Bodenarbeiten	
KG 513	Wasserhaltung	neu			
KG 514	Vortrieb	neu			
KG 519	Sonstiges zur KG 510		KG 519	Geländeflächen, Sonstiges	
KG 520	Gründung, Unterbau		KG 520	Befestigte Flächen	
KG 521	Baugrundverbesserung		KG 521	Wege	
KG 522	Gründungen und Bodenplatten		KG 522	Straßen	
KG 523	Gründungsbeläge		KG 523	Plätze, Höfe	
KG 524	Abdichtungen und Bekleidungen		KG 524	Stellplätze	
KG 525	Dränagen		KG 525	Sportplatzflächen	
KG 529	Sonstiges zur KG 520		KG 529	Befestigte Flächen, Sonstiges	
KG 530	Oberbau, Deckschichten		KG 530	Baukonstruktionen in Außenanlagen	
KG 531	Wege		KG 531	Einfriedigungen	
KG 532	Straßen		KG 532	Schutzkonstruktionen	

Tabelle A.5, Fortsetzung

neue Kostengruppen DIN 276:2018-12			**alte Kostengruppen DIN 276-1:2008-12**		**Mengenermittlung nach DIN 276:2018-12 (auszugsweise) sowie weitere Anmerkungen**
KG 533	Plätze, Höfe, Terrassen		KG 533	Mauern, Wände	
KG 534	Stellplätze		KG 534	Rampen, Treppen, Tribünen	
KG 535	Sportplatzflächen		KG 535	Überdachungen	
KG 536	Spielplatzflächen		KG 536	Brücken, Stege	
KG 537	Gleisanlagen		KG 537	Kanal- und Schachtbauanlagen	
KG 538	Flugplatzflächen		KG 538	Wasserbauliche Anlagen	
KG 539	Sonstiges zur KG 530		KG 539	Baukonstruktionen in Außenanlagen, Sonstiges	
KG 540	Baukonstruktionen		KG 540	Technische Anlagen in Außenanlagen	
KG 541	Einfriedigungen		KG 541	Abwasseranlagen	
KG 542	Schutzkonstruktionen		KG 542	Wasseranlagen	
KG 543	Wandkonstruktionen		KG 543	Gasanlagen	
KG 544	Rampen, Treppen, Tribünen		KG 544	Wärmeversorgungsanlagen	
KG 545	Überdachungen		KG 545	Lufttechnische Anlagen	
KG 546	Stege		KG 546	Starkstromanlagen	
KG 547	Kanal- und Schachtkonstruktionen		KG 547	Fernmelde- und informationstechnische Anlagen	
KG 548	Wasserbecken		KG 548	Nutzungsspezifische Anlagen	
KG 549	Sonstiges zur KG 540		KG 549	Technische Anlagen in Außenbereichen, Sonstiges	
KG 550	Technische Anlagen		KG 550	Einbauten in Außenanlagen	
KG 551	Abwasseranlagen		KG 551	Allgemeine Einbauten	
KG 552	Wasseranlagen		KG 552	Besondere Einbauten	
KG 553	Anlagen für Gase und Flüssigkeiten	neu			

Tabelle A.5, Fortsetzung

neue Kostengruppen DIN 276:2018-12			**alte Kostengruppen DIN 276-1:2008-12**		**Mengenermittlung nach DIN 276:2018-12 (auszugsweise) sowie weitere Anmerkungen**
KG 554	Wärmeversorgungsanlagen	neu			
KG 555	Raumlufttechnische Anlagen	neu			
KG 556	Elektrische Anlagen	neu			
KG 557	Kommunikations-, sicherheits- und informationstechnische Anlagen, Automation	neu			
KG 558	Nutzungsspezifische Anlagen	neu			
KG 559	Sonstiges zur KG 550		KG 559	Einbauten in Außenanlagen, Sonstiges	
KG 560	Einbauten in Außenanlagen und Freiflächen		KG 560	Wasserflächen	
KG 561	Allgemeine Einbauten		KG 561	Abdichtungen	
KG 562	Besondere Einbauten		KG 562	Bepflanzungen	
KG 563	Orientierungs- und Informationssysteme	neu			
KG 569	Sonstiges zur KG 560		KG 569	Wasserflächen, Sonstiges	
KG 570	Vegetationsflächen		KG 570	Pflanz- und Saatflächen	
KG 571	Vegetationstechnische Bodenbearbeitung		KG 571	Oberbodenarbeiten	
KG 572	Sicherungsbauweisen		KG 572	Vegetationstechnische Bodenbearbeitung	
KG 573	Pflanzflächen		KG 573	Sicherungsbauweisen	
KG 574	Rasen- und Saatflächen		KG 574	Pflanzen	
KG 579	Sonstiges zur KG 570		KG 579	Pflanz- und Saatflächen, Sonstiges	
KG 580	Wasserflächen	neu			
KG 581	Befestigungen	neu			
KG 582	Abdichtungen	neu			

Tabelle A.5, Fortsetzung

neue Kostengruppen DIN 276:2018-12			**alte Kostengruppen DIN 276-1:2008-12**		**Mengenermittlung nach DIN 276:2018-12 (auszugsweise) sowie weitere Anmerkungen**
KG 583	Bepflanzungen	neu			
KG 589	Sonstiges zur KG 580	neu			
KG 590	Sonstige Maßnahmen für Außenanlagen und Freiflächen		KG 590	Sonstige Außenanlagen	
KG 599	Sonstiges zur KG 590		KG 599	Sonstige Maßnahmen für Außenanlagen, Sonstiges	
KG 600	**Ausstattung und Kunstwerke**				
KG 610	Allgemeine Ausstattung		KG 610	Ausstattung	
KG 620	Besondere Ausstattung		KG 620	Kunstwerke	
KG 630	Informationstechnische Ausstattung	neu			
KG 640	Künstlerische Ausstattung	neu			
KG 641	Kunstobjekte	neu			
KG 642	Künstlerische Gestaltung des Bauwerks	neu			
KG 643	Künstlerische Gestaltung der Außenanlagen und Freiflächen	neu			
KG 649	Sonstiges zur KG 640	neu			
KG 690	Sonstige Ausstattung	neu			
KG 700	**Baunebenkosten**				
KG 714	Sicherheits- und Gesundheitsschutzkoordination	neu			
KG 715	Vergabeverfahren	neu			
KG 719	Sonstiges zur KG 710		KG 719	Bauherrenaufgaben, Sonstiges	

Die 8 Kostengruppen der ersten Gliederungsebene nach DIN 276:2018-12 werden nachfolgend in Tabellenform geordnet und bis zur dritten Gliederungsebene erläutert und beschrieben (vgl. Teil A, Kapitel 5.4.1 bis 5.4.8, Tabellen A.7 bis A.14).

Tabelle A.6 gibt zunächst einen Überblick über die Kostengliederung der Gesamtkosten bis zur zweiten Ebene.

Tabelle A.6: Gliederung der Gesamtkosten bis zur zweiten Ebene nach DIN 276:2018-12

KG	Bezeichnung
100	**Grundstück**
110	Grundstückswert
120	Grundstücksnebenkosten
130	Rechte Dritter
200	**Vorbereitende Maßnahmen**
210	Herrichten
220	Öffentliche Erschließung
230	Nichtöffentliche Erschließung
240	Ausgleichsmaßnahmen und -abgaben
250	Übergangsmaßnahmen
300	**Bauwerk – Baukonstruktionen**
310	Baugrube/Erdbau
320	Gründung, Unterbau
330	Außenwände/Vertikale Baukonstruktionen, außen
340	Innenwände/Vertikale Baukonstruktionen, innen
350	Decken/Horizontale Baukonstruktionen
360	Dächer
370	Infrastrukturanlagen
380	Baukonstruktive Einbauten
390	Sonstige Maßnahmen für Baukonstruktionen

Tabelle A.6, Fortsetzung

KG	Bezeichnung
400	**Bauwerk – Technische Anlagen**
410	Abwasser-, Wasser-, Gasanlagen
420	Wärmeversorgungsanlagen
430	Raumlufttechnische Anlagen
440	Elektrische Anlagen
450	Kommunikations-, sicherheits- und informationstechnische Anlagen
460	Förderanlagen
470	Nutzungsspezifische und verfahrenstechnische Anlagen
480	Gebäude- und Anlagenautomation
490	Sonstige Maßnahmen für technische Anlagen
500	**Außenanlagen und Freiflächen**
510	Erdbau
520	Gründung, Unterbau
530	Oberbau, Deckschichten
540	Baukonstruktionen
550	Technische Anlagen
560	Einbauten in Außenanlagen und Freiflächen
570	Vegetationsflächen
580	Wasserflächen
590	Sonstige Maßnahmen für Außenanlagen und Freiflächen
600	**Ausstattung und Kunstwerke**
610	Allgemeine Ausstattung
620	Besondere Ausstattung
630	Informationstechnische Ausstattung
640	Künstlerische Ausstattung
690	Sonstige Ausstattung

Tabelle A.6, Fortsetzung

KG	Bezeichnung
700	**Baunebenkosten**
710	Bauherrenaufgaben
720	Vorbereitung der Objektplanung
730	Objektplanung
740	Fachplanung
750	Künstlerische Leistungen
760	Allgemeine Baunebenkosten
790	Sonstige Baunebenkosten
800	**Finanzierung**
810	Finanzierungsnebenkosten
820	Fremdkapitalzinsen
830	Eigenkapitalzinsen
840	Bürgschaften
890	Sonstige Finanzierungskosten

5.4.1 100 Grundstück

Die Kosten des Baugrundstücks werden in 3 Untergruppen mit solchen Kosten gegliedert, die – vor dem eigentlichen Baubeginn – mit dem baurechtlichen Nutzbarmachen in Zusammenhang stehen.

Die Kostengruppe 100 „Grundstück“ (vgl. Tabelle A.7) wurde im Prinzip unverändert aus der Vorgängernorm übernommen. Lediglich die Bezeichnung der KG 130 wurde in „Rechte Dritter“ geändert, da der Begriff „Freimachen“ aus der Vorgängernorm auch eher missverständlich im Sinne von „Freiräumen des Grundstücks“ gedeutet werden konnte.

Tabelle A.7: Kosten des Baugrundstücks, Kostengruppe 100

110 Grundstückswert	**120 Grundstücksnebenkosten**	**130 Rechte Dritter**
(nicht untergliedert)	121 Vermessungsgebühren	131 Abfindungen
	122 Gerichtsgebühren	132 Ablösung dinglicher Rechte
	123 Notariatsgebühren	139 Sonstiges zur KG 130
	124 Grunderwerbssteuer	
	125 Untersuchungen	
	126 Wertermittlungen	
	127 Genehmigungsgebühren	
	128 Bodenordnung	
	129 Sonstiges zur KG 120	

Als Baugrundstück gilt die Fläche des nach öffentlich-rechtlichen Vorschriften bebauten oder bebaubaren Grundstücks.

Die Kosten beziehen sich auf die gesamte Grundstücksfläche. Wenn von einer Parzelle (vgl. Abb. A.12, Fläche A, B, C, D, E) ein Teil der vorgesehenen Erschließungsstraße in Anspruch genommen wird (Fläche E, F, G, H) und ein weiterer Teil nicht mehr wirtschaftlich nutzbar ist (Fläche D, E, H), so verbleibt als Bezugsgröße für die Kosten dennoch die gesamte Grundstücksfläche.

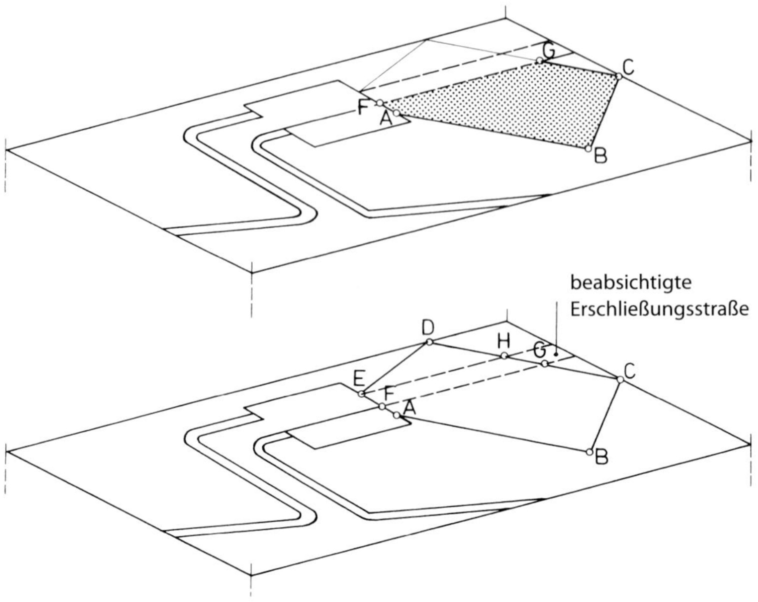

Abb. A.12: Baugrundstück als Fläche des gesamten Grundstücks

Die Kostengruppe 100 „Grundstück" umfasst alle diejenigen Kosten, die vor Baubeginn erforderlich werden. Diese Kosten sind in die Untergruppen KG 110 „Grundstückswert", KG 120 „Grundstücksnebenkosten" und KG 130 „Rechte Dritter" zu gliedern. Eigentliche Baukosten und Herrichtungskosten sind hiervon ausgeschlossen.

110 Grundstückswert

Der Grundstückswert wird durch selbstständige, unabhängige Gutachterausschüsse ermittelt. Entsprechend dem Baugesetzbuch (BauGB)[8] richtet sich der Grundstückswert nach dem Verkehrswert eines Grundstücks. Der Verkehrswert wird im Baugesetzbuch wie folgt definiert (§ 194 BauGB „Verkehrswert"):

„Der Verkehrswert (Marktwert) wird durch den Preis bestimmt, der in dem Zeitpunkt, auf den sich die Ermittlung bezieht, im gewöhnlichen Geschäftsverkehr nach den rechtlichen Gegebenheiten und tatsächlichen Eigenschaften, der sonstigen Beschaffenheit und der Lage des Grundstücks oder des sonstigen Gegenstands der Wertermittlung ohne Rücksicht auf ungewöhnliche oder persönliche Verhältnisse zu erzielen wäre."

Bei bebauten Grundstücken kann, wenn dies durch Vergleichspreise möglich ist, gesondert auch der Wert von Grund und Boden des Grundstücks im unbebauten Zustand (abzüglich ggf. vorhandener Abrisskosten) angegeben werden.

8 Die aktuelle Fassung des Baugesetzbuches trägt das Datum vom 3. November 2017.

Der Verkehrswert eines Grundstücks kann unter Umständen jedoch vom eigentlichen Kaufpreis abweichen. Außerdem kann sich der Verkehrswert während der Bauzeit ändern, z. B. durch Erschließungsmaßnahmen im direkten Umfeld des Grundstücks. In Kostenermittlungen ist immer vom aktuellen Kostenstand auszugehen. Würde der jeweils aktuelle Verkehrswert in die aktuelle Kostenermittlung übernommen werden, könnte es durch die Veränderung des Verkehrswertes zu Abweichungen zwischen den verschiedenen Kostenermittlungen kommen. In der DIN 276:2018-12 findet sich kein Hinweis, wie mit einer solchen Diskrepanz umgegangen werden soll. Der Autor empfiehlt daher, ab dem Zeitpunkt des Grundstückskaufs in den nachfolgenden Kostenermittlungen den Kaufpreis des Grundstücks in KG 110 „Grundstückswert" anzugeben.

Die Grundstücksnebenkosten der KG 120 beziehen sich in der Regel auf den Kaufpreis des Grundstücks und werden – einmal gezahlt – als real entstandene Kosten in die Kostenermittlungen aufgenommen. Bei einer Veränderung des Verkehrswertes des Grundstücks erfolgt hier auch keine fiktive Anpassung der Grundstücksnebenkosten. Daher wird empfohlen, in KG 110 „Grundstückswert" nur so lange den aktuellen Verkehrswert zu erfassen, bis das Grundstück vom zukünftigen Bauherrn tatsächlich gekauft worden ist. Ab diesem Zeitpunkt sollte der KG 110 dieser Kaufpreis als Grundstückswert zugrunde gelegt werden.

120 Grundstücksnebenkosten

Zu den Grundstücksnebenkosten gehören die Kosten, die im Zusammenhang mit dem Erwerb eines Grundstücks stehen (z. B. für Beurkundung, Untersuchungen und Gutachten über Baugrund und Bebaubarkeit, soweit diese zur Beurteilung des Grundstückswerts dienen), ferner Kosten für Vermessung und Katasterunterlagen, Grunderwerbssteuer, Gebühren, Provisionen, Bodenneuordnung, Grenzregulierung und ggf. Bestellung eines Erbbaurechts.

Ein Baugrundstück wird in der Regel erst dann nutzbar, wenn der Kauf eindeutig rechtlich durchgeführt und damit der Erwerb vollzogen wurde. Dies geschieht in der Regel in Form einer notariellen Beurkundung.

Die anfallenden Grundstücksnebenkosten bestehen aus:

- Kosten für Vermessungsgebühren (KG 121), speziell die amtlichen Vermessungskosten bei Grundstücksparzellierung,
- Kosten für Gerichtsgebühren (KG 122), die bei der Grundbucheintragung anfallen,
- Kosten für Notariatsgebühren (KG 123) für die Beurkundung des Grundstückskaufs,
- Kosten für Grunderwerbssteuer (KG 124), die als sog. Kommunalsteuer in verschiedenen Regionen der Bundesrepublik Deutschland beachtliche Größenordnungen erreicht haben, z. B. in Baden-Württemberg 5 %, in Berlin 6 %, in Brandenburg 6,5 % bezogen auf die jeweilige Bemessungsgrundlage – im Wesentlichen, aber nicht ausschließlich, den gezahlten Grundstückspreis (Stand 2018),

- Kosten für Untersuchungen (KG 125), einschließlich Baugrunduntersuchungen, Untersuchungen über die Bebaubarkeit sowie Untersuchungen zu Altlasten und Untersuchungen zu Möglichkeiten der Beseitigung von Altlasten,
- Kosten für Wertermittlungen (KG 126), die im Zusammenhang mit der Beurteilung des Grundstückswertes stehen,
- Kosten für Genehmigungsgebühren (KG 127) einschließlich der Bodenverkehrsgenehmigungskosten,
- Kosten für Bodenordnung, Grenzregulierung (KG 128).

Für ein nach dem Erbbaurecht zu nutzendes Baugrundstück gelten andere Bestimmungen. Sofern die Eintragung im Grundbuch (nur an erster Rangstelle in Abteilung II) des belasteten Grundstücks vorgenommen worden ist, hat der Erbbauberechtigte dem Grundstückseigentümer einen frei zu vereinbarenden Erbbauzins von jährlich ca. 4 bis 5 % des tatsächlichen Grundstückwerts bei 99 Jahren Erbbaudauer zu zahlen; bei geringerer Erbbaudauer von z. B. 50 Jahren sinkt der jährliche Erbbauzins um die Hälfte.

In KG 129 „Sonstiges zur KG 120" werden mit dem Grundstückserwerb verbundene Aufwendungen erfasst, die den genannten Kostengruppen nicht zuzuordnen sind. Dazu zählen auch die Kosten für Katasterpläne, Grundbuchauszug und Auszüge aus dem Liegenschaftsbuch.

130 Rechte Dritter

Zur KG 130 „Rechte Dritter" gehören die Kosten, die aufzuwenden sind, um die freie Verfügung über ein erworbenes Grundstück zu erhalten, das noch mit Miet- oder Pachtverträgen belastet ist.

Grundstücksflächen können erst dann als Baugrundstück genutzt werden, wenn die Rechte anderer an diesem Gelände abgegolten worden sind. Das Freimachen eines Baugrundstücks für die Bebauung kann folgende Kosten verursachen:

- Bei KG 131 „Abfindungen" handelt es sich um Kosten, die im Zusammenhang mit Abfindungen und Entschädigung für Miet- und Pachtverträge entstehen.
- Zur KG 132 „Ablösen dinglicher Rechte" gehören Kosten, die im Zusammenhang mit dem Hinwirken auf eine sog. Verzichtseintragung in das Baulastenverzeichnis entstehen. Im Baulastenverzeichnis kann z. B. die Verpflichtung des Eigentümers eingetragen sein, auf seinem Grundstück zugunsten eines anderen Grundstücks Einstellplätze zu dulden. Hierüber gibt die Bauaufsichtsbehörde Auskunft; sie führt sämtliche in ihrem Aufsichtsbereich ausgesprochenen Baulasten in einem Verzeichnis.
- Ebenfalls zur KG 132 zählen Ablösungskosten von Belastungen des Grundstücks (z. B. Wegerecht oder andere Beschränkungen des Verfügungsrechts des Eigentümers), die in Abteilung II des Grundbuchs eingetragen sind, sowie das Löschen von Belastungen (z. B. Hypotheken), die in Abteilung III des Grundbuchs eingetragen sind.

5.4.2 200 Vorbereitende Maßnahmen

Die Kosten für alle Maßnahmen zur Vorbereitung der eigentlichen Baumaßnahme sind in 5 Untergruppen aufgeteilt (vgl. Tabelle A.8).

Die Kostengruppe 200 „Vorbereitende Maßnahmen" ist im Vergleich zur Vorgängernorm nahezu unverändert geblieben, bis auf den Umstand, dass in DIN 276:2018-12 für das Herrichten noch 2 Kostengruppen für die Kampfmittelräumung (KG 215) und für kulturhistorische Funde (KG 216) ergänzt wurden sowie die Kosten für Übergangsmaßnahmen (KG 250) neu als bauliche Maßnahmen (KG 251) und organisatorische Maßnahmen (KG 252) definiert wurden. Die Kosten für das Herrichten des Grundstücks (KG 210), der öffentlichen Erschließung (KG 220) und der nichtöffentlichen Erschließung (KG 230) wurden inhaltlich von der Vorgängernorm übernommen. Die Ausgleichsmaßnahmen und -abgaben (KG 240) wurden weiter unterteilt in Ausgleichsmaßnahmen (KG 241) und Ausgleichsabgaben (KG 242).

Tabelle A.8: Kosten für vorbereitende Maßnahmen, Kostengruppe 200

210 Herrichten	**220 Öffentliche Erschließung**	**230 Nichtöffentliche Erschließung**	**240 Ausgleichsmaßnahmen und -abgaben**	**250 Übergangsmaßnahmen**
211 Sicherungsmaßnahmen	221 Abwasserentsorgung	(nicht untergliedert)	241 Ausgleichsmaßnahmen	251 Bauliche Maßnahmen
212 Abbruchmaßnahmen	222 Wasserversorgung		242 Ausgleichsabgaben	252 Organisatorische Maßnahmen
213 Altlastenbeseitigung	223 Gasversorgung		249 Sonstiges zur KG 240	259 Sonstiges zur KG 250
214 Herrichten der Geländeoberfläche	224 Fernwärmeversorgung			
215 Kampfmittelräumung	225 Stromversorgung			
216 Kulturhistorische Funde	226 Telekommunikation			
219 Sonstiges zur KG 210	227 Verkehrserschließung			
	228 Abfallentsorgung			
	229 Sonstiges zur KG 220			

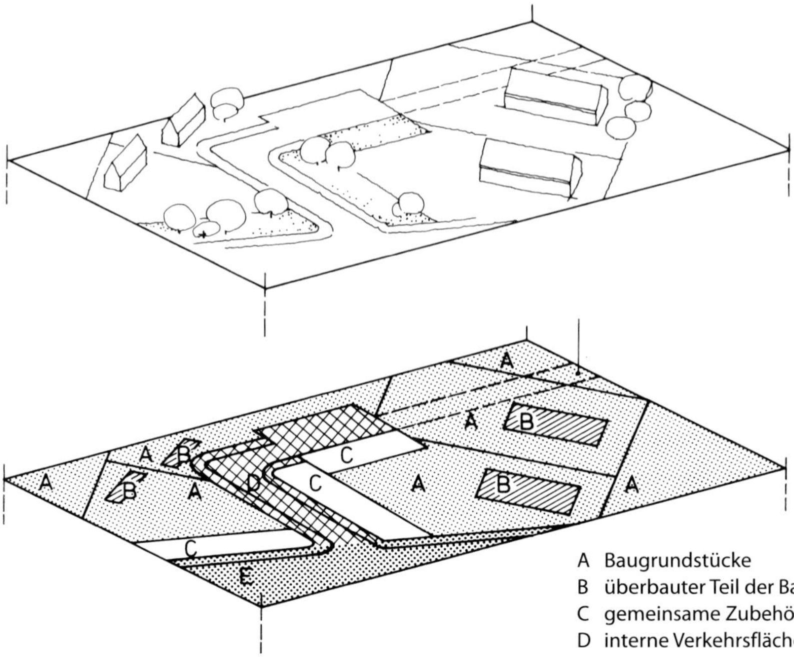

Abb. A.13: Baugrundstück als Teil einer erschlossenen Fläche

Selbst wenn die nichtöffentliche Erschließung – also Verkehrsflächen und technische Anlagen auf dem eigenen Grundstück, die ohne öffentlich-rechtliche Verpflichtung hergestellt werden – den Ausnahmefall darstellen wird, ist es im Einzelfall zweckmäßig, die hier auftretenden Kosten getrennt von der öffentlichen Erschließung auszuweisen.

Eine gewisse Neuausrichtung hat KG 240 „Ausgleichsmaßnahmen und -abgaben" erhalten, die nunmehr inhaltlich konkreter formuliert wurde. Bei den Ausgleichsmaßnahmen wird auf den Arten- und Naturschutz abgehoben und auf diejenigen Fälle, bei denen sich Verpflichtungen ergeben wie etwa bei Ersatzpflanzungen oder auch bei Ausgleichsabgaben, wenn Verpflichtungen durch Geldzahlungen abgegolten werden müssen (z. B. Abgeltung von Stellplatzplätzen oder für Baumfällungen).

Abb. A.13 zeigt das Grundstück aus Abb. A.12 beispielhaft als Teil einer erschlossenen Fläche nach Abschluss der Baumaßnahmen einschließlich Fertigstellung des Gebäudes.

210 Herrichten

Zur KG 210 „Herrichten“ gehören die Kosten für das Herrichten des Grundstücks oder einer Teilfläche (Baufläche), um die Bebaubarkeit für eine bauliche Anlage herzustellen.

Mit der freien Verfügungsgewalt über ein Baugrundstück kann dieses Gelände für die Errichtung baulicher Anlagen hergerichtet werden. Die Kosten betreffen alle Maßnahmen, die erforderlich sind, um ein Grundstück bebaubar zu machen; sie sind abhängig von vorheriger Nutzung und Beschaffenheit des Baugrundstücks. Wegen dieser Abhängigkeit von unterschiedlichen Ausgangsbedingungen ist die KG 210 in die Untergruppen 211 bis 216 und 219 unterteilt (vgl. Tabelle A.8).

In KG 211 „Sicherungsmaßnahmen“ werden die Kosten für den Schutz von vorhandenen Bauwerken, Bauwerksteilen oder Versorgungsleitungen erfasst. Darüber hinaus fallen in diese Kostengruppe auch die Kosten für das Sichern von Bewuchs und Vegetationsschichten.

In KG 212 „Abbruchmaßnahmen“ sind die Kosten für das Abbrechen und Beseitigen vorhandener Bauwerke, Bauwerksteile, Ver- und Entsorgungsleitungen sowie Verkehrsanlagen zu erfassen.

Die Kosten für das Beseitigen und für das Sanieren belasteter und kontaminierter Böden werden in KG 213 „Altlastenbeseitigung“ erfasst.

Die KG 214 „Herrichten der Geländeoberfläche“ umfasst alle Kosten für das notwendige Roden von Bewuchs, das Planieren der Geländeoberfläche und Bodenbewegungen einschließlich der Oberbodensicherung, sofern diese nicht bereits in der Kostengruppe 500 „Außenanlagen“ erfasst wurden.

Die KG 215 „Kampfmittelräumung“ umfasst alle Kosten für das Beseitigen von Kampfmitteln und anderen gefährlichen Stoffen.

In KG 216 „Kulturhistorische Funde“ werden alle diejenigen Kosten erfasst, die sich ergeben, wenn im Zusammenhang mit einer Baumaßnahme historische Funde zu sichern, umzubetten und oder zu kartografieren sind.

Weitergehende Maßnahmen für das Herrichten des Baugrundstücks, die nicht den bereits genannten Kostengruppen zuzuordnen sind, können in KG 219 „Sonstiges zur KG 210“ erfasst werden.

Für Kostenvoranschläge sollten zudem die Allgemeinen Technischen Vertragsbedingungen für Bauleistungen (ATV) der VOB/C herangezogen werden wie z. B. DIN 18300 „Erdarbeiten“, DIN 18306 „Entwässerungskanalarbeiten“, DIN 18307 „Druckrohrleitungsarbeiten außerhalb von Gebäuden“ usw. oder das STLB-Bau (vgl. Teil A, Kapitel 5.3).

220 Öffentliche Erschließung

Zur KG 220 „Öffentliche Erschließung“ gehören die anteiligen Kosten aufgrund gesetzlicher Vorschriften (Erschließungsbeiträge/Anliegerbeiträge) und die aufgrund öffentlich-rechtlicher Verträge entstehenden Kosten für:

- die Beschaffung oder den Erwerb der Flächen für die Erschließungsanlagen (gegen Entgelt durch den Träger der öffentlichen Erschließung),
- die Herstellung oder Änderung gemeinschaftlich genutzter technischer Anlagen, z. B. zur Ableitung von Abwasser sowie zur Versorgung mit Wasser, Wärme, Gas, Strom und Telekommunikation,
- die erstmalige Herstellung oder den Ausbau der öffentlichen Verkehrsflächen, der Grünflächen und sonstiger Freiflächen für öffentliche Nutzung.

Unterschiedliche Bauformen (Hochhaus, Reihenhaus, frei stehendes Einfamilienhaus) erfordern sehr unterschiedliche Aufwendungen, um ein Gelände an das Verkehrs- und Versorgungsnetz anzuschließen und baulich nutzen zu können. Hierbei wird nur ein Teil des Erschließungsaufwandes von den Bauherren getragen, der Rest wird von der Allgemeinheit aufgebracht. Der Erschließungsaufwand für den Bauherrn ist proportional umso größer, je geringer die Wohndichte ist (Versorgungsanlagen, Straßenbeleuchtung usw.).

Die Kostenermittlung ist sorgfältig für jeden Einzelfall und unabhängig von den sonstigen Kosten des Baugrundstücks vorzunehmen, und zwar getrennt nach den anteiligen Kosten der in Tabelle A.8 aufgeführten 9 Kostengruppen für Ver- und Entsorgung des Grundstücks sowie Verkehrserschließung und Abfallentsorgung (KG 221 bis 229).

Kostenzuschüsse und Anschlusskosten sollen in den Kostenermittlungen immer getrennt ausgewiesen werden.

Unter Erschließungsanlagen werden alle im öffentlichen Interesse betriebenen technischen Anlagen wie Kanalisation, Wasserversorgung, Elektrizitätsversorgung und Fernmeldeanlagen verstanden sowie öffentlich genutzte Verkehrsanlagen und Grünanlagen im Bereich des Baugebiets. Erschließungsanlagen werden auf dem hierfür erworbenen und freigemachten Grund und Boden hergestellt.

Der sechste Teil des ersten Kapitels des Baugesetzbuchs (§§ 123 bis 135 BauGB) befasst sich mit der Erschließung und dem Erschließungsbeitrag. Hiernach ist die öffentliche Erschließung Aufgabe der Gemeinde. Ihr obliegt es – auf der Grundlage des Landesrechts –, nach Ortssatzungen die Kosten für die öffentliche Erschließung zu erheben (Anliegerleistungen). Der Erschließungsbeitrag nach §§ 127 bis 135 BauGB richtet sich nur auf Straßen, Wege und Grünanlagen. Darüber hinaus werden noch Geldbeträge erhoben, die sich auf andere Anlagen beziehen (z. B. Versorgungsanlagen).

Die Kosten der öffentlichen Erschließung sind von den Kosten der Außenanlagen (Kostengruppe 500) zu unterscheiden. Die Aufteilung wird entsprechend den Eigentumsverhältnissen vorgenommen, die sich an der Grenze des Baugrundstücks orientieren. So enthalten die Kosten der Erschließung alle Aufwendungen für die außerhalb der Grundstücksgrenzen liegenden

Anschlussleitungen (vgl. Abb. A.18). Die Versorgungsleitungen von der Grundstücksgrenze zum Haus jedoch werden den Kosten für Außenanlagen (KG 550 „Technische Anlagen“), die im Bauwerk erstellten Anschlusseinrichtungen der Kostengruppe 400 „Bauwerk – Technische Anlagen“ zugeordnet.

230 Nichtöffentliche Erschließung

Zur KG 230 „Nichtöffentliche Erschließung“ gehören die Kosten für Verkehrsflächen und technische Anlagen, die ohne öffentlich-rechtliche Verpflichtung oder Beauftragung mit dem Ziel der späteren Übertragung in den Gebrauch der Allgemeinheit hergestellt und ergänzt werden.

Dazu zählen auch die Kosten, die in nicht erschlossenen Baugebieten (z. B. im Außenbereich, vgl. § 35 BauGB) aufgrund von Einzelregelungen entstehen.

Dagegen gehören Kosten für die Herstellung oder Ergänzung von Anlagen auf dem eigenen Grundstück, die der Erschließung dienen und im alleinigen Gebrauch des Eigentümers bleiben, zu den Außenanlagen und Freiflächen (vgl. Teil A, Kapitel 5.4.5, KG 540 und 550).

Die nichtöffentliche Erschließungsform wird gelegentlich von großen Firmen oder bei größeren Siedlungsprojekten gewählt. Hierzu überträgt die Kommune ihre Erschließungsaufgabe gemäß § 124 Abs. 1 BauGB einem Dritten.

Die vertraglich errichteten Erschließungsanlagen sind privat, können aber – wenn so vereinbart – später in Gemeindeeigentum übernommen werden.

Die KG 230 „Nichtöffentliche Erschließung“ kann, soweit dies im Einzelfall erforderlich ist, entsprechend der KG 220 „Öffentliche Erschließung“ untergliedert werden.

240 Ausgleichsmaßnahmen und -abgaben

Zur KG 240 „Ausgleichsmaßnahmen und -abgaben“ gehören Kosten, die dem Grundstückseigentümer bzw. dem Bauherrn aufgrund gesetzlicher und/oder landesrechtlicher Bestimmungen oder eines Ortsstatutes aus Anlass des geplanten Bauvorhabens einmalig und zusätzlich zu den Erschließungsbeiträgen (vgl. KG 220) entstehen. Häufig geht es dabei um Ausgleichsmaßnahmen und -abgaben im Zusammenhang mit ökologischen Aspekten wie dem Natur- und Artenschutz, die sich aus den gesetzlichen Verpflichtungen und/oder aus öffentlich-rechtlichen Vorschriften ergeben wie z. B. dem Bundesnaturschutzgesetz (BNatSchG) oder der Bundesartenschutzverordnung (BArtSchV).

Ausgleichsmaßnahmen und -abgaben sind einmalige Maßnahmen oder Abgaben; sie stehen oft in Zusammenhang mit der Erteilung einer Baugenehmigung und dienen der Kommune dazu, Kosten zu bestreiten, die mit der Baumaßnahme, dem Grundstück und dem Erschließungsbereich im weiteren Sinne in Zusammenhang stehen. Hierunter sind z. B. Geldbeträge zu verstehen, die für Ersatzmaßnahmen und/oder kommunale Einrichtungen wie Verwaltung, Feuerwehr, Schule, Sportplatz usw. verwendet werden.

Sofern die Wohndichte es erforderlich macht, werden Geldbeträge für den Bau von Kfz-Stellplätzen, die nicht auf dem eigenen Baugrundstück liegen, eingezogen.

250 Übergangsmaßnahmen

Die KG 250 „Übergangsmaßnahmen" wird in der DIN 276:2018-12 inhaltlich neu definiert und nunmehr in KG 251 „Bauliche Maßnahmen" und KG 252 „Organisatorische Maßnahmen" unterteilt. Hierzu gehören die Kosten für sämtliche provisorischen Maßnahmen sowie für Auslagerungen, die während der Bauphase anfallen und notwendig sind, um den normalen Arbeitsbetrieb auf der Baustelle zu gewährleisten.

Zu den Kosten für bauliche Maßnahmen (KG 251) zählen dabei die Kosten für das Erstellen, Anpassen oder Umlegen von Bauwerken, Außenanlagen und Freiflächen als provisorische Maßnahmen, wenn diese während der Durchführung der Baumaßnahme in ihrem ursprünglichem Zustand nicht genutzt werden können und/oder die Baumaßnahme in ihrer Durchführung behindern, sowie die Kosten für das anschließende Wiederentfernen dieser Maßnahmen/Provisorien.

Dazu zählen auch jene Maßnahmen, die nicht auf dem eigenen Grundstück als Provisorien eingerichtet werden.

Entstehen hierfür zusätzliche Kosten für das Auslagern von Nutzungen während der Bauzeit in Form von Umzugs- und Mietkosten, so sind diese Bestandteil der KG 252 „Organisatorische Maßnahmen". Zu berücksichtigen sind alle Kosten, die das Herstellen, Unterhalten und Wiederentfernen von provisorischen Maßnahmen betreffen, sowie diesbezügliche Nutzungsentgelte. Zu diesen Kosten für organisatorische Maßnahmen (KG 252) gehören nicht nur die baubedingt anfallenden Umzugs- sowie Mietkosten, sondern auch die Kosten für die vorübergehende externe Unterbringung von Personen und Sachen während der Baumaßnahme.

Die Abgrenzung zur KG 390 „Sonstige Maßnahmen für Baukonstruktionen" besteht darin, dass die Kosten der KG 250 „Übergangsmaßnamen" nicht einzelnen Kosten der Kostengruppe 300 „Bauwerk – Baukonstruktionen" zugerechnet werden können, weil sie nicht im Zusammenhang mit der Baukonstruktion stehen.

5.4.3 300 Bauwerk – Baukonstruktionen

Die Kostengruppe 300 „Bauwerk – Baukonstruktionen" wird in der DIN 276:2018-12 neu strukturiert, um sowohl dem Hochbau als auch dem Ingenieurbau die Grundlage einer Kostenzuordnung zu gewährleisten. Die bisherige Orientierung auf den Hochbau wird erweitert und die schon in der DIN 276-4:2009-08 „Kosten im Bauwesen – Teil 4: Ingenieurbau" enthaltene Gliederung wird integriert. Dies schafft die Basis für ein systematisches Vorgehen bei der Kostenermittlung nach der Bauelementemethode sowohl für den Hochbau als auch für den Ingenieurbau. Es ergeben sich damit allerdings einige Umstellungen und einige Neugliederungen bei den Untergruppen, die zu beachten sind.

Erfasst werden hier alle Kosten, die mit ausschließlich baukonstruktiven Maßnahmen in Zusammenhang stehen und somit klar von Kosten für installations- und betriebstechnische Ausstattungen abgegrenzt sind, die in der Kostengruppe 400 „Bauwerk – Technische Anlagen“ beschrieben werden.

Die Kostengruppe 300 „Bauwerk – Baukonstruktionen“ ist nunmehr in 9 Untergruppen aufgeteilt, die sich sowohl in horizontale und vertikale Bauteile als auch in tragende und nichttragende Konstruktionsteile sowie nach deren Lage außen bzw. innen am Gebäude ordnen (vgl. Tabelle A.9).

Die Kostengruppe 300 fasst alle Kosten von Bauleistungen und Lieferungen zur Herstellung des Bauwerks zusammen; ausgenommen hiervon sind die Kosten der technischen Anlagen (KG 400 „Bauwerk – Technische Anlagen“). Die mit dem Bauwerk fest verbundenen Einbauten mit bauwerksspezifischer Zweckbestimmung gehören ebenso zur Kostengruppe 300 wie übergreifende Maßnahmen, die in Zusammenhang mit dem Herstellen der Baukonstruktionen erforderlich werden.

Gleichfalls erfasst diese Kostengruppe auch alle Kosten, die durch Umbauten und Modernisierungen entstehen. Entsprechende Kosten für Teilabbruch-, Instandsetzungs-, Sicherungs- und Demontagearbeiten sind bei den betreffenden Kostengruppen separat auszuweisen.

Für Bauwerke, die auf bebautem oder teilbebautem Bauland errichtet werden, entstehen zusätzliche Kosten. Sofern für das Bauwerk alte Bauwerksteile vollständig abgebrochen werden müssen, ist dies in der Kostengruppe 200 „Vorbereitende Maßnahmen“ zu berücksichtigen. In der Kostengruppe 300 jedoch werden die Kosten für Umbauten und Wiederherstellung von Bauwerken sowie von Teilabbrüchen miterfasst. Wiederzuverwendende oder verkaufte Bau(werks)teile sowie Eigenleistungen bei der Bauwerkserstellung sind hier in den entsprechenden Untergruppen separat aufzuführen. Eingebrachte Güter und Leistungen sind dabei in gleicher Höhe zu veranschlagen wie sonst durch Vergabe an einen Auftragnehmer entstehende Kosten.

Die Kosten sind getrennt und eindeutig den einzelnen Kostengruppen zuzuordnen. Ist eine entsprechende Aufteilung in einzelne Kostengruppen nicht möglich oder bestehen mehrere Zuordnungsmöglichkeiten, sind die Kosten nach ihrer überwiegenden Verursachung zuzuordnen.

Die 9 Untergruppen der Kostengruppe 300 „Bauwerk – Baukonstruktionen“ werden weiter unterteilt in einzelne Bauelemente.

310 Baugrube/Erdbau

In KG 310 „Baugrube/Erdbau“ werden alle Kosten zusammengefasst, die mit Erdbaumaßnahmen im weitesten Sinne im Zusammenhang stehen, also Kosten für Boden-/Oberbodenarbeiten, Baugruben, Dämme, Einschnitte, Wälle, Hangsicherungen usw.

In der KG 311„Herstellung“ werden die Kosten erfasst, die zur Vorbereitung der konstruktiven Gründungsarbeiten erforderlich werden, wie die Kosten für Bodenabtrag, Bodensicherung und Bodenauftrag, Aushub von Baugruben einschließlich Arbeitsräumen und Böschungen, Zwischenlagern von Boden, Liefern und Verfüllen/Hinterfüllen sowie für Ab- und Anfuhr von Boden.

In technisch anspruchsvolleren Fällen treten hier die Kosten einer Baugrubenumschließung (KG 312) hinzu mit Verbau wie Schlitz-, Pfahl-, Spund-, Trägerbohl-, Injektions- oder Spritzbetonwänden einschließlich deren Verankerung und Absteifung.

Eventuell erforderliche Beseitigung von Grund- und Schichtenwasser während der Bauzeit wird in KG 313 „Wasserhaltung“ kostenmäßig erfasst und der Erdausbruch unter Tage einschließlich Stützung und Sicherung in KG 314 „Vortrieb“.

Situationsspezifische besondere Kosten werden in der KG 319 „Sonstiges zur KG 310“ erfasst.

320 Gründung, Unterbau

In KG 320 „Gründung, Unterbau“ werden die Kosten für Gründungs- und Unterbaumaßnahmen für das Bauwerk einschließlich der zugehörigen Erdarbeiten und Sauberkeitsschichten (sofern nicht bereits in KG 310 erfasst) beschrieben.

Die Kosten für Bodenaustausch, Verdichtung und Einpressung sind KG 321 „Baugrundverbesserung“ zuzuordnen. Es wird unterschieden nach den Kosten für Flachgründungen und Bodenplatten (KG 322) wie Einzel-, Streifenfundamente und Fundamentplatten sowie den Kosten für Tiefgründungen (KG 323) wie Pfahlgründungen einschließlich der Roste, Brunnengründungen und speziellen Verankerungen.

Gesondert auszuweisen sind die Kosten für Gründungsbeläge (KG 324), also für diejenigen Beläge, die auf Sohl-, Boden- und Fundamentplatten aufgebracht werden wie z. B. Estriche, Dichtungs-, Dämm-, Schutz- und Nutzschichten.

Konstruktionsschichten unterhalb der Sohl-, Boden- und Fundamentplatten wie Abdichtungen und Bekleidungen der Gründung einschließlich der Dämmungen sowie Filter-, Trenn-, Sauberkeits- und Schutzschichten werden in KG 325 „Abdichtungen und Bekleidungen“ kostenmäßig erfasst.

In KG 326 „Dränagen“ werden die Kosten für Dränagen mit den erforderlichen Packungen, Leitungen und Schächten zusammengefasst.

Situationsspezifische besondere Kosten für die Gründung werden unter KG 329 „Sonstiges zur KG 320" erfasst.

330 Außenwände/Vertikale Baukonstruktionen, außen

Die KG 330 „Außenwände/Vertikale Baukonstruktion, außen" erfasst die Kosten für alle raumumschließenden Konstruktionsteile wie Wände und Stützen, die an Außenluft, Erdreich oder andere Bauwerke grenzen.

Bei den Kosten für tragende Außenwände (KG 331) sind erforderliche horizontale Abdichtungen mit zu veranschlagen. Den Kosten für nichttragende Außenwände (KG 332) hinzuzurechnen sind die Kosten für Brüstungen und Ausfachungen. In der KG 333 „Außenstützen" werden die Kosten für Stützen und Pfeiler veranschlagt, die ein Querschnittsverhältnis von 1 : 4 nicht überschreiten.

Die KG 334 „Außenwandöffnungen" erfasst alle mit dem Abschließen von Öffnungen in Außenwänden in Zusammenhang stehenden Elemente wie Türen und Tore, Fenster und Schaufenster sowie Glasfassaden einschließlich Fensterbänken, Umrahmungen, Beschlägen, Antrieben, Lüftungselementen und sonstiger eingebauter Elemente.

Zur KG 335 „Außenwandbekleidungen, außen" zählen sämtliche äußeren Bekleidungen an Außenwänden und -stützen einschließlich Putz-, Dichtungs-, Dämm- und Schutzschichten. In KG 336 „Außenwandbekleidungen, innen" werden alle raumseitigen Bekleidungen an Außenwänden und -stützen einschließlich Putz-, Dichtungs-, Dämm- und Schutzschichten zusammengefasst.

Zur KG 337 „Elementierte Außenwandkonstruktionen" zählen Kosten für vorgefertigte elementierte Wände und vertikale Baukonstruktionen, die neben ihrer Kernkonstruktion auch Türen und Fenster oder äußere und innere Bekleidungen enthalten können.

Für Konstruktionen für Sonnen-, Sicht- und Blendschutz sowie Verdunkelung wie z. B. Rollläden, Markisen und Jalousien einschließlich deren Antrieben wie Rohrmotoren und Gurtwicklern ist KG 338 „Lichtschutz zur KG 330" vorgesehen.

In KG 339 „Sonstiges zur KG 330" sind u. a. Gitter, Stoßabweiser, Geländer, Handläufe und Berührungsschutz kostenmäßig einzuordnen.

340 Innenwände/Vertikale Baukonstruktionen, innen

Die KG 340 „Innenwände/Vertikale Baukonstruktionen, innen" fasst sämtliche Maßnahmen für tragende und nichttragende vertikale Baukonstruktionen zusammen und ist ähnlich strukturiert wie KG 330.

Zur KG 341 „Tragende Innenwände" zählen tragende Innenwände und flächige Konstruktionen, die sich innerhalb des Bauwerks befinden, einschließlich der notwendigen horizontalen Abdichtungen sowie Schlitzen und Durchführungen.

Zu den nichttragenden Innenwänden (KG 342) zählen nichttragende Innenwände und flächige Konstruktionen, die für die Standfestigkeit des Bauwerkes nicht erforderlich sind, einschließlich horizontaler Abdichtungen sowie Schlitzen, Durchführungen und füllender Teile (z. B. Dämmungen). Unter Innenstützen (KG 343) werden alle Stützen, Säulen, Pylone und Pfeiler innerhalb des Bauwerks zusammengefasst, die ein Querschnittsverhältnis von 1 : 4 nicht überschreiten.

Die KG 344 „Innenwandöffnungen" meint alle öffnungsschließenden Elemente wie Türen, Tore, Fenster und Schaufenster einschließlich Umrahmungen, Beschlägen, Antrieben und sonstiger eingebauter Elemente.

Unter den Kosten für Innenwandbekleidungen (KG 345) werden sämtliche Bekleidungen an Innenwänden und -stützen einschließlich Putz-, Dichtungs-, Dämm- und Schutzschichten erfasst. Dazu zählen auch fest mit den Innenwänden verbundene Begrünungssysteme einschließlich Fertigstellungs- und Entwicklungspflege.

Die KG 346 „Elementierte Innenwandkonstruktionen" erfasst komplette vorgefertigte Innenwandsysteme und vertikale Baukonstruktionen mit Türen und Fenstern oder Innenwandbekleidungen wie z. B. Falt- und Schiebewände, Sanitärtrennwände oder Verschläge.

Zusätzlich werden in KG 347 „Lichtschutz zur KG 340" die Konstruktionen für Sonnen- Sicht- und Blendschutz sowie Verdunkelung (analog zur KG 338) erfasst.

In KG 349 „Sonstiges zur KG 340" sind u. a. Geländer, Handläufe, Gitter, Stoßabweiser und auch Rollläden an Innenwänden einschließlich deren Antrieben einzuordnen.

350 Decken/Horizontale Baukonstruktionen

In dieser Kostengruppe werden alle tragenden und nichttragenden Baukonstruktionen für Decken, Treppen, Rampen und andere horizontale Baukonstruktionen, die sich auf eine horizontale Ausdehnung beziehen, zusammengefasst, die weder zu Gründung/Unterbau (KG 320) noch zu den Dächern (KG 360) zählen.

Die KG 351 „Deckenkonstruktionen" umfasst die tragenden Konstruktionen von Decken, Treppen, Rampen, Balkonen, Loggien sowie andere horizontale Baukonstruktionen einschließlich Über- und Unterzügen, Abstützungen und füllender Teile wie Hohlkörpern, Blindböden, Schüttungen – aber ohne Beläge und Bekleidungen.

Alle Deckenöffnungen sind neu in der KG 352 zusammengefasst. Dazu zählen horizontale Verglasungen, Luken einschließlich Umrahmungen, Beschlägen und sonstiger Einbauteile.

Beläge auf den Deckenkonstruktionen wie Estriche, Dichtungs-, Dämm-, Nutz- und Schutzschichten sowie Schwing- und Installationsdoppelböden werden gesondert in KG 353 „Deckenbeläge" zusammengefasst.

Bekleidungen unter Deckenkonstruktionen einschließlich Putz, Dichtungs-, Dämm-, Schutzschichten sowie Licht- und Kombinationsdecken werden in KG 354 „Deckenbekleidungen" erfasst.

Vorgefertigte Decken, Treppen, Rampen und andere horizontale Baukonstruktionen, die neben ihrer Kernkonstruktion auch Öffnungen, Beläge oder Bekleidungen enthalten können, werden in KG 355 „Elementierte Deckenkonstruktionen gelistet.

Spezielle Elemente wie Abdeckungen, Schachtdeckel, Roste, Geländer, Stoßabweiser, Handläufe, Leitern und Einschubtreppen werden schließlich unter KG 359 „Sonstiges zur KG 350“ kostenmäßig erfasst.

360 Dächer

Die KG 360 „Dächer“ umfasst tragende und nichttragende Baukonstruktionen für alle mit dem Bau von flachen oder geneigten Dächern zusammenhängenden Elemente.

In KG 361 „Dachkonstruktionen“ werden tragende Konstruktionen von Dächern, Dachstühlen, Raumtragwerken und Kuppeln einschließlich Über- und Unterzügen, Abstützungen und füllender Teile wie z. B. Dämmungen, Hohlkörper, Blindböden und Schüttungen, aber ohne Beläge und Bekleidungen, zusammengefasst.

Dachfenster und Ausstiege einschließlich zugehöriger Umrahmungen, Beschläge, Antriebe, Lüftungselemente und sonstiger in Dachflächen eingebauter Elemente sowie natürliche Rauch- und Wärmeabzugsanlagen werden in KG 362 „Dachöffnungen“ erfasst.

Die KG 363 „Dachbeläge“ von ungenutzten und genutzten Dachflächen erfasst die vor Witterung schützenden Beläge auf der Dachkonstruktion einschließlich Schalungen, Lattungen, Gefälle-, Dichtungs-, Dämm-, Schutz- und Nutzschichten. Einbezogen werden hier auch die Aufwendungen für die Entwässerung der Dachfläche bis zum Anschluss an die Abwasseranlagen einschließlich der in Klempnerarbeit hergestellten Rinnen und Fallrohre. Dazu gehören auch extensive und intensive Dachbegrünungen einschließlich aller Teile wie z. B. Substraten, Pflanzen, Dünge- und Bewässerungsvorrichtungen.

In KG 364 „Dachbekleidungen“ werden Bekleidungen unter Dachkonstruktionen einschließlich Putz, Dichtungs-, Dämm- und Schutzschichten sowie Licht- und Kombinationsdecken unter Dächern erfasst.

Vorgefertigte Dächer mit ihren Öffnungen, Belägen oder Bekleidungen sind KG 365 „Elementierte Dachkonstruktionen“ zugeordnet, die Konstruktionen für Sonnen-, Sicht- und Blendschutz sowie die der Verdunkelung einschließlich deren Antrieben fallen in KG 366 „Lichtschutz zur KG 360“.

Spezielle Elemente wie Geländer, Laufbohlen, Schutzgitter, Schneefänge, Dachleitern oder Sonnenschutz auf Dächern werden hinsichtlich der Kosten unter KG 369 „Sonstiges zur KG 360“ erfasst.

370 Infrastrukturanlagen

Um den spezifischen Bedürfnissen des Ingenieurbaus zu entsprechen, werden in KG 370 „Infrastrukturanlagen“ eigenständige Bauwerke von Infrastrukturanlagen für Verkehr sowie Ver- und Entsorgung aufgeführt, soweit die Kosten nicht in den KG 330 bis 360 erfasst sind. Zu beachten ist, dass ggf. zu diesen Bauwerken gehörende Erdbaumaßnahmen der KG 310 und Gründungs- und Unterbaumaßnahmen der KG 320 zuzuordnen sind. Verfahrenstechnische Anlagen, die in Zusammenhang mit diesen Infrastrukturmaßnahmen stehen, gehören zu KG 477 und KG 478.

Die einzelnen Kostengruppen führen folgende Infrastrukturmaßnahmen auf:

- KG 371 „Anlagen für den Straßenverkehr“: Kosten etwa für den Oberbau von Flächen für den Fuß- und Radverkehr, für den Leicht- und Schwerverkehr und für den ruhenden Verkehr (Wege, Straßen und Plätze),
- KG 372 „Anlagen für den Schienenverkehr“: Kosten für den Oberbau von Gleisanlagen sowie von Bahnsteiganlagen,[9]
- KG 373 „Anlagen für den Flugverkehr“: Kosten für den Oberbau- und die Deckschichten von Flugverkehrsflächen,
- KG 374 „Anlagen des Wasserbaus“: Kosten von Anlagen des Verkehrswasserbaus wie z. B. Kanäle, Schleusen, Hafen-, Dock- und Werftanlagen sowie des Gewässerausbaus mit Uferbefestigungen, Dämmen, Deichen, Durchlässen und Wehren.
- KG 375 „Anlagen der Abwasserentsorgung“: Kosten für Baukonstruktionen von Anlagen der Regenrückhaltung, der Abwasser- und Schlammbehandlung sowie von Abwasserleitungsnetzen,
- KG 376 „Anlagen der Wasserversorgung“: Kosten für die Baukonstruktionen von Anlagen der Wassergewinnung, Wasserspeicherung, Wasseraufbereitung und Wasserverteilung,
- KG 377 „Anlagen der Energie- und Informationsversorgung“: Kosten für Baukonstruktionen von Versorgungsanlagen für elektrische und thermische Energieträger sowie für Information, Rohrleitungs- und Kabelleitungsanlagen einschließlich Masten und Rohrbrücken,
- KG 378 „Anlagen der Abfallentsorgung“: Kosten für Baukonstruktionen von Anlagen zur Sammlung, Lagerung, Deponierung und Aufbereitung von Abfällen und Wertstoffen,
- KG 379 „Sonstiges zur KG 370“: Kosten von Ver- und Entsorgungsanlagen für Gase, Flüssigkeiten und Feststoffe sowie Transportanlagen wie z. B. Förderbandanlagen.

380 Baukonstruktive Einbauten

Die KG 380 „Baukonstruktive Einbauten“ erfasst die Kosten der mit dem Bauwerk fest verbundenen Einbauten, jedoch ohne die nutzungsspezifischen Anlagen (vgl. dazu KG 470). Der wesentliche Unterschied zur Kostengruppe 600 „Ausstattung und Kunstwerke“ besteht darin, dass aufgrund der Beschaffenheit oder Befestigung baukonstruktiver Einbauten technische und bauplanerische Maßnahmen erforderlich sind, wie z. B. Ausführungszeichnungen, statische Nachweise oder andere Berechnungen, Installationsanschlüsse usw.

---

9 Zu beachten ist hierbei, dass die Deutsche Bahn AG über eigene Kostengruppenkataloge analog der DIN 276 verfügt, die in den Fällen einer Beauftragung durch die Deutsche Bahn AG zum Tragen kommen.

Unter Berücksichtigung dieser Unterscheidungsmerkmale werden in KG 381 „Allgemeine Einbauten" solche Einbauten zusammengefasst, die einer allgemeinen Zweckbestimmung dienen, wie z. B. Einbaumöbel (auch eingebaute Sitz- und Liegemöbel), Gestühl, Podien, Tische, Theken, Schränke, Garderoben, Regale und Einbauküchen.

Einbauten, die einer besonderen Zweckbestimmung eines Objekts dienen, werden unter KG 382 „Besondere Einbauten" zusammengefasst. Hierzu zählen z. B. Werkbänke in Werkhallen, Labortische in Laboren, Bühnenvorhänge in Theatern, Altäre in Kirchen, fest eingebaute Sportgeräte in Sporthallen und Operationstische in Krankenhäusern.

Landschaftsgestalterische Einbauten der KG 383 ergeben sich für Einbauten beispielsweise in Biosphärenhallen, zoologischen Anlagen, Einkaufszentren einschließlich deren Einfassungen, Aufkantungen, Substraten, Pflanzen sowie für die Einrichtungen zum Düngen und zur Be- und Entwässerung.

Die KG 384 „Mechanische Einbauten" weist Kosten bei Ingenieurbauten aus, die einer besonderen Zweckbestimmung des Bauwerks in der Wasserversorgung, in der Abwasserentsorgung, in der Abfallentsorgung (Schredder, Müllpressen) und im Wasserbau (Stahlbaukonstruktionen bei Schleusen und Wehren) dienen. Zu diesen Einbauten gehören auch die Antriebe der Einbauten, nicht jedoch die Anschlusstechnik und die Verfahrenstechnik (vgl. hierzu Teil A, Kapitel 5.4.4).

KG 385 „Einbauten in Konstruktionen des Ingenieurbaus" fasst die Kosten für Abdichtungen und Dränagen in Stauanlagen, Dämmen und Deponien zusammen, soweit sie nicht in den KG 310 bis 360 erfasst sind.

Die KG 386 „Orientierungs- und Informationssysteme" umfasst die Kosten für Einbausysteme, die der Orientierung und Information dienen, z. B. für Flucht, Rettung, Orientierung und Werbung.

In KG 387 „Schutzeinbauten" werden die Kosten für Rauchschutzvorhänge aufgeführt und in KG 389 „Sonstiges zur KG 380" wird der Kostenanteil für Sanitärzellen erfasst.

390 Sonstige Maßnahmen für Baukonstruktionen

Hier werden die Kosten aller Baukonstruktionen und übergreifender Maßnahmen erfasst, die im Zusammenhang mit der Errichtung der eigentlichen Baukonstruktion stehen und keiner anderen Untergruppe der Kostengruppe 300 zugeordnet werden können oder die nicht unter den KG 490 oder 590 erfasst sind.

In KG 391 „Baustelleneinrichtung" werden alle Kosten für das Einrichten, Vorhalten, Betreiben und Räumen der übergeordneten Baustelleneinrichtung erfasst. Dazu zählen auch Räume (z. B. Material- und Geräteschuppen, Lager-, Wasch-, Toiletten- und Aufenthaltsräume), Bauwagen, Misch- und Transportanlagen, Energie- und Bauwasseranschlüsse, Baustraßen, Lager- und Arbeitsplätze, Verkehrssicherungen, Abdeckungen, Bauschilder, Bau- und Schutzzäune, Baubeleuchtung und im Zusammenhang mit der Baustelleneinrichtung stehende Schuttbeseitigung.

In der KG 392 „Gerüste“ werden alle Kosten für das Auf-, Um- und Abbauen sowie für das Vorhalten von Gerüsten erfasst.

Sicherungsmaßnahmen an bestehenden Bauwerken wie z. B. Unterfangungen und Abstützungen werden in einer eigenen Kostengruppe (KG 393 „Sicherungsmaßnahmen“) zusammengefasst.

Zur KG 394 „Abbruchmaßnahmen“ zählen alle Abbruch- und Demontagearbeiten einschließlich der Zwischenlagerung von wiederverwendbaren Teilen sowie der Abfuhr des Abbruchmaterials, soweit dies nicht schon in anderen Kostengruppen erfasst ist.

In der KG 395 „Instandsetzungen“ werden alle Maßnahmen zur Wiederherstellung des zum bestimmungsmäßigen Gebrauch geeigneten Zustands erfasst, soweit dies nicht in anderen Kostengruppen möglich ist.

Die Kosten für die Entsorgung von Materialien und Stoffen zum Zweck des Recyclings oder der Deponierung, die bei dem Abbruch, bei der Demontage und bei dem Ausbau von Bauteilen oder bei der Erstellung einer Bauleistung anfallen, werden in KG 396 „Materialentsorgung“ zusammengefasst.

In KG 397 „Zusätzliche Maßnahmen“ werden alle anfallenden zusätzlichen Maßnahmen bei der Erstellung von Baukonstruktionen erfasst. Dazu zählen z. B. Maßnahmen, die dem Schutz von Personen und Sachen dienen, ferner die Baureinigung vor Inbetriebnahme, Maßnahmen aufgrund von Forderungen des Wasser-, Landschafts-, Lärm- und Erschütterungsschutzes während der Bauzeit, Schlechtwetter- und Winterbauschutz, Erwärmung des Bauwerks während der Bauzeit sowie die Schneeräumung.

Die KG 398 „Provisorische Baukonstruktionen“ umfasst die Kosten für die Erstellung und Beseitigung provisorischer Baukonstruktionen sowie temporäre Anpassungen des Bauwerks bis zur (möglichen) Inbetriebnahme des endgültigen (fertiggestellten) Bauwerks.

Unter KG 399 „Sonstiges zur KG 390“ werden Baukonstruktionen erfasst, die mehrere Kostengruppen betreffen, z. B. Schließanlagen, Schächte und Schornsteine, soweit diese nicht bereits anderen Kostengruppen zugeordnet wurden.

Abb. A.14 zeigt ein Anwendungsbeispiel für die Kostengliederung in der Kostengruppe 300 „Bauwerk – Baukonstruktionen“.

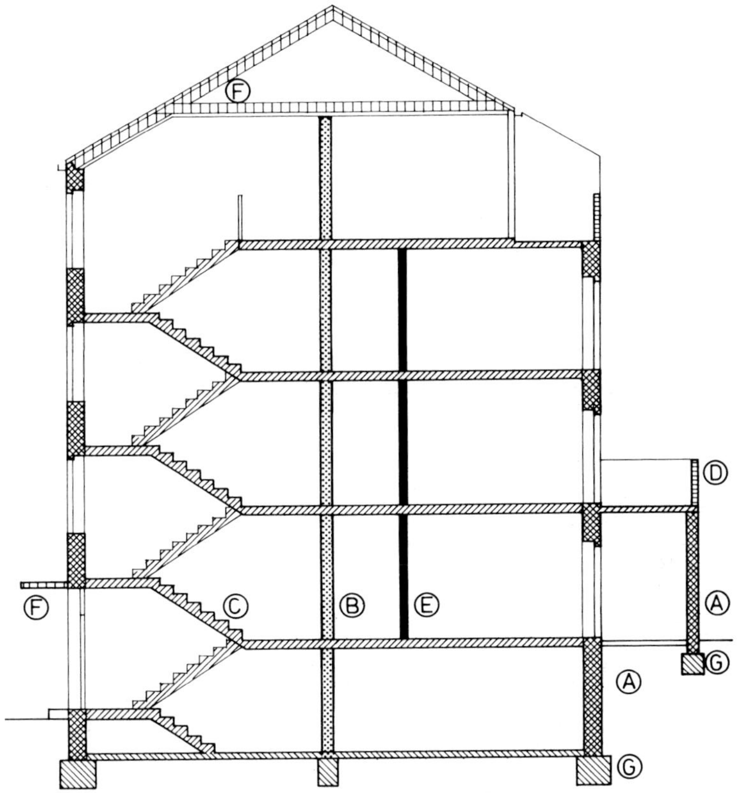

Ⓐ Tragende Außenwände, Außenstützen, Untergruppen 331, 333
Ⓑ Tragende Innenwände, Innenstützen, Untergruppen 341, 343
Ⓒ Decken, Treppen, Untergruppe 350
Ⓓ Nichttragende Außenwände, Untergruppe 332
Ⓔ Nichttragende Innenwände, Untergruppe 342
Ⓕ Flache oder geneigte Dächer, Untergruppe 360
Ⓖ Gründung, Untergruppe 320

Abb. A.14: Beispiel Kostengliederung nach Kostengruppe 300 „Bauwerk – Baukonstruktionen"

5.4.4 400 Bauwerk – Technische Anlagen

Die Gliederung der Kostengruppe 400 „Bauwerk – Technische Anlagen" in einzelne Anlagegruppen entspricht in ihrer Systematik dem Vorgehen bei der Bauelementemethode in der Kostengruppe 300. Damit wird auch in diesem Bereich die Grundlage für eine anlagen- und elementbezogene Kostenermittlung geschaffen; hierzu wurden 9 Untergruppen gebildet (vgl. Tabelle A.10).

Tabelle A.10: Kosten des Bauwerks – Technische Anlagen, Kostengruppe 400

410 **Abwasser-, Wasser-, Gasanlagen**	**420** **Wärmeversorgungsanlagen**	**430** **Raumlufttechnische Anlagen**	**440** **Elektrische Anlagen**	**450** **Kommunikations-, sicherheits- und informationstechnische Anlagen**
411 Abwasseranlagen	421 Wärmeerzeugungsanlagen	431 Lüftungsanlagen	441 Hoch- und Mittelspannungsanlagen	451 Telekommunikationsanlagen
412 Wasseranlagen	422 Wärmeverteilnetze	432 Teilklimaanlagen	442 Eigenstromversorgungsanlagen	452 Such- und Signalanlagen
413 Gasanlagen	423 Raumheizflächen	433 Klimaanlagen	443 Niederspannungsschaltanlagen	453 Zeitdienstanlagen
419 Sonstiges zur KG 410	424 Verkehrsheizflächen	434 Kälteanlagen	444 Niederspannungsinstallationsanlagen	454 Elektroakustische Anlagen
	429 Sonstiges zur KG 420	439 Sonstiges zur KG 430	445 Beleuchtungsanlagen	455 Audiovisuelle Medien- und Antennenanlagen
			446 Blitzschutz- und Erdungsanlagen	456 Gefahrenmelde- und Alarmanlagen
			447 Fahrleitungssysteme	457 Datenübertragungsnetze
			449 Sonstiges zur KG 440	458 Verkehrsbeeinflussungsanlagen
				459 Sonstiges zur KG 450

Die Kostengruppe 400 „Bauwerk – Technische Anlagen“ umfasst alle Kosten für Bauleistungen und Lieferungen zur Herstellung der technischen Anlagen des Bauwerks von Hochbauten, Ingenieurbauten und Infrastrukturanlagen.

Dazu gehören auch die übergreifenden Maßnahmen im Zusammenhang mit den technischen Anlagen. Die technischen Anlagen bzw. Anlagenteile werden entweder in das Bauwerk fest eingebaut, daran angeschlossenen oder damit fest verbunden. Hierin

460 **Förderanlagen**	**470** **Nutzungsspezifische und verfahrenstechnische Anlagen**	**480** **Gebäude- und Anlagenautomation**	**490** **Sonstige Maßnahmen für technische Anlagen**[1)]
461 Aufzugsanlagen	471 Küchentechnische Anlagen	481 Automationseinrichtungen	491 Baustelleneinrichtung
462 Fahrtreppen, Fahrsteige	472 Wäscherei-, Reinigungs- und badetechnische Anlagen	482 Schaltschränke, Automationsschwerpunkte	492 Gerüste
463 Befahranlagen	473 Medienversorgungsanlagen, Medizin- und labortechnische Anlagen	483 Automationsmanagement	493 Sicherungsmaßnahmen
464 Transportanlagen	474 Feuerlöschanlagen	484 Kabel, Leitungen und Verlegesysteme	494 Abruchmaßnahmen
465 Krananlagen	475 Prozesswärme-, kälte- und -luftanlagen	485 Datenübertragungsnetze	495 Instandsetzungen
466 Hydraulikanlagen	476 Weitere nutzungsspezifische Anlagen	489 Sonstiges zur KG 480	496 Materialentsorgung
469 Sonstiges zur KG 460	477 Verfahrenstechnische Anlagen, Wasser, Abwasser und Gase		497 Zusätzliche Maßnahmen
	478 Verfahrenstechnische Anlagen, Feststoffe, Wertstoffe und Abfälle		498 Provisorische technische Anlagen
	479 Sonstiges zur KG 470		499 Sonstiges zur KG 490

1) vgl. Kostengruppe 390

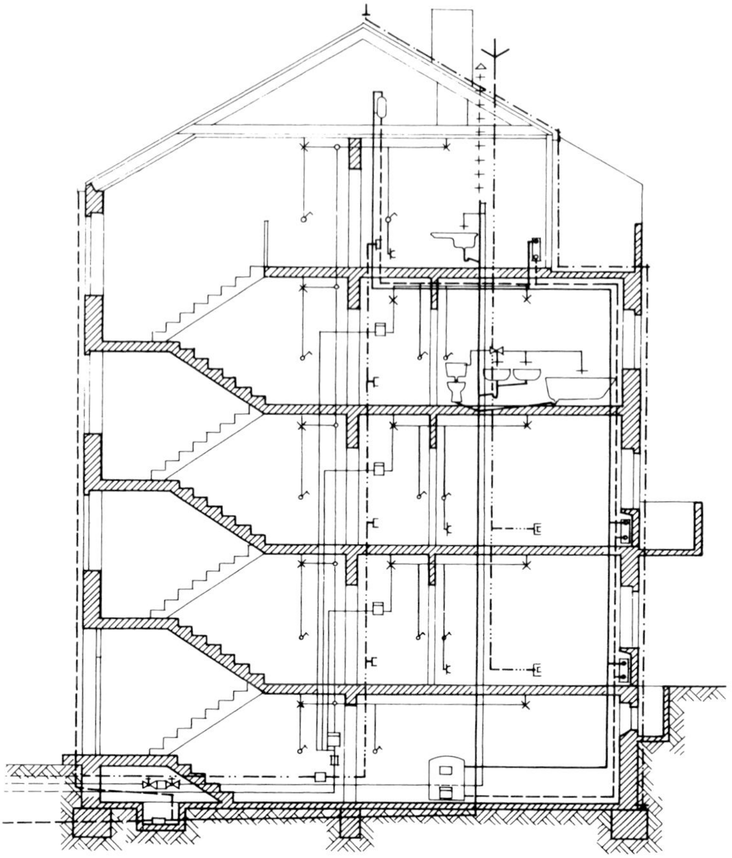

Abwasser
Wasser
Wärme
Blitzschutz- und Erdungsanlagen
Telekommunikationsanlagen
Elektrische Anlagen

Abb. A.15: Kostengruppe 400 „Bauwerk – Technische Anlagen" (Strangschema)

eingeschlossen sind die Aufwendungen für zugehörige Gestelle, Befestigungen, Armaturen, Wärme- und Kältedämmung, Schall- und Brandschutzvorkehrungen, Abdeckungen und Verkleidungen, Anstriche, Kennzeichnungen sowie die werkseitig integrierten Mess-, Steuer- und Regelanlagen. Ebenfalls zur Kostengruppe 400 gehören die Betriebskosten bis zur Abnahme. Die Kosten für das Erstellen und Schließen von Schlitzen und Durchführungen

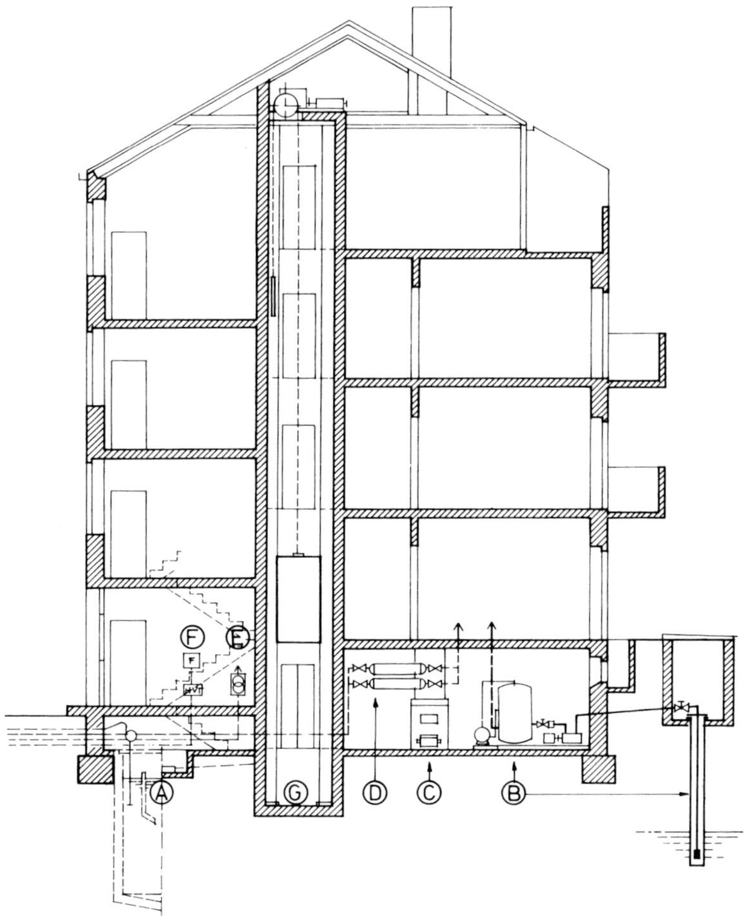

Ⓐ Abwasseranlagen (KG 411)
Ⓑ Wasseranlagen (KG 412)
Ⓒ Wärmeversorgungsanlagen (KG 420)
Ⓓ Gasanlagen (KG 413)
Ⓔ Elektrische Anlagen (KG 440)
Ⓕ Telekommunikationsanlagen (KG 451)
Ⓖ Förderanlagen (KG 460)

Abb. A.16: Kostengruppe 400 „Bauwerk – Technische Anlagen"

sowie von Rohr- und Kabelgräben werden in der Regel in der Kostengruppe 300 erfasst. Bei Umbauten und Modernisierungen zählen zu den technischen Anlagen auch die Kosten von Abbruch-, Instandsetzungs- Sicherungs- und Demontagearbeiten.

In Abb. A.15 (Strangschema) und in Abb. A.16 werden beispielhaft die technischen Anlagen der Kostengruppe 400 in einem Bauwerk dargestellt.

410 Abwasser-, Wasser-, Gasanlagen

Die in KG 410 zusammengefassten Abwasser-, Wasser- und Gasanlagen schließen die zugehörigen Gestelle, Befestigungen, Armaturen, Wärme- und Kältedämmung, Schall- und Brandschutzvorkehrungen, Abdeckungen, Verkleidungen, Anstriche, Kennzeichnungen sowie die anlagenspezifischen Mess-, Steuer- und Regelanlagen ein. Es handelt sich bei diesen genannten Anlagen im Wesentlichen um die sanitärtechnischen Anlagen in einem Bauwerk. Die für die Abwasser-, Wasser- und Gasanlagen benötigten Schlitze und Durchführungen werden entsprechend der DIN 276:2018-12 in der Regel in der Kostengruppe 300 „Bauwerk – Baukonstruktionen" erfasst.

In KG 411 „Abwasseranlagen" werden die Wasserentsorgungsbereiche wie Abläufe, Abwasserleitungen, Abwassersammelanlagen, Abwasserbehandlungsanlagen und Hebeanlagen zusammengefasst.

KG 412 „Wasseranlagen" umfasst alle relevanten Wasserversorgungsbereiche wie Wassergewinnungs-, Aufbereitungs- und Druckerhöhungsanlagen, Rohrleitungen, dezentrale Wassererhitzer und Sanitärobjekte.

Die Kosten für Gasanlagen für Wirtschaftswärme werden, soweit diese nicht zu KG 420 „Wärmeversorgungsanlagen" oder KG 470 „Nutzungsspezifische Anlagen" gehören, in KG 413 „Gasanlagen" erfasst. Zu den Gasanlagen für Wirtschaftswärme zählen Gaslagerungs- und -erzeugungsanlagen, Übergabestationen, Druckregelanlagen und Gasleitungen.

Sanitärzellen und Installationsblöcke können in KG 419 „Sonstiges zur KG 410" zusammengefasst werden.

420 Wärmeversorgungsanlagen

Diese Kostengruppe soll der technischen Weiterentwicklung zu zentraler Beheizung, Brennwertkesseln, Fernwärme oder Kraft-Wärme-Kopplung Rechnung tragen.

Die KG 421 „Wärmeerzeugungsanlagen" fasst Anlagenelemente zur Brennstoffversorgung, Wärmeübergabestationen, Anlageelemente zur Wärmeerzeugung auf der Grundlage von Brennstoffen oder unerschöpflichen Energiequellen (einschließlich notwendiger Schornsteinanschlüsse) und zentrale Wassererwärmungsanlagen zusammen.

Zur KG 422 „Wärmeverteilnetze" zählen neben Pumpen und Verteilern auch sämtliche Rohrleitungen zu Raumheizflächen, raumlufttechnischen Anlagen und sonstigen Wärmeverbrauchern.

Unter Raumheizflächen (KG 423) werden alle Heizkörper und Flächenheizsysteme zusammengefasst – unabhängig davon, ob es sich um Boden-, Wand- oder Deckenheizungen handelt.

Neu hinzugefügt wurden die Verkehrsheizflächen (KG 424), die für Fahrbahnbeheizungen, Weichenheizungen oder Flugfeldbeheizungen Verwendung finden.

Die Kosten für Schornsteine werden unter KG 429 „Sonstiges zur KG 420" erfasst, sofern sie noch nicht anderen Kostengruppen zugeordnet wurden.

430 Raumlufttechnische Anlagen

Die KG 430 „Raumlufttechnische Anlagen“ für Anlagen mit und ohne Lüftungsfunktion hat bei Bauwerken zu Wohnzwecken unter dem Gesichtspunkt der Energieeinsparung eine wachsende Bedeutung.

In KG 431 „Lüftungsanlagen“ werden die Kosten für Abluftanlagen, Zuluftanlagen, Zu- und Abluftanlagen ohne oder mit einer thermodynamischen Luftbehandlungsfunktion sowie für mechanische Entrauchungsanlagen zusammen veranschlagt.

Anlagen mit 2 oder 3 thermodynamischen Luftbehandlungsfunktionen werden in KG 432 „Teilklimaanlagen“ und Anlagen mit 4 thermodynamischen Luftbehandlungsfunktionen in KG 433 „Klimaanlagen“ gesondert erfasst.

In KG 434 „Kälteanlagen“ werden die Kosten der Kälteanlagen für lufttechnische Anlagen erfasst. Dazu zählen Kälteerzeugungs- und Rückkühlanlagen einschließlich Pumpen sowie Verteilern und Rohrleitungen.

Unter KG 439 „Sonstiges zur KG 430“ werden die Kosten für Lüftungsdecken, Kühldecken und Abluftfenster veranschlagt. Weiter können hier auch – soweit nicht in anderen Kostengruppen enthalten – Installationsdoppelböden erfasst werden, wenn sie für die lufttechnischen Anlagen verwendet werden.

440 Elektrische Anlagen

Diese Kostengruppe umfasst elektrische Anlagen für Starkstrom einschließlich der Brandschutzdurchführungen, also die verschiedenen stromleitenden Elemente in und an Bauwerken, soweit diese nicht in anderen Kostengruppen erfasst werden.

Zu KG 441 „Hoch- und Mittelspannungsanlagen“ zählen die Kosten für Schaltanlagen und Transformatoren.

Der KG 442 „Eigenstromversorgungsanlagen“ zuzurechnen sind die Stromerzeugungsaggregate einschließlich Kühlung, Abgasanlagen, Anlagen zur Brennstoffversorgung (sofern sie der Stromerzeugung dienen), zentrale Batterie- und unterbrechungsfreie Stromversorgungsanlagen sowie fotovoltaische Anlagen.

Elemente wie Niederspannungshauptverteiler, Blindstromkompensationsanlagen und Maximumüberwachungsanlagen werden in KG 443 „Niederspannungsschaltanlagen“ ausgewiesen. In KG 444 „Niederspannungsinstallationsanlagen“ sind Elemente wie Kabel, Leitungen, Unterverteiler, Verlegesysteme und Installationsgeräte zu erfassen.

Die beiden letztgenannten Kostengruppen (KG 443 und KG 444) sind zu trennen von KG 450 „Kommunikations-, sicherheits- und informationstechnische Anlagen“.

Ortsfeste Leuchten mit den erforderlichen Leuchtmitteln sowie Sicherheitsbeleuchtungen bilden die KG 445 „Beleuchtungsanlagen“.

Unter KG 446 „Blitzschutz- und Erdungsanlagen“ sind die Aufwendungen für Auffangeinrichtungen, Ableitungen, Erdungen und Potenzialausgleich zu ermitteln. Hierzu zählt auch die Nullerdung der normalen Hausstromversorgung.

Die stromführenden Leitungen für den Schienen- und Straßenverkehr werden von KG 447 „Fahrleitungssysteme" umfasst.

Frequenzumformer u. Ä. sind unter KG 449 „Sonstiges zur KG 440" gesondert zu ermitteln.

450 Kommunikations-, sicherheits- und informationstechnische Anlagen

Bei den Kostenermittlungen sind in KG 450 „Kommunikations-, sicherheits- und informationstechnische Anlagen" jeweils die zugehörigen Leitungen, Kabel und Verteiler den Anlagenelementen zuzurechnen.

Die Kosten von fest installierte Telekommunikationsanlagen, die nicht auf Basis des Leasings genutzt werden sollen, sind in KG 451 „Telekommunikationsanlagen" auszuweisen, soweit sie nicht in KG 630 „Informationstechnische Ausstattung" erfasst sind.

Die KG 452 „Such- und Signalanlagen" umfasst die Aufwendungen für Personenrufanlagen, Lichtruf- und Klingelanlagen sowie Türsprech- und Türöffneranlagen. Zeiterfassungs- und Uhrenanlagen sind kostenmäßig unter KG 453 „Zeitdienstanlagen" zu erfassen.

Gegen- und Wechselsprechanlagen (ausgenommen Türsprechanlagen), Beschallungsanlagen, Konferenz- und Dolmetscheranlagen werden in der KG 454 „Elektroakustische Anlagen" erfasst. Audiovisuelle Medien und Antennenanlagen einschließlich der Sende- und Empfangsantennen und der Umsetzer werden KG 455 „Audiovisuelle Medien und Antennenanlagen" kostenmäßig zugeordnet.

In KG 456 „Gefahrenmelde- und Alarmanlagen" sind die Kosten für Brand-, Überfall-, Einbruchmeldeanlagen, Wächterkontrollanlagen sowie für Zugangskontroll- und Raumbeobachtungsanlagen zu ermitteln.

KG 457 „Datenübertragungsnetze" fasst die Kosten für Netze zur Übertragung von Daten, Sprache, Text und Bild zusammen, sofern diese nicht in anderen Kostengruppen erfasst sind. Zu dieser Kostengruppe zählen auch die zugehörigen Verlegesysteme, sofern diese nicht Bestandteil der KG 444 „Niederspannungsinstallationsanlagen" sind.

Die KG 458 „Verkehrsbeeinflussungsanlagen" beinhaltet die Kosten für Verkehrssignalanlagen, elektronische Anzeigetafeln, Mautsysteme, Parkleitsysteme sowie Verkehrstelematik, die – soweit erforderlich – entsprechend KG 480 weiter untergliedert werden kann.

Unter KG 459 „Sonstiges zur KG 450" werden u. a. die Kosten für Fernwirkanlagen ausgewiesen, also für Anlagen zur Fernüberwachung und -steuerung von räumlich getrennten technischen Anlagen und Systemen mithilfe der Kommunikationstechnik.

460 Förderanlagen

Die überwiegend elektromotorisch betriebenen Förderanlagen werden in 7 Kostengruppen gegliedert.

In KG 461 „Aufzugsanlagen" werden Lasten- und Personenaufzüge erfasst. Fahrtreppen, Rolltreppen und Fahrsteige werden in KG 462 „Fahrtreppen, Fahrsteige" zusammengefasst.

Die Aufwendungen für Fassadenaufzüge und andere außen liegende Befahranlagen werden in KG 463 „Befahranlagen" veranschlagt und die Anlagen für automatischen Warentransport, Aktentransport und Rohrpost unter KG 464 „Transportanlagen" kostenmäßig erfasst.

Die KG 465 „Krananlagen" umfasst die Aufwendungen für dauerhaft installierte Kräne einschließlich der erforderlichen Hebezeuge und KG 466 „Hydraulikanlagen" beinhaltet hydraulische Antriebe für mechanische Baukonstruktionen wie z. B. Toranlagen, Brücken, Ausleger, Entnahmestellen an Talsperren sowie im Stahlwasserbau (z. B. für Schleusentore, Docktore und Wehrverschlüsse), sofern sie nicht in den KG 461 bis 465 und 469 erfasst sind.

Unter KG 469 „Sonstiges zur KG 460" werden z. B. Hebebühnen und Parksysteme eingeordnet.

470 Nutzungsspezifische und verfahrenstechnische Anlagen

Die Kosten der mit dem Bauwerk fest verbundenen Anlagen, die der besonderen Zweckbestimmung (Nutzung des Bauwerks) dienen, sind in KG 470 „Nutzungsspezifische und verfahrenstechnische Anlagen" zu ermitteln. Diese fest verbundenen Anlagen sind dabei von den baukonstruktiven Einbauten abzugrenzen, die in der KG 380 „Baukonstruktive Einbauten" erfasst werden.

Der wesentliche Unterschied zwischen KG 470 und der Kostengruppe 600 „Ausstattung und Kunstwerke" besteht darin, dass die nutzungsspezifischen Anlagen technische und planerische Maßnahmen erforderlich machen, wie z. B. das Anfertigen von Werkplänen, Berechnungen oder das Anschließen von anderen technischen Anlagen.

In KG 471 „Küchentechnische Anlagen" werden die Kosten für die Anlagen zur Speisen- und Getränkezubereitung, -ausgabe und -lagerung einschließlich der unmittelbar hierzu gehörenden Kälteanlagen erfasst.

Die KG 472 „Wäscherei-, Reinigungs- und badetechnische Anlagen" erfasst alle zu diesen genannten Anlagen gehörenden Anlagen einschließlich der Anlagen zur Wasseraufbereitung sowie Desinfektions- und Sterilisationseinrichtungen und Aufbereitungsanlagen für Schwimmbeckenwasser, soweit diese nicht KG 410 zugeordnet sind.

Zu KG 473 „Medienversorgungsanlagen, Medizin- und labortechnische Anlagen" zählen die Kosten der Zentralen, Leitungen, Armaturen und Übergabestationen für technische und medizinische Gase, Drucklufterzeugung, Vakuumerzeugung, Flüssigchemikalien, Lösungsmittel und vollentsalztes Wasser. Dazu zählen auch alle Aufwendungen für Lagerung, Erzeugungsanlagen, Übergabestationen, Druckregelanlagen, Leitungen und Entnahmearmaturen. Weiterhin werden die Kosten für Diagnosegeräte, Behandlungsgeräte, OP-Einrichtungen und Hilfseinrichtungen für Menschen mit Behinderungen, Abzüge und Spülen, Wand- und Doppelarbeitstische und Medienzellen dieser Kostengruppe zugeordnet.

In KG 474 „Feuerlöschanlagen" werden die Kosten für Sprinkler- und Gaslöschanlagen, die zugehörigen Löschwasserleitungen, Wandhydranten und Handfeuerlöscher erfasst.

Die Kosten für sämtliche Wärme-, Kälte- und Kühlwasserversorgungsanlagen für Industrie, Gewerbe- und Sportanlagen werden in KG 475 „Prozesswärme-, kälte- und -luftanlagen" erfasst, sofern diese nicht bereits in anderen Kostengruppen berücksichtigt worden sind. Darüber hinaus gehören in diese Kostengruppe auch die Kosten für Farbnebelabscheideanlagen, Prozessfortluftsysteme und Absauganlagen.

Kosten für fest eingebaute Abfall- und Medienentsorgungsanlagen sowie zentrale Staubsauganlagen werden unter KG 476 „Weitere nutzungsspezifische Anlagen" veranschlagt.

In KG 477 „Verfahrenstechnische Anlagen, Wasser, Abwasser und Gase" werden Anlagen zur Wassergewinnung, Abwasserbehandlung und -entsorgung wie z. B. Wasseraufbereitungsanlagen, Abwasserreinigungsanlagen, Schlammbehandlungsanlagen, Regenwasserbehandlungsanlagen und Grundwasserdekontaminierungsanlagen sowie Anlagen für die Ver- und Entsorgung mit Gasen aufgeführt.

Verfahrenstechnische Anlagen, Feststoffe, Wertstoffe und Abfälle werden in KG 478 gelistet. Die Anlagen der Feststoff-Abfallentsorgung umfassen Kompostwerke, Mülldeponien, Verbrennungsanlagen, Pyrolyseanlagen sowie mehrfunktionale Aufbereitungsanlagen für Wertstoffe.

In KG 479 „Sonstiges zur KG 470" werden die Kosten für Entnahmeanlagen an Talsperren einschließlich der Entnahmeleitungen, der Antriebe und aller Anlagenteile sowie messtechnische Überwachungsanlagen an Stauanlagen wie z. B. Pegel, geodätische Messpunkte, mobile Messgeräte, Lote, Thermometer oder Sickerwasser-, Grundwasser- und Sohlwasserdruckmesseinrichtungen aufgeführt.

480 Gebäude- und Anlagenautomation

Kosten, die sich aus der anlagenübergreifenden, automatisierten Steuerung und Regelung für die geplante Nutzung eines Gebäudes ergeben, werden in dieser Kostengruppe einschließlich erforderlicher Leitungen, Kabel und Verteiler veranschlagt.

In KG 481 „Automationseinrichtungen" wird der Aufwand für Automationsstationen einschließlich Bedien- und Beobachtungseinrichtungen, Gebäudeautomationsfunktionen (Automations-, Bedien- und Managementeinrichtungen mit Software und Dienstleistungen), Anwendungssoftware, Lizenzen, Sensoren und Aktoren sowie Schnittstellen (zu Feldgeräten und anderen Automationseinrichtungen) zusammengefasst.

Schaltschränke zur Aufnahme von Automationssystemen werden separat unter KG 482 „Schaltschränke, Automationsschwerpunkte" erfasst. Hierzu zählen die Schaltschränke zur Aufnahme von Automationseinrichtungen mit den Leistungs-, Steuerungs-, und Sicherungsbaugruppen.

Die KG 483 „Automationsmanagement" umfasst Kosten für übergeordnete Einrichtungen für Gebäudeautomation und Gebäudemanagement einschließlich der Bedienstationen, Programmiereinrichtungen, Anwendungssoftware, Lizenzen, Server sowie Schnittstellen zu Automatisierungseinrichtungen und externen Einrichtungen.

In KG 484 werden die Kosten für Kabel, Leitungen und Verlegesysteme ausgewiesen, soweit diese nicht bereits in anderen Kostengruppen erfasst sind.

Kosten für Netze zur Datenübertragung werden – sofern nicht in anderen Kostengruppen erfasst – in der neuen KG 485 „Datenübertragungsnetze" zusammengefasst.

Noch nicht zugeordneter Aufwand der Gebäudeautomation wird unter KG 489 „Sonstiges zur KG 480" erfasst.

490 Sonstige Maßnahmen für technische Anlagen

Hier werden die Kosten aller technischen Anlagen und übergreifender Maßnahmen erfasst, die im Zusammenhang mit den technischen Anlagen stehen und keinen anderen Untergruppen der Kostengruppe 400 zugeordnet werden können.

Für die KG 490 „Sonstige Maßnahmen für technische Anlagen" wird die gleiche Untergliederung und Begriffsbildung wie in den Kostengruppen 390 „Sonstige Maßnahmen für Baukonstruktionen" und 590 „Sonstige Maßnahmen für Außenanlagen und Freiflächen" benutzt. Auf eine Wiederholung wird an dieser Stelle verzichtet (vgl. KG 390 in analoger Anwendung für technische Anlagen [Teil A, Kapitel 5.4.3]).

5.4.5 500 Außenanlagen und Freiflächen

In der Kostengruppe 500 „Außenanlagen und Freiflächen" werden sämtliche Kosten zusammengefasst, die selbstständig und unabhängig die Außenanlagen und Freiflächen und nicht das Bauwerk selbst betreffen. Dazu zählen auch die Kosten für dazugehörige bauliche Anlagen, Baukonstruktionen oder technische Anlagen und auch die Kosten für die mit den baulichen Anlagen fest verbundenen Einbauten, die der besonderen Zweckbestimmung der Außenanlagen und Freiflächen dienen, sowie die Kosten für übergreifende Maßnahmen.

Die Kosten von Außenanlagen und Freiflächen, die z. B. von Tiefgaragen, Untergeschossen oder Tunneln unterbaut sind, gehören ebenso nicht zu diesen Kosten wie Kosten für Anlagen und Erschließungen, die außerhalb des Grundstücks liegen. Eigenständige Bauwerke von Infrastrukturanlagen gehören zu den Kostengruppen 300 und 400.

Gegenüber der Vorgängernorm wurde die Kostengruppe 500 teilweise neu strukturiert und um Stellplätze, Sportplatz- und Spielplatzflächen, Gleisanlagen und Flugplatzflächen erweitert (vgl. Tabelle A.11). Somit wächst die Bedeutung der Kostengruppe 500 „Außenanlagen und Freiflächen" gegenüber den Kostengruppen 300 „Bauwerk – Baukonstruktionen" und 400 „Bauwerk – Technische Anlagen".

Tabelle A.11: Kosten der Außenanlagen und Freiflächen, Kostengruppe 500

510 Erdbau	**520 Gründung, Unterbau**	**530 Oberbau, Deckschichten**	**540 Baukonstruktionen**
511 Herstellung	521 Baugrundverbesserung	531 Wege	541 Einfriedigungen
512 Umschließung	522 Gründungen und Bodenplatten	532 Straßen	542 Schutzkonstruktionen
513 Wasserhaltung	523 Gründungsbeläge	533 Plätze, Höfe, Terrassen	543 Wandkonstruktionen
514 Vortrieb	524 Abdichtungen und Bekleidungen	534 Stellplätze	544 Rampen, Treppen, Tribünen
519 Sonstiges zur KG 510	525 Dränagen	535 Sportplatzflächen	545 Überdachungen
	529 Sonstiges zur KG 520	536 Spielplatzflächen	546 Stege
		537 Gleisanlagen	547 Kanal- und Schachtkonstruktionen
		538 Flugplatzflächen	548 Wasserbecken
		539 Sonstiges zur KG 530	549 Sonstiges zur KG 540

Ein Anwendungsbeispiel für einige Elemente der Kostengruppe 500 zeigt Abb. A.17.

Abzugrenzen sind die Kosten der Außenanlagen und Freiflächen von denen der Kostengruppe 200 „Vorbereitende Maßnahmen". Über die Abgrenzung zwischen öffentlicher Erschließung sowie Außenanlagen und Freiflächen gibt Abb. A.18 Aufschluss.

550 Technische Anlagen	**560 Einbauten in Außenanlagen und Freiflächen**	**570 Vegetationsflächen**	**580 Wasserflächen**	**590 Sonstige Maßnahmen für Außenanlagen und Freiflächen**
551 Abwasseranlagen	561 Allgemeine Einbauten	571 Vegetationstechnische Bodenbearbeitung	581 Befestigungen	591 Baustelleneinrichtung
552 Wasseranlagen	562 Besondere Einbauten	572 Sicherungsbauweisen	582 Abdichtungen	592 Gerüste
553 Anlagen für Gase und Flüssigkeiten	563 Orientierungs- und Informationssysteme	573 Pflanzflächen	583 Bepflanzungen	593 Sicherungsmaßnahmen
554 Wärmeversorgungsanlagen	569 Sonstiges zur KG 560	574 Rasen- und Saatflächen	589 Sonstiges zur KG 580	594 Abbruchmaßnahmen
555 Raumlufttechnische Anlagen		579 Sonstiges zur KG 570		595 Instandsetzungen
556 Elektrische Anlagen				596 Materialentsorgung
557 Kommunikations-, sicherheits- und informationstechnische Anlagen, Automation				597 Zusätzliche Maßnahmen
558 Nutzungsspezifische Anlagen				598 Provisorische Außenanlagen und Freiflächen
559 Sonstiges zur KG 550				599 Sonstiges zur KG 590

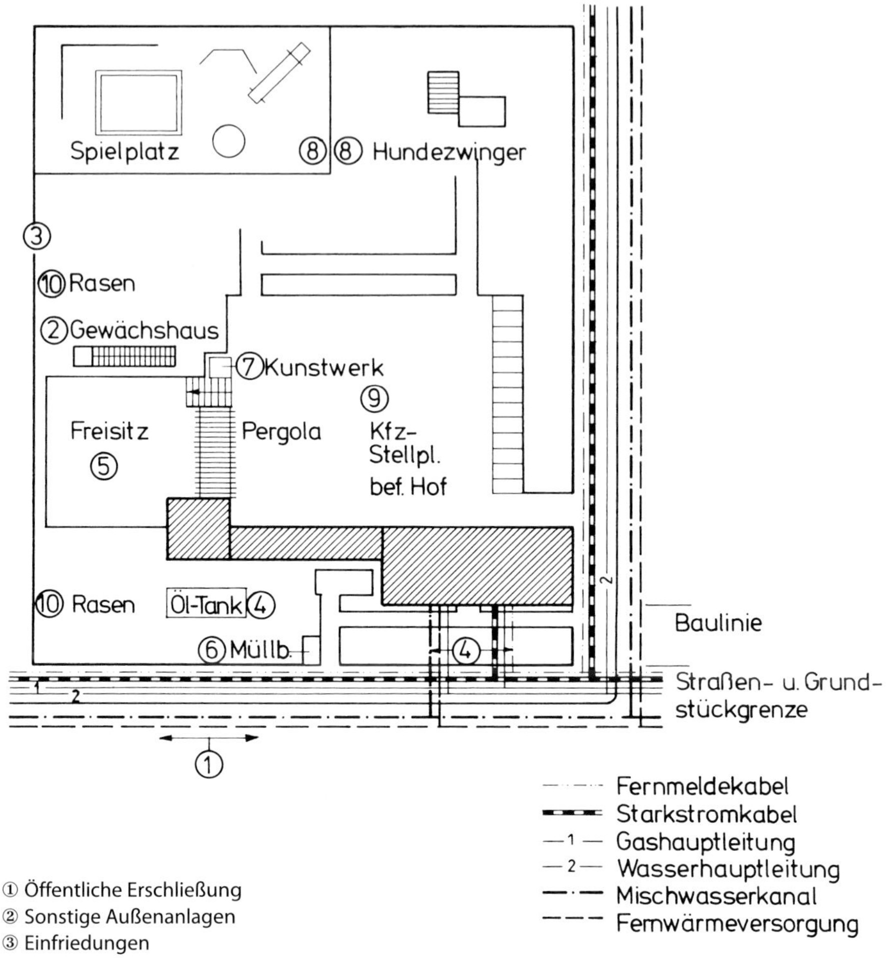

① Öffentliche Erschließung
② Sonstige Außenanlagen
③ Einfriedungen
④ Versorgungsanlagen
⑤ Geländebearbeitung und -gestaltung
⑥ Wirtschaftsgegenstände
⑦ Konstruktive Fundamente für Kunstwerke und künstlerisch gestaltete Bauteile
⑧ Anlagen für Sonderzwecke
⑨ Verkehrsanlagen
⑩ Grünanlagen

Abb. A.17: Anwendungsbeispiel für Elemente der Kostengruppe 500 – „Außenanlagen und Freiflächen"

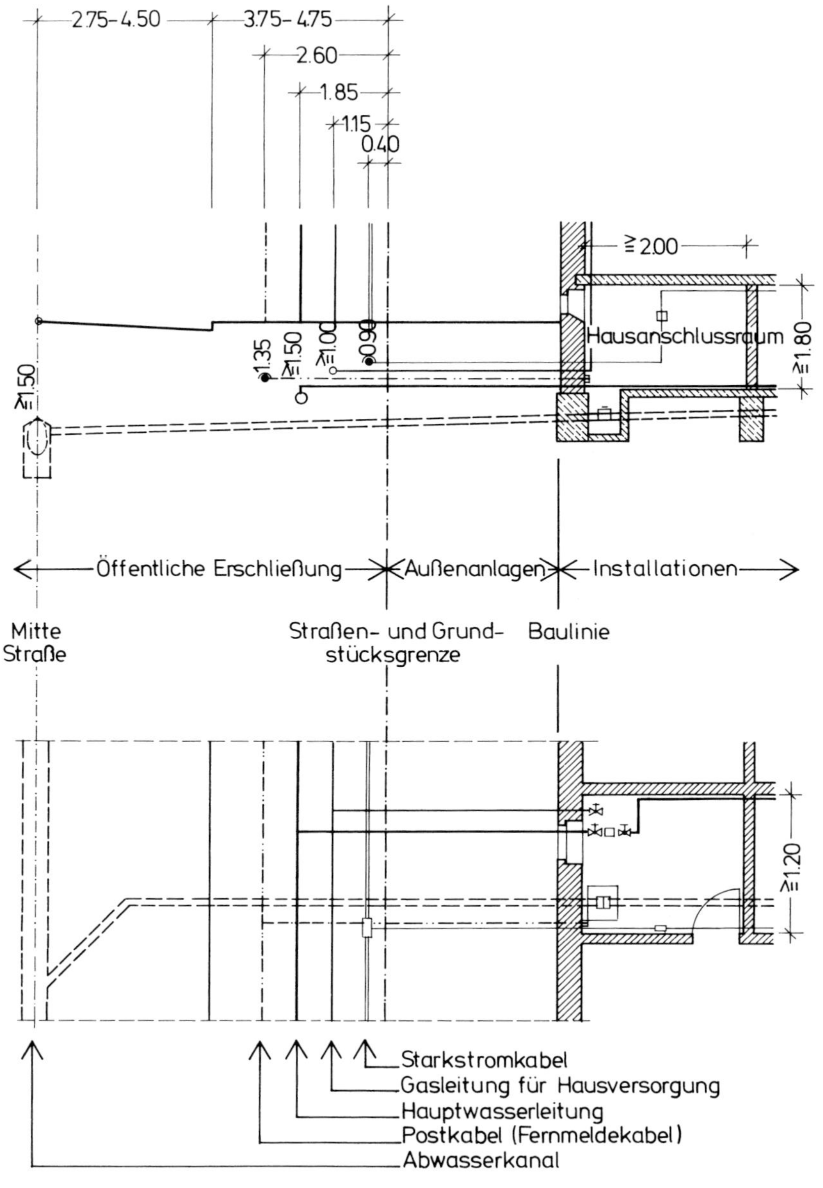

Abb. A.18: Öffentliche Erschließung und Außenanlagen

510 Erdbau

Die KG 510 „Erdbau“ umfasst Oberboden- und Bodenarbeiten, Erdbaumaßnahmen, Baugruben, Dämme, Einschnitte, Wälle und Hangsicherungen. Sie geht somit über die bisherige Definition der Vorgängernorm hinaus, deren KG 510 nur Geländeflächen zum Gegenstand hatte.

In KG 511 „Herstellung“ werden die Kosten für den Bodenabtrag und die Bodensicherung einschließlich Oberboden sowie Bodenauftrag erfasst. Dazu zählen auch die Kosten für den Aushub von Baugruben und Baugräben einschließlich der Arbeitsräume und Böschungen sowie das Lagern, die Bodenlieferungen und die Bodenabfuhr, das Verfüllen und Hinterfüllen, das Herstellen von Planum, Mulden und Banketten.

Die Kosten für den Verbau und die Sicherung von Baugruben, Baugräben, Dämmen, Wällen und Einschnitten einschließlich der Verankerungen, Absteifungen und Böschungen werden in KG 512 „Umschließung“ erfasst.

Die KG 513 „Wasserhaltung“ beinhaltet die Kosten für die Beseitigung des Grund- und Schichtenwassers während der Bauzeit.

Bei einem erforderlichen Vortrieb, also einem Erdausbruch unter Tage, ist für die damit verbundenen Kosten einschließlich Stützung und Sicherung KG 514 „Vortrieb“ heranzuziehen.

Unter KG 519 „Sonstiges zur KG 510“ werden diejenigen Aufwendungen erfasst, die KG 511 bis 514 nicht zugeordnet werden können.

520 Gründung, Unterbau

Diese neue Kostengruppe fasst alle Gründungs- und Unterbaumaßnahmen von Außenanlagen und Freiflächen einschließlich der zugehörigen Erdarbeiten und Sauberkeitsschichten zusammen, soweit sie nicht bereits Gegenstand der KG 510 sind.

Sind ein Bodenaustausch, eine Verdichtung, Einpressung, Ankerung oder Stützmaßnahmen, eine Bodenlockerung oder eine Verlegung von Geotextilien erforderlich, werden die Kosten hierfür KG 521 „Baugrundverbesserung“ zugeordnet.

Einzelfundamente, Streifenfundamente, Fundament-, Sohl- und Bodenplatten, die in Außenanlagen oder Freiflächen erforderlich sind, werden kostenmäßig KG 522 „Gründungen und Bodenplatten“ zugeordnet.

Beläge auf Sohl-, Boden- und Fundamentplatten wie z. B. Estriche, Dichtungs-, Dämm-, Schutz und Nutzschichten sind mit Ihren Kosten in KG 523 „Gründungsbeläge“ zu veranschlagen.

Die Kosten für Konstruktionsschichten unterhalb der Sohl-, Boden- und Fundamentplatte, für Abdichtungen und Bekleidungen der Gründung einschließlich der Dämmungen sowie für Filter-, Trenn-, Sauberkeits- und Schutzschichten werden in KG 524 „Abdichtungen und Bekleidungen“ eingeordnet.

Des Weiteren sind die Kosten für Leitungen, Schächte, Packungen, Pumpensümpfe, Tiefentwässerungen und der Oberflächenentwässerung KG 525 „Dränagen" zuzuordnen.

Unter KG 529 „Sonstiges zur KG 520" werden diejenigen Aufwendungen erfasst, die den KG 521 bis 525 nicht zugeordnet werden können.

530 Oberbau, Deckschichten

In dieser Kostengruppe werden die Kosten von Oberbau- und Deckschichten von Außenanlagen und Freiflächen mit oder ohne Bindemittel von befestigten Flächen einschließlich der Bettungsmaterialien, Fugenfüllungen, Markierungen und Einfassungen (Borde und Kantsteine) kostenmäßig erfasst.

Die KG 531 „Wege" umfasst alle Kosten von befestigten Flächen für Fuß- und Radfahrerverkehr. In KG 532 „Straßen" werden die Kosten von Oberbau und Deckschichten von Flächen für Leicht- und Schwerverkehr sowie Fußgängerzonen mit Anlieferungsverkehr zusammengefasst.

Für Innenhöfe und gestaltete Platzflächen, Terrassen und Sitzplätze gilt KG 533 „Plätze, Höfe, Terrassen". Für Oberbau- und Deckschichten von befestigten Flächen für den ruhenden Verkehr sind die Kosten unter KG 534 „Stellplätze" zu erfassen.

Besonders angelegte Sportplatzflächen und Kunststoffsportflächen mit ihren Oberbau- und Deckschichten werden in KG 535 „Sportplatzflächen" erfasst. Die Kosten für die Anlage von Spielplatzflächen – aber ohne die Kosten der Spielanlagen (vgl. KG 560 „Einbauten in Außenanlagen und Freiflächen") – werden in der KG 536 „Spielplatzflächen" erfasst.

Die Kosten für Gleise, Weichen und Gleisabschlüsse einschließlich der Schwellen fallen in KG 537 „Gleisanlagen". Die Kosten für Oberbau- und Deckschichten beispielsweise von Hubschrauberlandeplätzen sind KG 538 „Flugplatzflächen" zuzuordnen.

Weitere Kosten für besonders zu befestigende Flächen, die nicht in den bereits genannten Kostengruppen erfasst werden können, werden unter KG 539 „Sonstiges zur KG 530" zusammengefasst.

540 Baukonstruktionen

Diese Kostengruppe erfasst alle auf dem Gelände erforderlichen baukonstruktiven Maßnahmen, die unabhängig und eigenständig, also nicht mit dem Bauwerk selbst in direktem Zusammenhang stehen.

Die KG 541 „Einfriedungen" erfasst die Aufwendungen für Zäune, Mauern, Türen, Tore und Schrankenanlagen im Außenbereich.

Sicht- und Lärmschutzwände sowie Schutzgitter, auch beispielsweise für den Sonnenschutz einschließlich der Antriebe, die den Charakter einer Einfriedung übersteigen, werden unter KG 542 „Schutzkonstruktionen" erfasst.

Schwergewichts- und Stützmauern, elementierte Konstruktionen mit Bekleidungen, füllende Teile und Abdichtungen in Außenanlagen und Freiflächen sind in KG 543 „Wandkonstruktionen" gesondert zu erfassen.

Die KG 544 „Rampen, Treppen, Tribünen" fasst Rampen, Treppen und Tribünen einschließlich Geländern, Handläufen und Absturzsicherungen für Kinderwagen und für Menschen mit Behinderungen, Block- und Stellstufen sowie Zuschauertribünen von Sportplätzen zusammen.

Die Kosten für Wetterschutzkonstruktionen, Unterstände, Überdachungen, aber auch Pergolen werden KG 545 „Überdachungen" zugeordnet. Aufwendungen für Konstruktionen aus Holz oder Stahl zur Überbrückung wie z. B. Bücken für den Fuß- und Radverkehr sowie Bootsstege einschließlich Rampen, Stufen, Treppen, Geländern, Handläufen, Absturzsicherungen und Wetterschutz werden in KG 546 „Stege" erfasst.

Die Kosten für bauliche Anlagen zur besonderen Medien- oder Verkehrserschließung in Form von Rohrkanälen und -schächten sowie Leerrohre für technische Anlagen werden in KG 547 „Kanal- und Schachtbauanlagen" zusammengefasst.

Die KG 548 „Wasserbecken" erfasst die Kosten für Wasserbecken, Schwimmbecken und Schwimmteiche.

Sonstige Kosten für Baukonstruktionen in den Außenanlagen und Freiflächen werden schließlich in KG 549 „Sonstiges zu KG 540" berücksichtigt.

550 Technische Anlagen

In 9 Untergruppen fasst diese Kostengruppe alle Kosten von auf dem Grundstück befindlichen technischen Anlagen zusammen, die das Bauwerk mit technischen Anlagen (Ver- und Entsorgung des Bauwerks) von der Grundstücksgrenze bis in das Bauwerk (Übergabepunkt) versorgen, die aber unabhängig und eigenständig von Bauwerken sind, d. h., sie sind zwar mit dem Bauwerk verbunden, werden aber als eigenständige Kostengruppe erfasst.

Die KG 551 „Abwasseranlagen" ist vorgesehen für alle Kosten von Kläranlagen, Oberflächen- und Bauwerksentwässerungsanlagen, Sammelgruben, Abscheideranlagen und Hebeanlagen.

In KG 552 „Wasseranlagen" werden die Kosten für Wassergewinnungsanlagen (Brunnenanlagen, Zisternen), Wasserversorgungsnetze, Hydrantenanlagen, Druckerhöhungs- und Beregnungsanlagen und Löschwasseranlagen innerhalb der Außenanlagen erfasst.

Die Kosten für Flüssiggasanlagen und Gasversorgungsnetze und wassergefährdende Flüssigkeiten werden in KG 553 „Anlagen für Gase und Flüssigkeiten" veranschlagt.

In KG 554 „Wärmeversorgungsanlagen" werden die Kosten für Wärmeerzeugungsanlagen und Wärmeversorgungsnetze sowie Freiflächen- und Rampenheizungen zusammengefasst.

Im Außenbereich befindliche Bauteile von lufttechnischen Anlagen wie z. B. Außenluftansaugung und Fortluftausblasung sowie für lufttechnische Anlagen vorhandene Erdwärmetauscher und Anlagen der Kälteversorgung werden in der KG 555 „Raumlufttechnische Anlagen" kostenmäßig erfasst.

Für die im Außenbereich platzierten Stromversorgungsnetze, Freilufttrafostationen, Eigenstromerzeugungsanlagen sowie Außenbeleuchtungs- und Flutlichtanlagen mit den erforderlichen Masten und Befestigungen ist KG 556 „Elektrische Anlagen" heranzuziehen.

Die Kosten für in den Außenanlagen befindliche Leitungsnetze, Beschallungs-, Zeitdienst- und Verkehrssignalanlagen, elektronische Anzeigetafeln, Objektsicherungsanlagen sowie Parkleitsysteme werden unter KG 557 „Kommunikations-, sicherheits- und informationstechnische Anlagen" zusammengefasst.

Die Erfassung der Kosten für spezielle Sonderbereiche in den Außenanlagen wie Tankstellenanlagen, badetechnische Anlagen, Medienversorgungsanlagen wird in KG 558 „Nutzungsspezifische Anlagen" vorgenommen.

Noch nicht zugeordnete Elemente im Außenbereich lassen sich in KG 559 „Sonstiges zur KG 550" erfassen.

560 Einbauten in Außenanlagen und Freiflächen

In dieser Kostengruppe werden die Kosten für einfachere Geräte, Gegenstände oder Einbauten in den Außenanlagen und Freiflächen zusammengefasst, die unabhängig und eigenständig vom Bauwerk sind.

In KG 561 „Allgemeine Einbauten" werden die Kosten für Wirtschaftsgegenstände erfasst (z. B. Gartenmöbel, Fahrradständer, Schilder, Pflanzbehälter, Abfallbehälter und Fahnenmaste).

Die Kosten für Sport- und Spielanlagen und -geräte sowie Tiergehege fasst KG 562 „Besondere Einbauten" zusammen.

Einbauten, die der Orientierung und Information dienen (z. B. für Flucht, Rettung, Orientierung und Werbung) sind kostenmäßig in KG 563 „Orientierungs- und Informationssysteme" einzuordnen.

Für bislang nicht erfasste Elemente und Einbauten in den Außenanlagen und Freiflächen kann KG 569 „ Sonstiges zur KG 560" herangezogen werden.

570 Vegetationsflächen

Die KG 570 „Vegetationsflächen" fasst alle Kosten zusammen, die zur Anlage von Pflanz- und Saatflächen auf einer Rohplanie erforderlich sind.

Dabei werden unter KG 571 „Vegetationstechnische Bodenbearbeitung" die Kosten für Vorbereitung von Pflanzflächen durch Oberbodenauftrag und die Oberbodenlockerung, Fräsen, Planieren und Bodenverbesserung mit dem Einbringen von Düngung oder Bodenhilfsstoffen einschließlich Zwischenbegrünungen erfasst.

Gesondert erfasst in KG 572 „Sicherungsbauweisen“ werden die Kosten für insbesondere bei schrägen Geländeformen erforderlichen Maßnahmen wie Flechtwerk, Geotextilien oder das Schließen von Vegetationslücken.

Das Liefern und Einsetzen sowie die Fertigstellungspflege von Pflanzen, Gehölzen und Stauden einschließlich Feinplanum und Fertigstellungspflege fallen in KG 573 „Pflanzflächen“. Das Anlegen von Rasenflächen (auch Verlegung von Fertigrasen) sowie die Aussaat von Saatgut auf Saatflächen einschließlich Feinplanum und Fertigstellungspflege sind KG 574 „Rasen und Saatflächen“ kostenmäßig zuzuordnen.

Kosten für die Entwicklungspflege von Pflanz-, Rasen- und Saatflächen werden in KG 579 „Sonstiges zur KG 570“ erfasst.

580 Wasserflächen

In KG 580 „Wasserflächen“ werden die Kosten für das Anlegen naturnaher Wasserflächen, Bäche, Teiche und Seen einschließlich Sohl- und Uferausbildung sowie Uferbefestigung erfasst.

Die Kosten für Tragschichten einschließlich Bodensubstraten, Kies- und Schotterschichten sowie Wasserbausteinbettungsschichten werden in KG 581 „Befestigungen“ zusammengetragen.

In KG 582 „Abdichtungen“ werden neben den Kosten für das Planum, die Planumsschutzschichten, Frostschutzschichten, Bewehrungs-, Trenn-, Filter- und Dichtungsschichten sowie die notwendigen Abdichtungen auch die Kosten für Schutzschichten, Bodensubstrat und Uferausbildung zusammengefasst.

Die Kosten für Pflanzenanlieferung und Pflanzarbeiten für Unterwasser- und Wasserpflanzen, Röhrichte und Bepflanzungen der Wasserwechselzonen werden in KG 583 „Bepflanzungen“ erfasst.

Sonstige mit der Anlage von naturnahen Wasserflächen verbundene Kosten wie die der Entwicklungspflege von Bepflanzungen werden in KG 589 „Sonstiges zur KG 580“ eingeordnet.

590 Sonstige Maßnahmen für Außenanlagen und Freiflächen

In dieser Kostengruppe werden die Kosten sonstiger Maßnahmen für Außenanlagen und Freiflächen und aller übergreifenden Maßnahmen erfasst, die im Zusammenhang mit den Maßnahmen für Außenanlagen und Freiflächen stehen und bislang nicht einzelnen Untergruppen der Kostengruppe 500 zugeordnet werden konnten.

Da für diese Kostengruppe die gleiche Untergliederung und Begriffsbildung wie in KG 390 „Sonstige Maßnahmen für Baukonstruktionen“ und KG 490 „Sonstige Maßnahmen für Technische Anlagen“ zur Anwendung kommt, wird an dieser Stelle auf eine wiederholende Darstellung verzichtet. Die Anwendung erfolgt analog.

5.4.6 600 Ausstattung und Kunstwerke

Die Kostengruppe 600 „Ausstattung und Kunstwerke“ umfasst Kosten für alle beweglichen oder ohne besondere Maßnahmen zu befestigenden Sachen, die der Ingebrauchnahme, der allgemeinen Benutzung oder der künstlerischen Gestaltung des Bauwerks oder der Außenanlagen und Freiflächen dienen (vgl. Tabelle A.12 zur Untergliederung der Kostengruppe).

Zur Abgrenzung empfiehlt die DIN 276:2018-12 einen Vergleich mit KG 380 „Baukonstruktive Einbauten“ und KG 470 „Nutzungsspezifische und verfahrenstechnische Anlagen“ (siehe dort).

Tabelle A.12: Kosten für Ausstattung und Kunstwerke, Kostengruppe 600

610 Allgemeine Ausstattung	**620 Besondere Ausstattung**	**630 Informations-technische Ausstattung**	**640 Künstlerische Ausstattung**	**690 Sonstige Ausstattung**
(nicht untergliedert)	(nicht untergliedert)	(nicht untergliedert)	641 Kunstobjekte	(nicht untergliedert)
			642 Künstlerische Gestaltung des Bauwerks	
			643 Künstlerische Gestaltung der Außenanlagen und Freiflächen	
			643 Sonstiges zur KG 640	

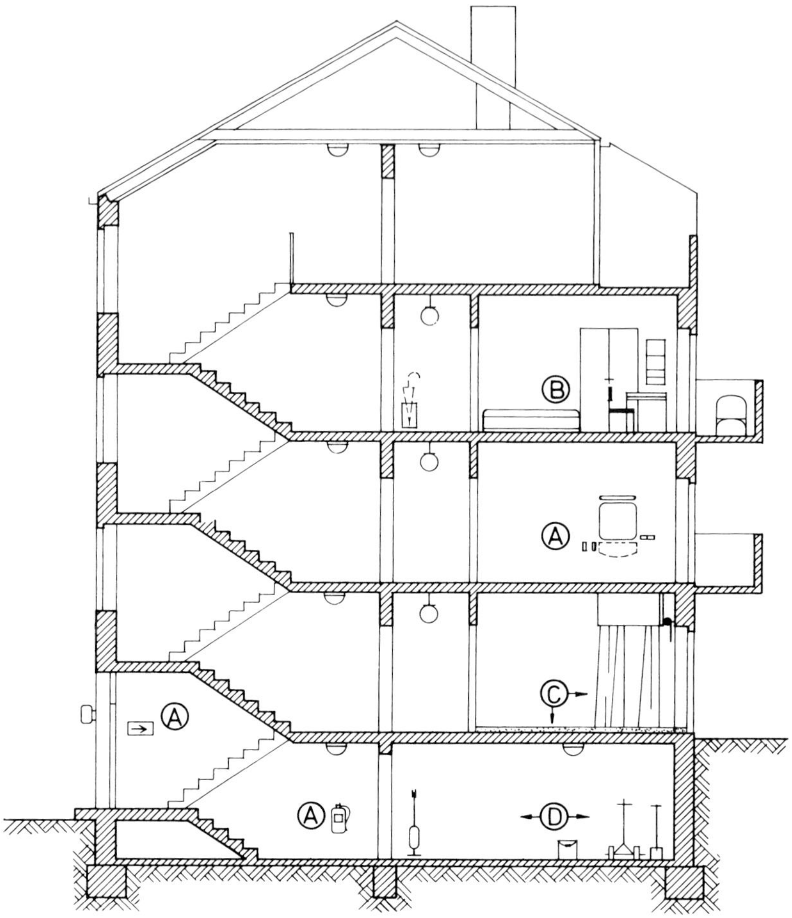

Ⓐ Allgemeines Gerät
Ⓑ Bewegliches Mobiliar
Ⓒ Textilien
Ⓓ Arbeitsgerät

Abb. A.19: Kostengruppe 610 „Allgemeine Ausstattung"

610 Allgemeine Ausstattung

Im Zusammenhang mit der Entscheidung, was noch zu erfassen ist oder was zur individuellen Ausstattung eines späteren Nutzers zu rechnen ist, öffnet diese Kostengruppe einen breiten Spielraum. Als Kriterium für eine Abgrenzung kann gelten, dass die KG 610 „Allgemeine Ausstattung" nur die Kosten von solchen Möbeln und Geräten umfasst, die aufgrund der Zweckbestimmung des Bauwerks gemäß DIN 276:2018-12 zur Ingebrauchnahme des Bauwerks und zu seiner allgemeinen Benutzung erforderlich sind. Hiernach wäre es z. B. der Zweckbestimmung eines Miethauses nicht angemessen, Beleuchtungskörper und Gardinen vorzuhalten, wohingegen diese als Ausstattungskosten bei einem Verwaltungsbauwerk mit zu erfassen sind.

Allgemeine Ausstattungselemente wie Möbel und Geräte (Sitz- und Liegemöbel, Schränke, Regale, Tische), Textilien (Vorhänge, Wandbehänge, lose Teppiche, Wäsche) sowie Haus-, Wirtschafts-, Garten- und Reinigungsgeräte werden kostenmäßig unter „Allgemeine Ausstattung" (KG 610) erfasst.

In Abb. A.19 werden die einzelnen in KG 610 genannten Gegenstände beispielhaft dargestellt.

620 Besondere Ausstattung

Die KG 620 „Besondere Ausstattung" bildet den Rahmen für die kostenmäßige Erfassung von Ausstattungsgegenständen, die der besonderen Zweckbestimmung eines Objekts dienen, wie z. B. wissenschaftliche, medizinische oder technische Geräte.

630 Informationstechnische Ausstattung

Neben der allgemeinen und der besonderen Ausstattung wird in DIN 276: 2018-12 mit KG 630 „Informationstechnische Ausstattung" eine weitere Kostengruppe hinzugefügt. Hierunter fallen alle Kosten für Datenverarbeitungsgeräte wie z. B. Server, PC sowie periphere Geräte und Zubehör.

640 Künstlerische Ausstattung

Nicht allein der architektonisch gelungene Entwurf, auch zugeordnetes künstlerisch gestaltetes Beiwerk rufen Wohlbefinden und Wertschätzung bei der Nutzung von Bauwerken hervor und dienen damit indirekt auch der Werterhaltung.

Die Kosten für Kunstwerke zur künstlerischen Ausstattung des Bauwerks und der Außenanlagen einschließlich der zugehörigen Tragkonstruktionen werden in KG 641 „Kunstobjekte" kostenmäßig erfasst. Zu solchen Kunstobjekten zählen z. B. Skulpturen, Objekte, Gemälde, Möbel, Antiquitäten, Altäre und Taufbecken.

Die Kosten für künstlerische Gestaltungen am Bauwerk wie Malereien, Reliefs, Mosaiken oder Glas-, Schmiede-, Steinmetzarbeiten sind in KG 642 „Künstlerische Gestaltung des Bauwerks" kostenmäßig auszuweisen. Werden diese genannten Elemente in Außenanlagen untergebracht, so sind die entsprechenden Kosten der KG 643 „Künstlerische Gestaltung der Außenanlagen und Freiflächen" zuzuordnen.

Kosten für nicht zuzuordnende Kunstwerke können unter KG 649 „Sonstiges zur KG 640" erfasst werden.

690 Sonstige Ausstattung

In KG 690 „Sonstige Ausstattung" werden die Kosten für Schilder, Wegweiser, Informations- und Werbetafeln erfasst.

5.4.7 700 Baunebenkosten

Die Kostengruppe 700 „Baunebenkosten“ umfasst alle Kosten, die im Zusammenhang mit Planung und Realisierung von Bauwerken auf der Grundlage von Honorarordnungen, Gebührenordnungen oder gemäß weiteren vertraglichen Vereinbarungen entstehen. Auch diese Kostengruppe wächst in ihrer Bedeutung gegenüber den Bauwerkskosten (Summe der Kostengruppen 300 und 400) stetig.

Tabelle A.13: Baunebenkosten, Kostengruppe 700

710 **Bauherrenaufgaben**	**720** **Vorbereitung der Objektplanung**	**730** **Objektplanung**	**740** **Fachplanung**
711 Projektleitung	721 Untersuchungen	731 Gebäude und Innenräume	741 Tragwerksplanung
712 Bedarfsplanung	722 Wertermittlungen	732 Freianlagen	742 Technische Ausrüstung
713 Projektsteuerung	723 Städtebauliche Leistungen	733 Ingenieurbauwerke	743 Bauphysik
714 Sicherheits- und Gesundheitsschutzkoordination	724 Landschaftsplanerische Leistungen	734 Verkehrsanlagen	744 Geotechnik
715 Vergabeverfahren	725 Wettbewerbe	739 Sonstiges zur KG 730	745 Ingenieurvermessung
719 Sonstiges zur KG 710	729 Sonstiges zur KG 720		746 Lichttechnik, Tageslichttechnik
			747 Brandschutz
			748 Altlasten, Kampfmittel, kulturhistorische Funde
			749 Sonstiges zur KG 740

Die weitere Untergliederung dieser Kostengruppe in 7 Untergruppen richtet sich in erster Linie nach den Projektbeteiligten und schafft damit ein leichter anzuwendendes Instrument (vgl. Tabelle A.13) im Vergleich zur Vorgängernorm. Gegenüber der Vorgängernorm wurden teilweise neue Kostengruppen in die Kostengliederung aufgenommen.

750 **Künstlerische Leistungen**	**760** **Allgemeine Baunebenkosten**	**790** **Sonstige Baunebenkosten**
751 Kunstwettbewerbe	761 Gutachten und Beratung	791 Bestandsdokumentation
752 Honorare	762 Prüfungen, Genehmigungen, Abnahmen	799 Sonstiges zur KG 790
759 Sonstiges zur KG 750	763 Bewirtschaftungskosten	
	764 Bemusterungskosten	
	765 Betriebskosten nach der Abnahme	
	766 Versicherungen	
	769 Sonstiges zur KG 760	

710 Bauherrenaufgaben

Diese Kostengruppe ist in 6 Teilbereiche untergliedert. Der Bauherr muss persönlich (oder durch einen von ihm beauftragten Vertreter) seine Interessen vertreten und baubegleitend überwachen (lassen).

In KG 711 „Projektleitung" werden die Kosten für die originären Bauherrenaufgaben erfasst. Dazu zählen insbesondere die Kosten zum Zweck der Zielvorgabe sowie für die Überwachung und Vertretung der Bauherreninteressen.

Zur KG 712 „Bedarfsplanung" zählen die Kosten für die Bedarfs-, Betriebs- und Organisationsplanung. Im Einzelnen können das Kosten für die Planung der betrieblichen Organisation und Ablaufplanung, der Arbeitsplatzgestaltung, der Erstellung von Raum- und Funktionsprogrammen und der Inbetriebnahme sein. Die Bedarfsplanung ist u. a. auch Grundlage für die Erstellung des Kostenrahmens (vgl. Teil A, Kapitel 4.3.2).

In KG 713 „Projektsteuerung" werden neben den Kosten für Projektsteuerungsleistungen auch die Kosten für andere Leistungen erfasst, die sich mit der übergeordneten Steuerung und Kontrolle von Projektorganisation, Terminen, Kosten, Qualitäten und Quantitäten befassen.

In KG 714 „Sicherheits- und Gesundheitsschutzkoordination" sind die Kosten für die Planungs- und Koordinationsleistungen im Zusammenhang mit der Arbeitssicherheit und dem Gesundheitsschutz auf der Baustelle zu erfassen. In der Baustellenverordnung (BaustellV) sind die Anforderungen an den Arbeits- und Gesundheitsschutz detailliert beschrieben. Danach ist der Bauherr verpflichtet, die sich aus der Baustellenverordnung ergebenden Verpflichtungen entweder selbst zu übernehmen oder dafür einen externen Dritten (Dienstleister) als sog. Koordinator (Sicherheits- und Gesundheitsschutzkoordinator) zu beauftragen. Die Kosten, die hierfür entstehen, sind dieser Kostengruppe zuzuordnen.

Für die Abwicklung der Vergabeverfahren wurde die KG 715 „Vergabeverfahren" neu aufgenommen. Hier sind alle Kosten einzuordnen, die sich aus den Vergabeverfahren und dem wettbewerblichen Dialog ergeben. Da zunehmend für die Vergabeverfahren auch Internetdienstleister beauftragt werden, die das Vergabeverfahren über Onlineplattformen abwickeln, sind auch diese Kosten Gegenstand dieser Kostengruppe.

Darüber hinausgehende Kosten für die Baubetreuung sind – soweit sie nicht unter KG 730 „Objektplanung" erfasst werden – in KG 719 „Sonstiges zur KG 710" zu veranschlagen. Dazu zählen auch die Kosten der Rechts- und Steuerberatung.

720 Vorbereitung der Objektplanung

Die 6 Untergruppen dieser Kostengruppe fassen den Aufwand zusammen, der im Vorfeld oder begleitend zur eigentlichen Bauentwurfsphase auftreten kann. Inwieweit die einzelnen Kostengruppen zu berücksichtigen sind, hängt im Einzelfall von Lage und Art des Grundstücks sowie vom beabsichtigten Bauprojekt ab.

Der Aufwand für Standortanalysen, Baugrundgutachten, Bewertung der Verkehrsanbindung, Bestandsanalysen (z. B. Untersuchungen zum Gebäudebestand bei beabsichtigten Umbau- und Modernisierungsarbeiten) sowie Umweltverträglichkeitsprüfungen usw. wird in KG 721 „Untersuchungen" ermittelt und zusammengestellt. Kosten für Gutachten zur Ermittlung von Gebäudewerten sind – soweit sie nicht unter KG 126 „Wertermittlungen" erfasst werden – in KG 722 „Wertermittlungen" gesondert auszuweisen.

Aktivitäten im Sinne von vorbereitenden Bebauungsstudien oder von vorbereitenden Grünplanstudien sind in KG 723 „Städtebauliche Leistungen" und KG 724 „Landschaftsplanerische Leistungen" zu erfassen.

Die Kosten für Ideen-, Planungs- und Realisierungswettbewerbe nach der Richtlinie für Planungswettbewerbe (RPW 2013) sind in KG 725 „Wettbewerbe" anzugeben.

Noch nicht erfasste Kosten für die Vorbereitung der eigentlichen Objektplanung sind KG 729 „Sonstiges zur KG 720" zuzuordnen.

730 Objektplanung

In KG 730 „Objektplanung" werden alle Kosten für Gebäude und Innenräume, Freianlagen, Ingenieurbauwerke sowie Verkehrsanlagen für die in der HOAI beschriebenen Leistungen (Honorare für Grundleistungen und Besondere Leistungen) bzw. Kosten für Leistungen nach vertraglicher Vereinbarung erfasst.

Die Kostenermittlungen der DIN 276 bilden die Grundlage für die Ermittlung der anrechenbaren Kosten zur anschließenden Honorarermittlung. Die HOAI bezieht sich in ihren Bemessungsgrundlagen noch auf die Beschreibung der technischen Sachverhalte der DIN 276-1:2008-12. Das bedeutet, dass nach HOAI die anrechenbaren Kosten in der Schlussrechnung des Planers immer in Form der Kostengliederung nach der DIN 276-1:2008-12 aufgeschlüsselt werden müssen.

Die Leistungen, die beispielsweise ein Architekt in der Regel zur ordentlichen Erfüllung seiner Architektentätigkeit erbringt, sind in Teil 3 der HOAI (Objektplanung) in der Anlage 10 zu § 34 Abs. 4 HOAI aufgeführt.

740 Fachplanung

Die KG 740 „Fachplanung" tritt an die Stelle der KG 740 „Gutachten und Beratung" aus der Vorgängernorm DIN 276-1:2008-12. In dieser Kostengruppe werden in DIN 276:2018-12 nunmehr die Kostengruppen für die Fachplaner zusammengefasst, die in der Vorgängernorm noch mit in der damaligen KG 730 „Architekten- und Ingenieurleistungen" enthalten waren. Insofern findet eine Neuordnung für die Leistungen Gebäude und Innenräume, Freianlagen, Ingenieurbauwerke und Verkehrsanlagen (jetzt KG 730) einerseits und Tragwerksplanung, Technische Ausrüstung, Bauphysik, Geotechnik, Ingenieurvermessung, Lichttechnik, Tageslichttechnik und Brandschutz (nun KG 740) andererseits statt.

Neu hinzugefügt wurde die KG 748 „Altlasten, Kampfmittel, kulturhistorische Funde". Diese Kostengruppe beinhaltet Kosten für die Planung der Altlastenbeseitigung, der Kampfmittelräumung und die Sicherung kulturhistorischer Funde.

Für die KG 740 gilt Vergleichbares wie für KG 730: Auch hier werden teilweise Kosten für die in der HOAI beschriebenen Leistungen (Honorare für Grundleistungen und Besondere Leistungen) bzw. Kosten für Leistungen nach vertraglicher Vereinbarung erfasst.

Bei KG 745 „Ingenieurvermessung" ist die Abgrenzung gegenüber der KG 762 „Prüfungen, Genehmigungen, Abnahmen" zu beachten: Zur KG 745 zählen vermessungstechnische Leistungen mit Ausnahme von Leistungen, die aufgrund landesrechtlicher Vorschriften für Zwecke der Landvermessung und des Liegenschaftskatasters durchgeführt werden. Letztere gehören zur KG 121 „Vermessungsgebühren".

Leistungen zur Fassadenplanung und Geothermie werden in KG 749 „Sonstiges zur KG 740" zusammengefasst.

750 Künstlerische Leistungen

In KG 751 „Kunstwettbewerbe" werden alle Aufwendungen für die Durchführung von Wettbewerben zur Erarbeitung eines Konzepts für Kunstwerke oder künstlerisch gestaltete Bauteile zusammengefasst.

Alle nicht unter KG 640 „Künstlerische Ausstattung" einzuordnenden Kosten für geistig-schöpferische Leistung für Kunstwerke oder künstlerisch gestaltete Bauteile werden in KG 752 „Honorare" erfasst.

Die noch nicht zugeordneten Aufwendungen können unter KG 759 „Sonstiges zur KG 750" erfasst werden.

760 Allgemeine Baunebenkosten

In dieser Kostengruppe werden Kosten für Gutachten und Beratung, behördliche Gebühren, Bewirtschaftungskosten während der Bauzeit, Bemusterungskosten, Betriebskosten nach der Abnahme und Kosten für Versicherungen in 7 Untergruppen erfasst.

Kosten für Gutachten und Beratung waren in der Vorgängernorm in der damaligen KG 740 aufgeführt. Diese sind nunmehr in KG 761 „Gutachten und Beratung" subsumiert.

Kosten, die im Zusammenhang mit Prüfungen, Genehmigungen und Abnahmen stehen (z. B. Statik, Vermessungsgebühren für das Liegenschaftskataster), werden in KG 762 „Prüfungen, Genehmigungen, Abnahmen" erfasst.

Kosten für Baustellenbewachung, Nutzungsschädigungen Dritter während der Bauzeit, Vorhalten des Bauleitungsbüros für Planer und Bauherrn einschließlich deren Beheizung, Beleuchtung, Reinigung usw. werden unter KG 763 „Bewirtschaftungskosten" gesondert veranschlagt.

In besonderen Fällen kann es vorkommen, dass während der Bauphase spezielle Eignungsversuche und -messungen an schon fertiggestellten Bauteilen oder Modellversuche erforderlich werden; die entsprechenden Kosten sowie die Kosten für Musterstücke sind in KG 764 „Bemusterungskosten" zu erfassen.

Die Kosten für den vorläufigen Betrieb – insbesondere der technischen Anlagen nach der Abnahme bis zum Zeitpunkt der Inbetriebnahme – werden unter KG 765 „Betriebskosten nach der Abnahme" zusammengefasst.

In KG 766 „Versicherungen" werden die Kosten für die Bauherrenhaftpflicht- sowie die Bauwesen- bzw. Bauleistungsversicherung erfasst.

Bislang noch nicht erfasste Kosten für Vervielfältigung und Dokumentation, Post- und Fernsprechgebühren sowie Kosten für Baufeiern (z. B. Richtfest) können unter KG 769 „Sonstiges zur KG 760" veranschlagt werden.

790 Sonstige Baunebenkosten

Diese Kostengruppe wurde inhaltlich um die Untergruppe „Bestandsdokumentation" (KG 791) als Grundlage für die Nutzung (Erstellung einer Liegenschafts- und Gebäudebestandsdokumentation) erweitert. In KG 799 „Sonstiges zur KG 790" sind alle Baunebenkosten zu erfassen, die keinen anderen Kostengruppen zuzuordnen sind.

5.4.8 800 Finanzierung

Die Kostengruppe 800 „Finanzierung" wurde den bereits seit langer Zeit etablierten 7 Hauptkostengruppen als neue Hauptkostengruppe hinzugefügt (vgl. Tabelle A.14).

Dies hat zur Folge, dass die Kostenverteilung der Gesamtkosten nicht mehr nur über 7, sondern nunmehr über 8 Hauptkostengruppen vorgenommen werden muss. Dadurch verändern sich auch die prozentualen Verteilungsschlüssel. Die Finanzierungskosten waren in der Vorgängernorm in der damaligen KG 760 „Finanzierungskosten" enthalten. Neue Aspekte oder eine gestiegene Bedeutung der Finanzierungskosten im Rahmen einer Gesamtkostenbetrachtung sind nicht zu erkennen. Allerdings ist festzuhalten, dass die Finanzierungskosten schon immer eine Sonderrolle im Rahmen der bisherigen Kostengruppe 700 „Baunebenkosten" eingenommen haben, da in dieser Kostengruppe traditionell hauptsächlich die Honorare vertreten sind.

Tabelle A.14: Kosten der Finanzierung, Kostengruppe 800

810 Finanzierungsnebenkosten	**820 Fremdkapitalzinsen**	**830 Eigenkapitalzinsen**	**840 Bürgschaften**	**850 Sonstige Finanzierungskosten**
(nicht untergliedert)	(nicht untergliedert)	(nicht untergliedert)	(nicht untergliedert)	(nicht untergliedert)

Die neue Hauptkostengruppe 800 „Finanzierung“ der DIN 276:2018-12 ist in ihrer Begrifflichkeit fast ebenso strukturiert wie die ehemalige KG 760 „Finanzierungskosten“ in der Vorgängernorm DIN 276-1:2008-12.

Unter Finanzierung sind alle im Zusammenhang mit der Finanzierung des Bauprojekts anfallenden Kosten bis zum Zeitpunkt der Fertigstellung und der Übergabe zur Nutzung zu verstehen. Finanzierungskosten, die aufgrund von Leerstand nach Fertigstellung des Bauprojekts anfallen, dürfen in dieser Kostengruppe nicht erfasst werden, da diese Kosten nicht mehr Gegenstand der DIN 276:2018-12 sind, sondern zu den Nutzungskosten zählen und damit in den Anwendungsbereich der DIN 18960:2008-02 „Nutzungskosten im Hochbau“ fallen.

In KG 810 „Finanzierungsnebenkosten“ werden alle Kosten für die Finanzierungsplanung und Beschaffung von Dauerfinanzierungsmitteln und deren Teilvalutierungen, die Bereitstellung von Fremdkapital (z. B. Bereitstellungszinsen) sowie die Beschaffung von Zwischenkrediten veranschlagt. Hierunter fallen auch die Gerichts- und Notarkosten für die mit der Finanzierung verbundenen Eintragungen und Löschungen im Grundbuch. Da in der KG 120 „Grundstücksnebenkosten“ ebenfalls Gerichts- und Notarkosten im Zusammenhang mit dem Grundstückserwerb benannt werden, ist in Abgrenzung zu den Kosten der KG 810 darauf zu achten, wer als Verursacher der Kosten benannt ist.

Die eigentlichen Zinskosten bis zur Fertigstellung des Bauprojekts werden in KG 820 „Fremdkapitalzinsen“ und KG 830 „Eigenkapitalzinsen“ erfasst, wobei das Unterscheidungsmerkmal die Herkunft der Finanzierungsmittel ist. Diese Differenzierung zwischen den Zinskosten ist für Wirtschaftlichkeitsberechnungen besonders wichtig.

Des Weiteren wird eine neue Kostengruppe 840 „Bürgschaften“ definiert. Werden zur Finanzierung des Bauprojekts Bürgschaften wie z. B. staatliche Bürgschaften zur Absicherung der Fremdfinanzierungsmittel gewährt, fallen hierfür ebenfalls Kosten an. Dies kann dann notwendig werden, wenn es die grundbuchmäßigen Absicherungen mit sog. nachrangigen Hypotheken oder Grundschulden erforderlich machen.

Weitere mit der Finanzierung verbundene Kosten können ggf. in KG 890 „Sonstige Finanzierungskosten“ erfasst werden.

Grundsätzlich stellt sich bei näherer Betrachtung der Thematik Finanzierung (Kostengruppe 800) jedoch die Frage, wer für die Ermittlung dieser Kosten zuständig ist. Architekt und Fachplaner scheiden sicher aus, da Finanzierungsangelegenheiten als originäre Bauherrenaufgaben anzusehen sind. Also steht der Bauherr als Verantwortlicher in der Verpflichtung, hier dem Anspruch der Norm zu genügen und die Kosten der Finanzierung zu ermitteln und gegenüber dem Planer offenzulegen. Die DIN 276:2018-12 fordert eindeutig eine Kostenermittlung für alle Kostengruppen (100 bis 800) mit Ausweis der Gesamtkosten und eben nicht nur für Teilbereiche (z. B. für die Kostengruppen 200 bis 600).

6 Mengen und Bezugseinheiten

6.1 Allgemeines

Abschnitt 6 „Mengen und Bezugseinheiten“ wurde neu in die DIN 276:2018-12 aufgenommen. Diese Festlegungen waren bisher Gegenstand der Normengruppe DIN 277 „Grundflächen und Rauminhalte im Bauwesen“, in der die Ermittlungsregeln für Bauwerke mit aufgeführt waren.

Mit der Novellierung der DIN 276:2018-12 werden nunmehr nicht nur die Stufen der Kostenermittlung und die Gliederung der Kostengruppen in der Norm vorgegeben, sondern es werden auch die Mengen und Bezugseinheiten für jede einzelne Kostengruppe angegeben. Der ursprüngliche Ansatz war hingegen ein anderer, beide Normen sollten sich ergänzen; die Flächen und Rauminhalte zur Ermittlung der Kosten waren Gegenstand der DIN 277 und die Gliederung und die Vorgehensweise zur Ermittlung der Kosten sollten – in Analogie zu den Leistungsphasen der HOAI – durch die DIN 276 vorgegeben werden.

Um die Kosten ermitteln und auch vergleichen zu können, waren außerdem noch Kostenkennwerte erforderlich, die wiederum zu dem Kontext der beiden Normen passen mussten. Im Laufe der letzten Jahrzehnte kristallisierte sich als Standardwerk für die allgemein und für jedermann zugänglichen bundesdeutschen Baukostenkennwerte das Baukosteninformationszentrum in Stuttgart (BKI) als Herausgeber dieser Kostenkennwerte auf der Basis der DIN 276 und DIN 277 heraus (vgl. BKI Baukosten Gebäude Neubau, Teil 1, 2019). Es gibt zwar noch weitere Anbieter von Kostenkennwerten und auch große private Bauherren verfügen – wie z. B. auch die Deutsche Bahn AG und die Deutsche Telekom AG – über eigene Kostenkennwerte. Diese sind jedoch nicht allgemein und für jedermann zugänglich.

Durch die nunmehr in die DIN 276:2018-12 übernommenen Regeln für die Mengen und Bezugseinheiten verliert die DIN 277 mehr und mehr an Bedeutung; denn die ursprüngliche Idee, durch Definition sog. kostenartenbezogener Flächen und Rauminhalte Baukosten zu ermitteln, konnte in Ermangelung dazugehöriger Kostenkennwerte nicht verfolgt werden. Durchgesetzt hat sich hingegen die baulementeorientierte Gliederung der Kostengruppen für das Bauwerk, auch wenn spätestens beim Kostenvoranschlag eine Transformation zu einer ausführungsorientierten Gliederung der Kosten nach Leistungsbereichen/Gewerken erfolgen muss.

Insofern ergibt sich eine Zweigleisigkeit der Kostenermittlung ab der Leistungsphase 5 „Ausführungsplanung“ (Kostenvoranschlag) der HOAI. Die Struktur der DIN 276 und insbesondere die Gliederung der Kosten hat sich der Entwicklung des Planens und Bauens über die Jahre angepasst. Das Kernelement der Kostengliederung – die Kosten des Bauwerks mit den beiden Kostengruppen 300 und 400 – ist jedoch über die Jahre konstant erhalten geblieben, obwohl auch bei diesen beiden Kostengruppen Verschiebungen stattgefunden haben. Die Kostengruppe 400 war ursprünglich einmal Bestandteil der Kostengruppe 300, aber mit zunehmender Bedeutung des Anteils von technischen Anlagen an den Bauwerkskosten wurde sie zu einer eigenen Kostengruppe. Leider hat sich eine solche Entwicklung nicht für den

Roh- und den (Innen-)Ausbau ergeben, obwohl auch hier die zunehmende kostenmäßige Bedeutung des Ausbaus und eine Trennung in 2 Hauptkostengruppen sinnvoll gewesen wäre.

6.2 Mengen und Bezugseinheiten für Kostengruppen

In Abschnitt 6.2 der DIN 276:2018-12 wird empfohlen, die Kosten für die einstelligen Kostengruppen 100 bis 800 mit den in Tabelle 2 der Norm („Mengen und Bezugseinheiten der ersten Ebene der Kostengliederung") angegebenen Bezugsmengen und -einheiten zu ermitteln.

Die dort genannten Bezugsbezeichnungen und Bezugseinheiten entsprechen den Definitionen der DIN 277-1:2016-01 „Grundflächen und Rauminhalte im Bauwesen – Teil 1: Hochbau". Die Kosten für die Kostengruppen 300, 400, 600, 700 und 800 sollen mit der Bezugseinheit Brutto-Grundfläche (BGF) ermittelt werden; davon abweichend sind die Kosten der Kostengruppen 100 „Grundstück" und 200 „Vorbereitende Maßnahmen" mit der Bezugseinheit Grundstücksfläche (GF) und die der Kostengruppe 500 „Außenanlagen und Freiflächen" mit der Bezugseinheit Außenanlagenfläche (AF) zu ermitteln.

Etwas problematisch dürfte dies für die Kostenermittlung der Kostengruppen 700 „Baunebenkosten" und 800 „Finanzierung" werden, da hierfür im Normalfall keine Kostenkennwerte auf der Basis Brutto-Grundfläche (BGF) zur Verfügung stehen werden. Üblicherweise wurden die Baunebenkosten (KG 700) bisher von den Praktikern als prozentualer Anteil der Bauwerkskosten (Kostengruppen 300 und 400) ermittelt. Für die Kostengruppe 800 „Finanzierung" sind Erfahrungswerte bzw. Faustwerte nur bedingt aus der bisherigen Kostengruppe 700 „Baunebenkosten" ableitbar.

Die zugehörige Kostenermittlung für die in der Tabelle 2 der Norm genannten Bezugseinheiten bezieht sich ausschließlich auf den Kostenrahmen als erster Stufe der Kostenermittlung (vgl. Teil A, Kapitel 4.3.2).

6.3 Mengen und Bezugseinheiten für die Kostengruppe 300

Für die Ermittlung der Kosten der Kostengruppe 300 „Bauwerk – Baukonstruktionen" wird empfohlen, die Tabelle 3 der DIN 276:2018-12 („Mengen und Bezugseinheiten für die Kostengruppe 300") zu verwenden. In dieser Tabelle werden für alle ein- bis dreistelligen Kostengruppen (Grob-/Feinelemente) der Kostengruppe 300 die Mengeneinheit, die Bezeichnung der Mengeneinheit und die Ermittlung der Mengen angegeben. In einigen Fällen, z. B. bei KG 370 „Infrastrukturanlagen", KG 380 „Baukonstruktive Einbauten" und KG 390 „Sonstige Maßnahmen für Baukonstruktionen", können die Mengen und Bezugseinheiten nach den Anforderungen des Projekte definiert werden.

In Tabelle 3 der DIN 276:2018-12 werden die wichtigsten Bezugseinheiten für die Kostengruppe 300 mit angegeben.

6.4 Mengen und Bezugseinheiten für die Kostengruppe 400

Auch für die Kostengruppe 400 „Bauwerk – Technische Anlagen" gibt die DIN 276:2018-12 in Abschnitt 6.4 (Tabelle 4) Mengen und Bezugseinheiten zur Ermittlung der Kosten für die erweiterte Gliederung vor.

Die Kostenermittlungen der zweiten und dritten Kostengliederungsebene für die Kostengruppe 400 gestaltete sich in der Vergangenheit schon immer problematisch, da allgemein zugängliche Kostenkennwerte bezogen auf die einzelnen Bauelemente der zweiten und dritten Gliederungsebene nur mit der Basis Brutto-Grundfläche (BGF) zur Verfügung standen, nicht aber wie in der Kostengruppe 300 individuell mit einer Bezugseinheit bezogen auf das einzelne Bauelement.

Dies führte dazu, dass der Genauigkeitsgrad der Kostenermittlungen zwischen der Kostengruppe 300 und der Kostengruppe 400 sehr unterschiedlich zuungunsten der Kostengruppe 400 ausgeprägt war, weil in der zweiten und dritten Ebene der Kostengliederung die Bezugsbasis Brutto-Grundfläche (BGF) einfach zu ungenau war und ist und andere, genauere Bezugseinheiten mit dazugehörigen Kostenkennwerten nicht zur Verfügung stehen – es sei denn, die Fachplaner der Gebäudetechnik verfügen über eigene Kostensammlungen mit entsprechenden Kennwerten.

Nunmehr werden die Mengen und Bezugseinheiten, mit denen die Kosten zu ermitteln sind, von der DIN 276:2018-12 eindeutig vorgegeben. Es bleibt abzuwarten, ob auch die Kostenkennwerte für diese Mengen und Bezugseinheiten für die Praxis bereitgestellt werden.

Die Problematik der Mengen und Bezugseinheiten der Kostengruppe 400 wird an dem nachfolgendem Beispiel exemplarisch aufgezeigt.

Beispiel: Mengen und Bezugseinheiten für KG 441

Die Kosten für KG 440 „Elektrische Anlagen", Feinelement KG 441 „Hoch- und Mittelspannungsanlagen" werden üblicherweise in der Praxis mit der Bezugseinheit m^2 BGF und dem entsprechenden Kostenkennwert €/m^2 BGF ermittelt (es sei denn, der Elektro-Fachplaner ermittelt die Kosten mit seinen büroeigenen Bezugseinheiten und Kostenkennwerten).

In DIN 276:2018-12, Abschnitt 6.4, Tabelle 4 („Mengen und Bezugseinheiten für die Kostengruppe 400") wird nunmehr vorgeschlagen, die Kosten für das Feinelement KG 441 folgendermaßen zu ermitteln:

- für Schaltanlagen in der Einheit Stück für die Anzahl der Schaltanlagenfelder,
- für Transformatoren ebenfalls in der Einheit Stück für die Anzahl der Transformatoren.

Ob sich solche Vorgaben gerade für die Kostenermittlung der Kostengruppe 400 in der Praxis durchsetzen werden, wird in hohem Maße von der Bereitstellung entsprechender, allgemein zugänglicher Kostenkennwerte abhängig sein bzw. von der büroeigenen Aufbereitung abgewickelter Projekte.

Tabelle 4 der DIN 276:2018-12 stellt erstmalig zumindest die Grundlagen einer spezifischeren und damit exakteren Kostenermittlung für alle Kostengruppen der Kostengruppe 400 bereit. Da diese Tabelle 4 der Norm sehr umfangreich ist, wird an dieser Stelle darauf verzichtet, sie umfassend und vollständig darzustellen.

Wie das obige Beispiel und die Angaben zu den Mengen- und Bezugseinheiten der Bauwerkskostengruppen 300 und 400 zeigen, ist durch die DIN 276:2018-12 ein Weg beschritten worden, einheitliche Rechenregeln für die Kostenermittlungen in einer Norm zusammengefasst zu schaffen.

Erforderlich ist es nunmehr, Kostenkennwerte, wie sie ja für die Kostengruppe 300 schon existieren, auch für die Kostengruppe 400 zur Verfügung zu stellen, um eine bessere Kostengenauigkeit und Kostentransparenz für diese Kostengruppe erreichen zu können (vgl. hierzu auch die Ausführungen in Teil C2, Kapitel 1 und 2).

Teil B – Baukosten und Recht

Dr. jur. Karsten Prote

Das Thema Baukosten hat auch in rechtlicher Hinsicht eine große Bedeutung. Berührungspunkte gibt es insbesondere bei der Bestimmung des vertraglich geschuldeten Leistungssolls und den Rechtsfolgen bei sog. Baukostenüberschreitungen. Bei der Bestimmung des vertraglich geschuldeten Leistungssolls spielt die DIN 276 und deren rechtliche Einordnung eine wichtige Rolle. Die Rechtsfolgen einer Baukostenüberschreitung sind (auch) unabhängig von der DIN 276 immer beachtlich.

1 Bedeutung der DIN 276:2018-12 für die Leistungspflichten des Planers

Dieses Kapitel befasst sich mit der neuen Fassung der DIN 276 aus dem Jahr 2018. Soweit lediglich von der DIN 276 die Rede ist, wird damit die aktuelle Fassung DIN 276:2018-12 in Bezug genommen.

Die DIN 276 enthält Vorgaben für den Planer aus dem Bereich der Kostenplanung (Kostenermittlung, Kostenkontrolle, Kostensteuerung usw.). Aus diesen Vorgaben können sich nur dann Leistungspflichten des Planers ergeben, wenn diese Norm Bestandteil des Architekten-/Ingenieurvertrags ist.

1.1 DIN 276:2018-12 als etwaiger Bestandteil des Architekten-/Ingenieurvertrags

Die DIN 276 ist Bestandteil des Architekten-/Ingenieurvertrags, wenn

- die Vertragsparteien ausdrücklich vereinbaren, dass der Planer im Rahmen der Kostenplanung die Vorgaben der DIN 276 einzuhalten hat oder
- die DIN 276 ein auch ohne vertragliche Vereinbarung vom Planer zu beachtendes Regelwerk darstellen würde.

Ob die DIN 276 auch ohne eine ausdrückliche Vereinbarung Bestandteil des Planervertrags sein kann, hängt davon ab, welche rechtliche Bedeutung der DIN 276 zuzusprechen ist.

1.2 Fehlende Gesetzeskraft einer DIN-Norm

Bei der DIN 276 handelt es sich selbst nicht um ein Gesetz, sondern um eine Regelung des Deutschen Instituts für Normung e. V.

Etwaige Gesetze oder Verordnungen, die die in der DIN 276 beschriebenen Vorgaben zu Leistungspflichten des Planers erklären, gibt es nicht.

Dies gilt auch für die HOAI. Die HOAI regelt „lediglich“ Preisrecht (BGH, BauR 1997, 154; 199, 187). Sie befasst sich demnach allein mit der vom Auftraggeber geschuldeten Honorarleistung, statuiert jedoch keine Leistungspflichten des Planers.

1.3 Allgemein anerkannte Regeln der Technik

Die Vorgaben der DIN 276 wären im Rahmen der vom Planer zu erbringenden Leistungen auch ohne ausdrückliche Vereinbarung einzuhalten, sofern die DIN 276 eine allgemein anerkannte Regel der (Bau-)Technik darstellen würde.

Die Einhaltung der allgemein anerkannten Regeln der Technik wird im Werkvertragsrecht auch ohne ausdrückliche gesetzliche oder vertragliche Regelungen als Kriterium einer ordnungsgemäßen Leistungserbringung angesehen (vgl. Palandt, 2020, § 633, Rn. 7, mit weiteren Nachweisen). Der Gesetzgeber hatte im Rahmen der Schuldrechtsreform im Jahr 2002 sowie bei der Einführung des BGB-Bauvertragsrechts im Jahr 2018 die Möglichkeit, eine entsprechende Regelung in das bestehende Werkvertragsrecht aufzunehmen. Darauf hat er jedoch verzichtet. Damit sollte die Pflicht zur Einhaltung der allgemein anerkannten Regeln der Technik jedoch nicht infrage gestellt werden. Durch die Nichtaufnahme in den Gesetzestext sollte umgekehrt vielmehr dem Missverständnis vorgebeugt werden, der Werkunternehmer (Architekt/Ingenieur) habe seine Leistung bereits allein deswegen ordnungsgemäß erbracht, weil er die allgemein anerkannten Regeln der Technik eingehalten hat (OLG Hamm, Urteil vom 27.09.2012 – Az. 17 U 170/11). Dies ist nicht zwingend der Fall.

Zum einen können die Vertragsparteien (Bauherr und Planer) im Rahmen der Privatautonomie vereinbaren, dass die Beschaffenheit des Planungswerks nicht mit den allgemein anerkannten Regeln der Technik im Einklang stehen muss. Zum anderen kann eine Werkleistung auch mangelbehaftet sein, obwohl die allgemein anerkannten Regeln der Technik eingehalten wurden. Dies ist insbesondere dann möglich, wenn das erschaffene Werk trotz der Einhaltung der allgemein anerkannten Regeln der Technik nicht den vertraglich festgelegten Gebrauch ermöglicht (BGH, NJW 2013, 2268).

Eine ausdrückliche gesetzliche Regelung zu den allgemein anerkannten Regeln der Technik hätte demnach möglicherweise mehr Fragen aufgeworfen als Unsicherheiten beseitigt.

Es bleibt festzuhalten, dass die Einhaltung der allgemein anerkannten Regeln der Technik grundsätzlich auch ohne ausdrückliche gesetzliche Regelung das vom Planer geschuldete qualitative Mindestmaß der Planungsleistung darstellt (BGH, NJW 2013, 1226). Soweit im Vertrag nichts anderes geregelt ist, muss daher üblicherweise davon ausgegangen werden, dass der Unternehmer einen Standard seiner Leistung zu erbringen hat, der den allgemein anerkannten Regeln der Technik zum Zeitpunkt der Abnahme entspricht.

1.3.1 Voraussetzungen einer allgemein anerkannten Regel der Technik

Für das Vorliegen einer allgemein anerkannten Regel der Technik müssen nach üblicher Definition folgende Voraussetzungen gegeben sein (vgl. Ingenstau/Korbion, 2017, § 4 Abs. 2, Rn. 46 f.):

- Es muss sich um technische Regeln für den Entwurf und die Ausführung baulicher Anlagen handeln.

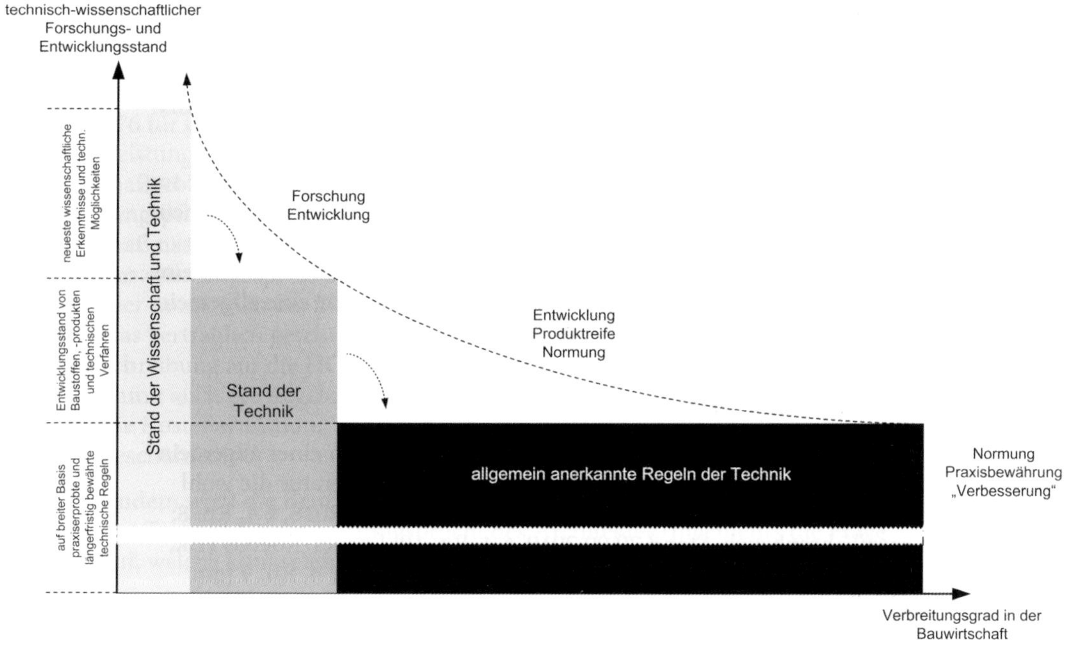

Abb. B.1: Stufenschema wissenschaftlich-technischer Regeln

- Diese müssen in der technischen Wissenschaft als theoretisch richtig anerkannt sein.
- Außerdem müssen sie sich in der Baupraxis durchgesetzt und bewährt haben.

Von den allgemein anerkannten Regeln der Technik sind der Stand der Technik sowie der Stand von Wissenschaft und Technik abzugrenzen. Dabei handelt es sich um die in der Literatur vorgenommene Abgrenzung der 3 am häufigsten verwendeten Technikstandards (vgl. Seibel, 2004, S. 266 f.). Diese 3 Technikstandards stehen in einem Stufenverhältnis zueinander, wobei die allgemein anerkannten Regeln der Technik die niedrigste Stufe bilden (vgl. Seibel, 2004, S. 269). Der Stand der Technik ist ein Standard, der sich an dem dynamischen Prozess der Veränderung technischer Verfahren orientiert und nicht allgemein anerkannt sein muss. Der Stand von Wissenschaft und Technik ist der aktuellste Standard, der sich an den neuesten wissenschaftlichen Erkenntnissen und technischen Möglichkeiten orientiert (vgl. Würfele/Gralla/Sundermeier, 2012, Rn. 126). Abb. B.1 stellt die Zusammenhänge grafisch dar.

Bei DIN-Normen handelt es sich um kodifizierte technische Normen, die nicht zwingend mit den allgemein anerkannten Regeln der Technik übereinstimmen müssen. In der Vergangenheit hat sich gezeigt, dass einige DIN-Normen durch die Praxis bereits überholt wurden und damit nicht mehr den Stand der allgemein anerkannten Regeln der Technik wiedergegeben

Rechtsdogmatisch handelt es sich bei dem Anspruch auf Übernahme der Mehrkosten um einen (verschuldensunabhängigen) vertraglichen Primäranspruch und nicht um einen sekundären Schadensersatzanspruch, für den ein Verschulden des Verpflichteten festgestellt werden muss. Eingeschränkt wird dieser Anspruch nur von einem schuldhaften Verhalten des Auftraggebers selbst (OLG Düsseldorf, BauR 1995, 411).

In der Praxis muss dem Architekten/Ingenieur von der Übernahme einer Bausummengarantie aufgrund folgender Erwägungen abgeraten werden:

- einschneidende Rechtsfolgen wegen verschuldensunabhängiger Haftung,
- regelmäßiger Verstoß gegen Richtlinien des Standesrechts bei Vereinbarung einer Bausummengarantie (vgl. Korbion/Mantscheff/Vygen, 2016, Einführung, Rn. 524),
- Ausschluss des Versicherungsschutzes der Berufshaftpflichtversicherung für aus einer Bausummengarantie etwaig resultierende Ansprüche auf Mehrkostenübernahme (vgl. Korbion/Mantscheff/Vygen, 2016, Einführung, Rn. 524),
- Praxisuntauglichkeit einer solchen Garantie, da eine ganz exakte Prognose der Baukosten unmöglich ist.

2.1.2 Kostenobergrenze

Als Kostenvorgabe kommt neben der Bausummengarantie auch eine sog. Kostenobergrenze in Betracht.

Die Kostenobergrenze kann ausdrücklich vereinbart oder im Wege der Auslegung ermittelt werden. Sie wird Vertragsinhalt, wenn der Bauherr im Vertrag hinreichend zum Ausdruck gebracht hat, dass die Baukosten einen bestimmten Betrag oder Rahmen nicht überschreiten dürfen und der Architekt diese Vorgaben erkennbar akzeptiert hat. Es ist nach den vertragsrechtlichen Grundsätzen zu ermitteln, wie die Erklärung von der jeweils anderen Vertragspartei (objektiv) aufgefasst werden musste.

Die Vereinbarung einer Kostenobergrenze wird beispielsweise angenommen, wenn der Architekt ein Honorarangebot abgibt, in dem die Baukosten im Einzelnen angegeben sind und der Auftraggeber dem Architekten daraufhin den Planungsauftrag erteilt (vgl. Werner/Pastor, 2018, Rn. 2286).

Dagegen lassen sich aus Kostenangaben im **Bauantrag** keine Rückschlüsse auf die Vereinbarung einer Kostenobergrenze ziehen. Der Bundesgerichtshof (BGH) begründet dies damit, dass der Bauantrag anderen Zwecken als der Vereinbarung eines Kostenrahmens dient (BGH, BauR 2013, 1143 = IBR 2013, 284).

Haben die Vertragsparteien eine Kostenobergrenze vereinbart, besteht insoweit kein Spielraum (BGH, BauR 2003, 1061). In diesem Fall muss der Planer die vereinbarte Kostenobergrenze im Rahmen einer ordnungsgemäßen Leistungserbringung einhalten. Der BGH sieht in der Bestimmung einer Kostenobergrenze die Vereinbarung einer vertraglich geschuldeten Beschaffenheit des Planungswerks (BGH, BauR 2003, 566). Überschreitet der Architekt/Ingenieur während der Planung, Bauausführung oder bei der Kostenfeststellung diese Kostenobergrenze, stellt dies einen Mangel seines

(Planungs-)Werkes dar, der zu Mängelhaftungsansprüchen des Bauherrn gegen den Architekten/Ingenieur führen kann.

2.1.3 Kostenrahmen

In Rechtsprechung und Literatur ist im Zusammenhang mit Kostenobergrenzen vielfach auch von einem sog. Kostenrahmen die Rede. Die Erläuterungen und Ausführungen hierzu bleiben häufig vage.

Im Ergebnis ist ein „echter" Kostenrahmen im Sinne eines vom Bauherrn vorgegebenen Budgets zwischen beispielsweise 800.000,00 und 1.000.000,00 € nichts anderes als eine Kostenobergrenze. Der Bauherr gibt hiermit nämlich zu verstehen, dass die Baukosten den Betrag von 1.000.000,00 € nicht überschreiten dürfen. Somit besteht zwischen dem oberen Ende des Kostenrahmens und der Kostenobergrenze kein qualitativer Unterschied (so wohl auch Korbion/Mantscheff/Vygen, 2016, Einführung, Rn. 527 [am Ende]).

Diese Einschätzung deckt sich dabei noch mit der in der Rechtsprechung und Literatur vertretenen Auffassung, wonach die Kostenvorstellung des Bauherrn auch beachtlich ist, wenn sie nicht eine genaue Bausummenobergrenze enthält, sondern nur Angaben zu einer ungefähren Bausumme. Derartige Angaben stecken im Regelfall einen „Kostenrahmen" ab, den der Bauherr nicht überschreiten will (BGH, BauR 2013, 1143).

Hierbei ist dem Planer keine allgemein verbindliche Toleranzgrenze für die Einhaltung dieses Kostenrahmens einzuräumen. Vielmehr hat er den gesteckten „Kostenrahmen" einzuhalten. Ein Spielraum des Planers kommt nur in Betracht, wenn sich in der Parteivereinbarung Anhaltspunkte dafür finden, dass der vereinbarte „Kostenrahmen" keine strikte Grenze, sondern lediglich eine Größenordnung oder Orientierung darstellen soll (vgl. Fuchs/Berger/Seifert, 2016, Teil 1, B., Rn. 211).

Fraglich bleibt, welche Auswirkungen und rechtlichen Folgen die Angabe eines „Circa-Betrags" hat.

> **Beispiel: Angabe eines „Circa-Betrags"**
>
> Der Bauherr gibt gegenüber dem Architekten an, dass die Baukosten maximal „circa" 800.000,00 € betragen sollen. Darf der Architekt die „Circa-Summe" überschreiten? Und wenn ja – um welche Summe oder um welchen Prozentsatz?

Der BGH vertritt hierzu die Auffassung, dass eine vom Bauherrn mit „circa" bezeichnete Summe „ungefähr" einzuhalten sei (BGH, BauR 2013, 1143 = IBR 2013, 284; vgl. Locher/Koeble/Frik, 2014, Einleitung, Rn. 178). Inwieweit eine solche Angabe Spielraum nach oben lasse, hänge dabei von den Umständen des Einzelfalls ab. Der BGH führt insoweit weiter aus:

„Der Architekt ist im Laufe des Planungsprozesses gehalten, Zweifel über den Grenzbereich der vom Auftraggeber noch hingenommenen Herstellungskosten auszuräumen (vgl. auch Wirth in Korbion/Mantscheff/Vygen, HOAI, 6. Aufl.,

Einführung Rn. 237). Dazu kann zum Beispiel die von ihm anzustellende Kostenschätzung dienen. Hält diese sich in dem Rahmen, der von der ‚circa-Angabe' abgedeckt sein könnte, so darf der Architekt jedenfalls nach einem entsprechenden Hinweis auf die Problematik des Kostenrahmens regelmäßig darauf vertrauen, dass der Auftraggeber den in den Kostenermittlungen dargestellten Herstellungskosten widerspricht und seine bislang noch unpräzise Angabe verdeutlicht (vgl. auch Löffelmann/Fleischmann, Architektenrecht, 6. Aufl., Rn. 2140; OLG Celle, BauR 2008, 122, 123). Ist das nicht der Fall, darf der Architekt die weitere Planung auf der Grundlage der Kostenschätzung entwickeln. Gleiches gilt für die Kostenberechnung, wenn bis dahin nicht bereits der Vertragsinhalt auch hinsichtlich der Herstellungskosten festgelegt ist."
(BGH, Urteil vom 21.03.2013 – VII ZR 230/11, IBRRS 2013, 1571, Rn. 10)

Alles in allem bestehen für den Planer gerade auch unter Berücksichtigung dieser Rechtsprechung viele Unwägbarkeiten und damit ein hohes Haftungsrisiko. Tatsächlich dürfte dem BGH zumindest insoweit zuzustimmen sein, dass es sich verbietet, bei der Angabe einer „Circa-Bausumme" ohne Würdigung der Umstände des Einzelfalls eine auf einen Prozentsatz festgelegte Abweichung nach oben hin zu gestatten.

Dem Planer kann insofern nur empfohlen werden, die „Circa-Bausumme" für sich wie eine Kostenobergrenze zu betrachten. Zudem sollte der Bauherr bei jeder sich andeutenden Überschreitung der „Circa-Bausumme" schriftlich informiert und über die Folgen aufgeklärt werden. Soweit der Bauherr eine Überschreitung der „Circa-Bausumme" akzeptiert, sollte der Planer sich dies schriftlich bestätigen lassen. Ausschließlich mit dieser Vorgehensweise kann das Haftungsrisiko auf ein Minimum reduziert werden.

2.1.4 (Zunächst) unverbindliche Kostenvorgaben

Bausummenüberschreitungen kommen auch dann in Betracht, wenn zwischen den Vertragsparteien (zunächst) lediglich unverbindliche Kostenvorgaben als Zielgrößen vereinbart wurden. Eine Haftung des Planers ist dabei möglich, wenn er die Kostenvorstellungen des Bauherrn nicht hinreichend berücksichtigt oder Kostenermittlungen unrichtig erstellt hat.

Verletzung von Aufklärungspflichten

Im Rahmen der Baukostenplanung kann sich eine Haftung des Architekten/Ingenieurs aus der Verletzung von Aufklärungspflichten ergeben. Der Planer ist zu einer zutreffenden Beratung über die voraussichtlichen Baukosten verpflichtet (OLG Rostock, BauR 2005, 400). Dabei hat er auch den finanziellen Rahmen des Auftraggebers zu berücksichtigen (BGH, BauR 1996, 570).

Wenn der Bauherr im Rahmen der Vertragsverhandlungen Kostenvorstellungen geäußert hat, kann es für den Planer unklar sein, ob die Kostenvorstellung eine Kostenobergrenze darstellen soll. In diesem Fall ist der Architekt/Ingenieur verpflichtet, beim Bauherrn nachzufragen (vgl. Korbion/Mantscheff/Vygen, 2016, Einführung, Rn. 532). Darüber hinaus kann eine Vielzahl weiterer Anhaltspunkte auf den Willen des Bauherrn hindeuten, eine bestimmte Kostenobergrenze nicht zu überschreiten. Auch hierbei ergibt sich für den Planer die Pflicht, diesen Sachverhalt mit dem Bauherrn aufzuklären. Ignoriert der Planer eindeutige Anhaltspunkte für das Vorliegen einer vom Auftraggeber gewünschten Kostenobergrenze, kann sich im Einzelfall – trotz fehlender vertraglicher Vereinbarung – eine auf Erstattung der diese Grenze überschreitenden Kosten gerichtete Haftung des Planers ergeben.

Mangelhafte Kostenermittlung

In Betracht kommt eine Haftung des Planers zudem wegen der Erstellung einer mangelhaften Kostenermittlung. Zu klären ist zunächst, wann eine Kostenermittlung mangelhaft ist.

Es liegt in der Natur der Sache, dass eine erste Kostenschätzung (Leistungsphase 2 gemäß HOAI) nicht mit den (später) tatsächlich entstandenen Baukosten übereinstimmen muss. Bei der Überprüfung einer Kostenermittlung auf deren Richtigkeit ist daher nicht entscheidend, wie weit sie von den **tatsächlich entstandenen Kosten** abweicht. Maßgeblich ist, ob zum **Zeitpunkt der jeweiligen Kostenermittlung** alle Faktoren berücksichtigt wurden, die dem Architekten zu diesem Zeitpunkt bekannt waren oder zwingend hätten bekannt sein müssen.

Wenn dem Architekten bereits zum Zeitpunkt der Erstellung der jeweiligen Kostenermittlung zwingend hätte auffallen müssen, dass zum Erreichen des vertraglich geschuldeten Werkerfolges eine erhebliche Mengenmehrung oder abgeänderte bzw. zusätzliche Leistungen erforderlich sein werden, ist eine dies nicht berücksichtigende Kostenermittlung mangelhaft.

Eine mangelhafte Kostenermittlung liegt zudem vor, wenn der Planer pflichtwidrig wesentliche Faktoren außer Acht gelassen hat. In einem solchen Fall drohen einem Planer auch ohne verbindliche Kostenvorgaben Mängelhaftungs- und/oder Schadensersatzansprüche.

Bei der Erstellung einer Kostenermittlung bestehen oftmals Prognose- und Kalkulationsrisiken. Aus diesem Grund sind dem Planer bei der Erstellung seiner Kostenermittlung unter gewissen Voraussetzungen Sicherheitszuschläge einzuräumen. Diese Sicherheitszuschläge werden in der Literatur und Praxis häufig „Toleranzen“ genannt.

Voraussetzung für die Einräumung von Toleranzen ist, dass die in den Kostenermittlungen enthaltenen Prognosen von unvermeidbaren Unwägbarkeiten abhängen (vgl. Fuchs/Berger/Seifert, 2016, Teil 1, B., Rn. 232).

Toleranzen im Rahmen der zu erbringenden Kostenermittlung stehen dem Planer lediglich dann zu, wenn er seine Leistung mangelfrei erbringt (vgl. Korbion/Mantscheff/Vygen, 2016, Einführung, Rn. 535). Denn der Planer muss sämtliche zum Zeitpunkt der jeweiligen Kostenermittlungsart maßgeblichen Faktoren berücksichtigen (BGH, BauR 1997, 335).

Sind dem Planer bei der Kostenermittlung dagegen Fehler unterlaufen, sind ihm insoweit keine Toleranzen einzuräumen.

Wenn die Kostenermittlung Mängel aufweist, können etwaige Toleranzen nur bei solchen Kostensteigerungen berücksichtigt werden, die nicht auf Mängeln beruhen. Die auf einer mangelhaft erstellten Kostenermittlung beruhenden Kostensteigerungen müssen dagegen vollumfänglich herausgerechnet werden, bevor etwaige Toleranzen Berücksichtigung finden können.

Die „Höhe" von Toleranzen kann dabei nicht allgemein anhand von festen Prozentsätzen bestimmt werden. Die dem Planer zuzugestehende Toleranz ist vielmehr für jeden Einzelfall gesondert zu bilden. Auch wenn in der Literatur teilweise gewisse Prozentwerte als Toleranzen angegeben werden (vgl. Fuchs/Berger/Seifert, 2016, Teil 1, B., Rn. 235; Locher/Koeble/Frik, 2014, Einleitung, Rn. 170), so kann sich nicht darauf verlassen werden. Denn der BGH hat deutlich gemacht, dass es keinen „generellen Toleranzrahmen" nach bestimmten Prozentsätzen geben kann (vgl. Korbion/Mantscheff/Vygen, 2016, Einführung, Rn. 535).

2.2 Haftungsfolgen einer Baukostenüberschreitung

Die Folgen der Überschreitung einer Bausumme unterscheiden sich nach der Art der vereinbarten Kostenvorgabe.

2.2.1 Haftung wegen mangelhafter Leistung

Ist die Abnahme der architektonischen Leistungen bereits erfolgt, gilt: Hat der Architekt gegen eine vereinbarte Kostenobergrenze verstoßen, Aufklärungspflichten verletzt oder die Kostenermittlung nicht ordnungsgemäß erstellt, ist die von ihm geschuldete Leistung mangelhaft (vgl. zur Einstufung der kostenmäßigen Beratung des Architekten als werkvertragliche Hauptleistungspflicht: BGH, BauR 2017, 134 bis 136; BGH, BauR 1998, 354; IBR 2003, 203; IBR 2003, 315).

In diesem Fall ist der Architekt zur Nachbesserung verpflichtet (§§ 633, 634 Nr. 1 BGB). Der Auftraggeber hat ihm dafür eine angemessene Frist zur Nachbesserung zu setzen. Hierbei handelt es sich nicht nur um eine Verpflichtung des Architekten, sondern auch um ein Recht zur Nachbesserung. Eine Fristsetzung ist entbehrlich, wenn die Nachbesserung unmöglich ist oder der Architekt die Nachbesserung ernsthaft und endgültig verweigert.

Ist eine Nacherfüllung trotz Fristsetzung nicht erfolgt, stehen dem Auftraggeber die Mangelhaftungsrechte gemäß § 634 Nr. 2, 3 und 4 BGB zu. Bessert der Planer nicht nach, kann der Bauherr also vom Architekten-/Ingenieurvertrag zurücktreten oder stattdessen die Minderung des Werklohnanspruchs erklären und/oder Schadensersatz verlangen. Ferner kommt auch eine Ersatzvornahme oder die Geltendmachung eines Vorschussanspruchs in Betracht.

Ist eine Baukostenüberschreitung als Mangel zu qualifizieren, weil eine Beschaffenheitsvereinbarung über die Höhe der Baukosten zwischen den Parteien vorliegt, hat der Bauherr zudem die Möglichkeit, das Honorar des Planers bis zur Mangelbeseitigung einstweilen einzubehalten. § 641 Abs. 3 BGB bestimmt, dass der Bauherr einen angemessenen Teil des Honorars einbehalten kann. Als angemessen ist in der Regel das Doppelte des zur Mangelbeseitigung erforderlichen Kostenaufwands anzusehen (sog. Druckzuschlag). Diese Möglichkeit besteht allerdings nur, soweit eine Mangelbeseitigung überhaupt (noch) möglich ist.

Dem Bauherrn stehen demnach grundsätzlich folgende Rechte wegen einer mangelhaften Leistung des Planers zu:

- **Nacherfüllung** (§§ 634 Nr. 1, 635 BGB),
- **Ersatzvornahme/Vorschussanspruch** (§§ 634 Nr. 2, 637 BGB),
- **Rücktritt und Minderung** (§§ 634 Nr. 3, 636, 638 BGB) oder
- **Schadensersatz und Aufwendungsersatz** (§§ 634 Nr. 4, 636 BGB).

Daneben kann ihm ein Recht zur Kündigung des Architektenvertrags zustehen (vgl. Locher/Koeble/Frik, 2014, Einleitung, Rn. 183, mit weiteren Nachweisen).

Schadensersatz/Schaden

Anders als bei der „Bausummengarantie" sind Schadensersatzansprüche des Auftraggebers von einem Verschulden des Architekten abhängig. Das Verschulden des Architekten wird allerdings gemäß § 280 Abs. 1 Satz 2 BGB vermutet. Es obliegt demnach dem Architekten, im Prozess darzulegen und zu beweisen, dass er die Mangelhaftigkeit nicht zu vertreten hat.

Resultiert aus der verschuldeten Pflichtverletzung (Baukostenüberschreitung) ein Schaden des Bauherrn, steht diesem ein Schadensersatzanspruch gegen den Planer zu.

Die Berechnung der Anspruchshöhe richtet sich nach dem allgemeinen Schadensersatzrecht. Grundsätzlich ist der Bauherr so zu stellen, wie er stünde, wenn der Architekt/Ingenieur seine Pflichten im Rahmen der Baukostenplanung ordnungsgemäß erfüllt hätte (Ersatz des sog. positiven Interesses).

Ferner kommt insbesondere in den Fällen einer mangelhaften Kostenermittlung ein Anspruch auf Ersatz des sog. negativen Interesses in Betracht. Dies ist immer dann der Fall, wenn der Planer bei Vertragsschluss eine Pflichtverletzung begangen hat und der Bauherr bei einem ordnungsgemäßen Verhalten des Architekten/Ingenieurs den Entschluss zur Bauausführung nicht gefasst bzw. das Bauvorhaben abgebrochen hätte. Der Bauherr ist dann so zu stellen, wie er stünde, wenn das Bauvorhaben nicht durchgeführt worden wäre. Der Schadensersatz dient in diesem Fall also dazu, das Interesse des Bauherrn an einer Nichtdurchführung des Projekts durchzusetzen. Dementsprechend liegt hierbei der Schaden in systematischer Hinsicht nicht in der grundsätzlichen Überschreitung einer Baukostensumme, sondern (überspitzt gesagt) darin, dass überhaupt Baukosten entstanden sind.

Bei der Vereinbarung einer Kostenobergrenze liegt der Schaden grundsätzlich in der Differenz zwischen den vereinbarten Baukosten und den tatsächlich angefallenen Kosten (vgl. Werner/Pastor, 2018, Rn. 2306).

Eine Reduzierung des Schadens kann sich in den vorstehenden Fallgruppen aus dem Gedanken der Vorteilsausgleichung ergeben. Dieser findet statt, wenn ein schadenbringendes Ereignis gleichzeitig mit einem geldwerten Vorteil für den Geschädigten verbunden ist (vgl. Palandt, 2020, Vorbemerkung von § 249, Rn. 67 ff.). Der errechnete Schaden ist dann um diesen Vorteil zu reduzieren.

Wenn sich die Baukosten erhöhen, ist damit häufig auch eine Werterhöhung des Bauobjekts verbunden. Diese schmälert den erlittenen Schaden des Bauherrn. Allerdings können mit der Bausummenüberschreitung mittelbare Schäden verbunden sein, die nicht durch den Mehrwert des Objekts gedeckt sind. So sind höhere Baukosten in der Regel mit höheren Finanzierungskosten für den Bauherrn verbunden. Diese erhöhen den Schaden des Bauherrn. In einem solchen Fall müssen allerdings erneut etwaige Vorteile berücksichtigt werden. Zu denken wäre hierbei an Steuervorteile (BGH, NJW 1994, 856).

Vereinzelt können Ausnahmen vom Grundsatz der Vorteilsausgleichung gemacht werden.

Dies gilt z. B. bei der Eigennutzung des Bauherrn. Verkauft er das Objekt nicht, so realisiert sich für ihn die Werterhöhung zwar im Sinne seiner Vermögensbewertung, nicht aber durch einen entsprechenden Kapitalrückfluss. Als Verkehrswert des Gebäudes ist in diesen Fällen der Sachwert anzusetzen (BGH, BauR 1997, 74). Anders ist es bei gewerblich genutzten oder vermieteten Gebäuden. Bei diesen ist der Ertragswert als Verkehrswert anzusetzen (OLG Düsseldorf, BauR 1974, 354).

Ein niedriger Verkehrswert eines an sich sehr hochwertigen Gebäudes kann auch aus einem vom Bauherrn schlecht gewählten Bauplatz resultieren. Lässt sich aufgrund der Lage des Bauplatzes der Wert des Gebäudes nicht realisieren, ist dies nicht dem Planer vorzuwerfen.

Dieser Umstand muss im Rahmen der Schadensberechnung berücksichtigt werden. An dieser Stelle können sich sowohl für den Bauherrn als auch für den Architekten/Ingenieur weitere Probleme ergeben. Zunächst einmal ist dabei auf den für die Schadensberechnung maßgeblichen Zeitpunkt zu fokussieren. Nach ständiger Rechtsprechung des BGH und der Instanzgerichte ist hierbei in einem Rechtsstreit auf den Zeitpunkt der letzten mündlichen Verhandlung abzustellen (vgl. BGH, Urteil vom 06.05.2004 – III ZR 247/03; OLG Düsseldorf, Urteil vom 23.04.2015 – 5 U 97/14). Hiermit gehen prozesstaktische Möglichkeiten der Parteien einher. In Zeiten des stetigen Anstiegs von Immobilienpreisen sinkt der Schaden allein durch Zeitablauf. In Zeiten einer Rezession am Immobilienmarkt kann umgekehrt der Bauherr von sinkenden Preisen (und damit einem steigenden Schaden) profitieren.

In Kenntnis dieser Situation wurden in der Literatur auch andere Auffassungen vertreten (vgl. Löffelmann/Fleischmann, 2012, Rn. 1719; Lauer, 1993, S. 52), denen die Rechtsprechung allerdings nicht folgt.

Daneben kann es mitunter mit erheblichen Schwierigkeiten verbunden sein, den Schaden bei Baukostenüberschreitungen nachzuweisen. Der BGH hat insofern entschieden (vgl. BGH, BauR 2013, 485; BGH, BauR 2013, 982), dass sich der Bauherr für die Schadensdarlegung jedenfalls nicht auf die Differenz zwischen der Kostenermittlung und den tatsächlichen Baukosten stützen kann (außer in den Fällen, in denen ggf. eine Bausummengarantie durch den Architekten/Ingenieur übernommen worden ist). Regelmäßig ist der Schaden durch Gegenüberstellung der Vermögenslage des Bauherrn mit und ohne den etwaigen Fehler des Architekten/Ingenieurs zu ermitteln (BGH, BauR 2013, 982). Zudem kann der Schaden auch in der Differenz zwischen den Baukosten und dem Verkehrswert des Objekts liegen (vgl. Locher/Koeble/Frik, 2014, Einleitung, Rn. 171). Ebenso kommt es in Betracht, bei gewerblich genutzten Gebäuden auf den Ertragswert abzustellen (vgl. OLG Düsseldorf, BauR 1974, 354; Locher/Koeble/Frik, 2014, Einleitung, Rn. 171). Die Möglichkeiten des Schadensnachweises sind vielfältig und hängen somit entscheidend von den Besonderheiten des jeweiligen Einzelfalls ab.

Ausnahmsweise kann auch aus „Treu und Glauben" (§ 242 BGB) vom Grundsatz der Vorteilsausgleichung abgewichen werden. Voraussetzung dafür ist, dass die mit dem Mehrwert einhergehenden Mehraufwendungen für den Bauherrn untragbar sind. Dies kann allerdings nur in Extremfällen gelten. Nach dem OLG Hamm muss der Bauherr hierfür durch die finanziellen Mehraufwendungen in einer die „Opfergrenze übersteigenden Weise persönlich eingeschränkt" sein (OLG Hamm, BauR 1993, 626 [629]). Dies kann angenommen werden, wenn er die Mehraufwendungen finanziell nicht tragen kann. Dasselbe muss allerdings gelten, wenn die Finanzierung möglich ist, den Bauherrn aber völlig überlastet. Eine solche Überlastung liegt vor, wenn er sein regelmäßiges Aufkommen und die Lebenshaltungskosten nicht mehr bestreiten kann.

Ersatzvornahme/Vorschussanspruch

Der Bauherr kann den Mangel nach erfolglosem Ablauf einer dem Planer zur Nacherfüllung gesetzten Frist zudem selbst beseitigen und Ersatz der erforderlichen Aufwendungen verlangen, wenn nicht der Planer die Nacherfüllung zu Recht verweigert (§ 637 Abs. 1 BGB).

Alternativ kann der Bauherr nach Ablauf der zur Nacherfüllung gesetzten Frist und vor der Mangelbeseitigung vom Planer Vorschuss für die zur Beseitigung des Mangels erforderlichen Aufwendungen verlangen (§ 637 Abs. 3 BGB). Dies hat den Vorteil, dass der Bauherr nicht selbst in Vorleistung treten muss.

Rücktritt/Minderung

Dem Bauherrn wird zudem die rechtliche Möglichkeit eingeräumt, vom Architektenvertrag zurückzutreten oder stattdessen die Minderung des Werklohnanspruchs zu erklären (§§ 634 Nr. 3, 636, 638 BGB). Die Voraussetzungen für die Minderung und den Rücktritt sind über § 638 BGB gleichgeschaltet.

Danach hat der Bauherr dem Planer grundsätzlich auch insofern unter Fristsetzung die Gelegenheit zur Nachbesserung einzuräumen. Erst nach fruchtlosem Fristablauf kann der Rücktritt oder die Minderung des Werklohnanspruchs erklärt werden. Auch hier kann die Fristsetzung ggf. entbehrlich sein (vgl. BGH, BauR 1981, 396 [Fristsetzung entbehrlich, wenn Baukostenüberschreitung sich bereits realisiert hat]; so auch BGH, BauR 2005, 400 = NJW-RR 2005, 398).

Der praktische Anwendungsbereich des Rücktritts ist im Bereich des als Werkvertrag zu qualifizierenden Planervertrags allerdings überschaubar.

Denn Rechtsfolge dessen ist, dass die gegenseitig gewährten Leistungen (Planung einerseits – Planerhonorar andererseits) zurückzugewähren sind (§§ 346 bis 348 BGB). Da die Rückgewähr der Planungsleistung in der Regel nicht möglich sein wird, wäre insofern monetärer Ersatz zu leisten (§ 346 Abs. 2 BGB).

Gemäß § 638 Abs. 3 BGB ist bei der Minderung die Vergütung in dem Verhältnis herabzusetzen, in dem zur Zeit des Vertragsschlusses der Wert des Werkes in mangelfreiem Zustand zu dem wirklichen Wert gestanden haben würde. Soweit erforderlich, ist die Minderung durch Schätzung zu ermitteln.

Diese Rechtsfolgen führen in der Praxis wiederum zu erheblichen Problemen und unbefriedigenden Ergebnissen, wenn es darum geht, die Höhe einer angemessenen Werklohnminderung zu bestimmen.

Kündigung

Sofern der Planer eine Baukostenüberschreitung zu vertreten hat, kann der Bauherr den Planervertrag gemäß § 648a BGB n. F. [12] kündigen (vgl. Locher/Koeble/Frik, 2014, Einleitung, Rn. 176, zur Regelung der §§ 313, 314 BGB [als „Vorgängerregelung“] des § 648a BGB n. F.). Grundsätzlich hat der Bauherr dem Planer allerdings auch insoweit vorab eine Frist zur Nacherfüllung unter Kündigungsandrohung zu setzen, wenn er den Fehler während der Bauzeit erkennt (OLG Stuttgart, BauR 2000, 1893). Hinsichtlich einer etwaigen Entbehrlichkeit der Fristsetzung gilt das oben Gesagte (vgl. die Ausführungen im vorangehenden Abschnitt „Rücktritt/Minderung“). In diesen Fällen liegt gleichzeitig ein wichtiger, vom Planer zu vertretender Grund für die Kündigung vor (OLG Hamm, BauR 1987, 464).

Der Planer kann im Fall der Kündigung nur Vergütung für den bis zur Kündigung erbrachten Teil der Leistung verlangen, soweit diese mangelfrei ist (BGH, BauR 1997, 1060).

Voraussetzung für eine erfolgreiche Geltendmachung der Kündigung aus wichtigem Grund ist stets, dass die Pflichtverletzung des Planers „gerichtsfest“ nachgewiesen werden kann und erheblich ist. Ein Bauherr sollte daher stets sorgfältig prüfen, ob die strengen rechtlichen Anforderungen einer Kündigung aus wichtigem Grund erfüllt sind. Sollte dies nicht der Fall sein, kann eine solche Kündigung ggf. in eine „freie Kündigung“ nach § 648 BGB n. F. umgedeutet werden (vgl. OLG Hamm, Urteil vom 13.03.2010 – 21 U 15/06). Liegt eine freie Kündigung vor, kann der Planer die (volle) vereinbarte Vergütung verlangen. Er muss sich lediglich dasjenige anrechnen lassen, was er infolge der Aufhebung des Vertrags an Aufwendungen erspart oder durch anderweitige Verwendung seiner Arbeitskraft erwirbt oder zu erwerben böswillig unterlässt. Gemäß § 648 Satz 3 BGB n. F. wird vermutet, dass danach dem Unternehmer 5 % der auf den noch nicht erbrachten Teil der Werkleistung entfallenden vereinbarten Vergütung zustehen.

---

12 Soweit mit dem Kürzel n. F. auf die neue Fassung des BGB verwiesen wird, ist damit das BGB in der Fassung seit dem 1. Januar 2018 gemeint.

2.2.2 Verstoß gegen Bausummengarantie

Vereinbaren die Vertragsparteien eine Bausummengarantie, haftet der Planer grundsätzlich für die gegenüber den ursprünglich vereinbarten Kosten entstehenden Mehrkosten.

Einschränkungen bei der Haftung aus der Garantie können sich aus einem Verhalten des Bauherrn ergeben. Denkbar sind beispielsweise kostenrelevante Änderungswünsche des Bauherrn. Diese sind für den Architekten/Ingenieur bei Übernahme der Garantie regelmäßig nicht absehbar und werden daher nicht von der Garantie erfasst. Dem Architekten/Ingenieur kann bei Abgabe einer Bausummengarantie nicht unterstellt werden, er habe für derartige Mehrkosten einstehen wollen.

Eine **Vorteilsausgleichung** gibt es im Rahmen der Bausummengarantie nicht. Der Anspruch auf Ersatz der über die vereinbarte Bausumme hinausgehenden Kosten stellt einen vertraglichen Erfüllungsanspruch dar. Der Grundsatz der Vorteilsausgleichung gilt hingegen nur für Schadensersatzansprüche. Er kann demnach keine Anwendung bei einem Anspruch aus der Bausummengarantie finden. Dieser Anspruch kann durch den zusätzlich erlangten Vorteil nicht geschmälert werden.

Kostenrahmens während der Bedarfsplanung eine Rolle spielen (vgl. Teil C, Kapitel 2.2.1).

Flächen nach DIN 277-1 dienen auch als Basis für die Ermittlung von Betriebs- und Nutzungskosten; so wird z. B. bei der OSCAR-Büronebenkostenanalyse die Netto-Raumfläche (NRF) als Multiplikator verwendet (vgl. OSCAR, 2018).

1.2 DIN 277-1 in der Kostenermittlung

Die nach DIN 277-1 ermittelten Grundflächen und Rauminhalte sind teilweise Bezugseinheiten für Kostenkennwerte, die sich aus DIN 276 ergeben. Daher ist die Kenntnis des Aufbaus der DIN 277-1 und der Definitionen bestimmter Flächenarten als Grundlage für eine Kostenermittlung unabdingbar.

Die DIN 277-1 lässt sich inhaltlich in folgende 3 Kategorien unterteilen:

- Grundflächen des Bauwerks (vgl. Abb. C.1),
- Rauminhalte des Bauwerks,
- Grundflächen des Grundstücks (vgl. Abb. C.2).

Die DIN 276 bezieht sich nicht auf alle Teilflächen der DIN 277-1, sondern konkret nur auf die BGF, die NRF, die AF und die GF. Ein Bezug zum Bauvolumen besteht nicht. Die erste Kostengliederungsebene nach DIN 276 bezieht sich für die Ermittlung des Kostenrahmens auf folgende Flächen nach DIN 277-1 (vgl. Tabelle C.1).

Tabelle C.1: Bezüge zwischen der ersten Kostengliederungsebene nach DIN 276 und den Flächen nach DIN 277-1

Kostengruppen (DIN 276:2018-12)	Flächen (DIN 277-1:2016-01)
KG 100 Grundstück	Grundstücksfläche (GF)
KG 200 Vorbereitende Maßnahmen	Grundstücksfläche (GF)
KG 300 Bauwerk – Baukonstruktionen	Brutto-Grundfläche (BGF)
KG 400 Bauwerk – Technische Anlagen	Brutto-Grundfläche (BGF)
KG 500 Außenanlagen und Freiflächen	Außenanlagenfläche (AF)
KG 600 Ausstattung und Kunstwerke	Brutto-Grundfläche (BGF)
KG 700 Baunebenkosten	Brutto-Grundfläche (BGF)
KG 800 Finanzierungskosten	Brutto-Grundfläche (BGF)

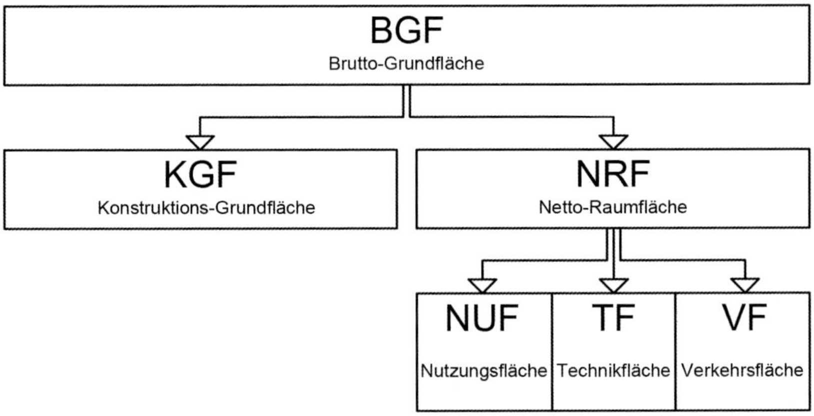

Abb. C.1: Gliederung der Grundflächen eines Bauwerks nach DIN 277-1 (Quelle: Heike Irmscher, Berlin)

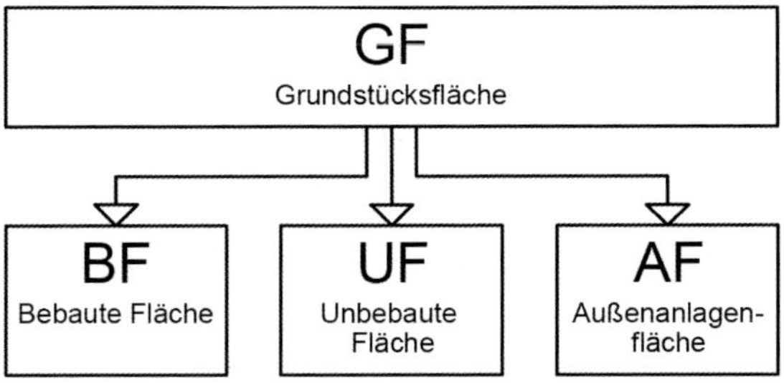

Abb. C.2: Gliederung der Grundflächen des Grundstücks nach DIN 277-1 (Quelle: Heike Irmscher, Berlin)

Bereits in der zweiten Gliederungsebene nach DIN 276 findet sich ein Bezug zur DIN 277-1 nur noch in 3 Kostengruppen:

- KG 380 „Baukonstruktive Einbauten“ (Bezug BGF),
- KG 390 „Sonstige Maßnahmen für Baukonstruktionen“ (Bezug BGF),
- KG 490 „Sonstige Maßnahmen für technische Anlagen“ (Bezug BGF).

In der dritten Gliederungsebene der DIN 276 sind die Bezugseinheiten gemäß DIN 277-1 nur in der Kostengruppe 400 „Bauwerk – Technische Anlagen“ zu finden. Anzusetzen ist die anteilige NRF für die KG 423 „Raumheizflächen“ und KG 439 „Sonstiges zur KG 430“. Die BGF wird angesetzt für KG 444 „Niederspannungsinstallationsanlagen“, KG 445 „Beleuchtungsanlagen“ und KG 446 „Blitzschutz- und Erdungsanlagen“ sowie für die Kostengruppen zur KG 490 (KG 491 bis 499).

Die wichtigsten Charakteristika der genannten Bezugsflächen werden im Folgenden dargestellt.

Grundstücksfläche GF

Die Grundstücksfläche (GF) ist nach DIN 277-1, Abschnitt 3.3.1, die *„Fläche, die durch die Grundstücksgrenzen gebildet wird und die im Liegenschaftskataster sowie im Grundbuch ausgewiesen ist"*. Sie dient als Kennzahl für die Kostenermittlung des Grundstücks und der vorbereitenden Maßnahmen und unterteilt sich in die Bebaute Fläche (BF), die Außenanlagenfläche (AF) und die Unbebaute Fläche (UF). Der Wert eines Grundstücks wird über die Fläche und einen Preis pro m^2 ermittelt.

Außenanlagenfläche AF

Die Außenanlagenfläche (AF) entspricht nach DIN 277-1, Abschnitt 3.3.4, der *„Teilfläche der Grundstücksfläche (GF), die sich außerhalb eines Bauwerks bzw. bei unterbauter Grundstücksfläche über einem Bauwerk befindet"*.

An dieser Stelle ist auf den Unterschied von AF und UF hinzuweisen: Die UF ist die Fläche des Grundstücks, die weder unter- noch oberhalb bebaut ist, die AF hingegen entspricht der Fläche, die auf der Oberkante des Geländes nicht bebaut ist. Dies ist sinnvoll vor dem Hintergrund, dass die Kostengruppe 500 über die AF ermittelt wird; denn eine Bepflanzung über einer Tiefgaragendecke muss in den Kosten berücksichtigt werden.

Brutto-Grundfläche BGF

Die BGF ist nach DIN 277-1, Abschnitt 3.1.1, die *„Gesamtfläche aller Grundrissebenen des Bauwerks"*. Sie ist als Summe der einzelnen Grundrissebenen anzugeben und wird für alle nutzbaren Grundrissebenen – auch der Nichtvollgeschosse – ermittelt. Die BGF (und der BRI) sind getrennt nach Grundrissebenen (Geschossen) und nach unterschiedlichen Höhen zu ermitteln. Die Ermittlung der Grundflächen getrennt nach unterschiedlichen Höhen ist außerdem die Vorlage für die Ermittlung des BRI. In diesem Sinne sind auch Grundflächen unter oder über Schrägen gesondert zu ermitteln.

Da es sich bei der BGF um die vertikale Projektion einer Fläche auf eine waagerechte Ebene handelt, sind die Grundflächen schräg liegender Flächen ebenfalls aus ihrer vertikalen Projektion zu ermitteln. Die für die Ermittlung der BGF zugrunde zu legenden Begrenzungsmaße sind exakt zu bestimmen. Die Maße hierfür sind festzustellen in Fußbodenhöhe (Oberkante Fertigfußboden) von

- Außenputz zu Außenputz oder
- Außenverkleidung zu Außenverkleidung bzw.
- Außenbrüstung zu Außenbrüstung.

Zur Vereinfachung bleiben konstruktive und gestalterische Profilierungen außer Betracht. Nicht zur BGF gehören Flächen, die keine nutzbaren Grundrissebenen darstellen wie z. B. nicht nutzbare Dachflächen, Flächen von Hohlräumen unter dem Bauwerk bei Hangbebauung.

Die BGF setzt sich zusammen aus der Grundfläche, die von der Konstruktions-Grundfläche (KGF) des Bauwerks eingenommen wird und der NRF, die von den inneren Begrenzungen der Konstruktion (lichte Maße in Fußbodenhöhe) gebildet wird.

Hinweis

Die BGF darf auf keinen Fall gleichgesetzt werden mit der GFZ der BauNVO, die explizit nur die Flächen von Vollgeschossen ermittelt. In der Literatur und auch in Diskussionen findet sich leider immer wieder der Begriff „Bruttogeschossfläche“ statt „Brutto-Grundfläche“ Dieser Begriff ist falsch, denn die „Geschossfläche“ als Terminus aus der BauNVO hat einen völlig anderen Flächenansatz als die Brutto-Grundfläche der DIN 277-1.

DIN 277-1 differenziert die BGF folgendermaßen in:

- BGF (R): Regelfall der Raumumschließung – Raum ist vollständig umschlossen,
- BGF (S): Sonderfall der Raumumschließung – Raum ist nicht vollständig umschlossen (z. B. Balkone).

Bei der Kostenermittlung ist darauf zu achten, ob die Kostenkennwerte auf Grundlage der vollständigen BGF – also als Summe der BGF (R) + (S) – ermittelt wurden oder auf Grundlage der BGF (R).

Bei der Ermittlung der BGF bereiten „nicht vorhandene“ Flächen immer wieder Schwierigkeiten, wie z. B. der Luftraum über einem Atrium. Da Flächen regulär auf Höhe der Oberkante Fertigfußboden (OK FFB) gemessen werden, gilt: Ist kein Fußboden vorhanden, kann auch nichts gemessen werden.

Nicht zur BGF gezählt werden nach Abschnitt 6.1.1 der DIN 277-1 darüber hinaus Flächen, *„[...] die keinen Zugang haben, nicht begehbar sind oder aus anderen Gründen nicht nutzbar sind“*, wie z. B. Dachräume. Dies gilt auch dann, wenn der Dachboden eine Einstiegsluke hat und auf der abgehängten Decke Dinge gelagert werden können (z. B. Koffer oder Skier).

„Flächen, die ausschließlich der Wartung, Inspektion und Instandsetzung von Baukonstruktionen und technischen Anlagen dienen (z. B. nicht nutzbare Dachflächen, fest installierte Dachleitern und Dachstege, Wartungsstege in abgehängten Decken, Kriechkeller)“, werden nach DIN 277-1, Abschnitt 6.1.1, ebenfalls nicht zur BGF gezählt. Die Frage, ob ein Flachdach zur BGF gezählt werden kann, sorgt immer wieder für Diskussionen – beispielsweise dann, wenn diese Fläche nur über eine Dachluke erschlossen ist und darauf gefeiert oder ein Dachgarten angelegt werden kann. Solche Nutzungen sind jedoch baurechtlich nicht zulässig, weil u. a. Absturzsicherungen und Fluchtwege für den Brandfall fehlen. Ein Flachdach, das offiziell nur zu Wartungszwecken betreten werden kann, ist wie ein Satteldach zu werten. Hier käme niemand auf den Gedanken, diese Fläche als BGF zu definieren.

Ebenfalls nicht zur BGF gehören nach Abschnitt 6.1.1 der DIN 277-1 *„Flächen der außerhalb des Bauwerks befindlichen und nicht mit dem Bauwerk konstruktiv verbundenen Baukonstruktionen (z. B. Außentreppen, Außenrampen, Pergolen, Freisitze, Terrassen)“*. Ein weiteres Beispiel dafür wäre eine Hausdurchfahrt, die nicht unterkellert ist.

Netto-Raumfläche NRF

Die NRF ist gemäß Abschnitt 3.1.3 der DIN 277-1 die *„Teilfläche der Brutto-Grundfläche (BGF), die sämtliche Grundflächen der nutzbaren Räume aller Grundrissebenen des Bauwerks umfasst“*. Sie setzt sich aus der Nutzungsfläche (NUF), der Technikfläche (TF) und der Verkehrsfläche (VF) zusammen (vgl. Abb. C.1). Für die Ermittlung der NUF, TF und VF gelten die gleichen Vorgaben wie für die NRF.

Während Flächen von u. a. versetzbaren Bauteilen und frei liegenden Rohrleitungen zur NRF gehören, sind Grundflächen von Wandöffnungen (Türen oder Durchgänge), Fensternischen, Aussparungen usw. der Konstruktions-Grundfläche (KGF) zugehörig. Für die Ermittlung der NRF anzusetzen sind gemäß DIN 277-1, Abschnitt 6.2.2, *„die lichten Maße zwischen den Baukonstruktionen in Höhe der Oberseite der Boden- bzw. Deckenbeläge“*.

1.3 Kostenermittlung nach BGF und BRI sowie weitere Möglichkeiten

Wie bereits erläutert, verweist die DIN 276 zur Ermittlung des Kostenrahmens auf die BGF. Nicht genannt wird die Verwendung des BRI als Bezugseinheit, der ebenfalls in der DIN 277-1 definiert ist.

Dabei ist es zur Plausibilitätsprüfung insbesondere der Bauwerkskosten (Kostengruppen 300 und 400) durchaus sinnvoll, den Kostenrahmen nicht nur über die BGF zu ermitteln, sondern auch über den BRI.

Nach DIN 277-1 gehören zum BRI die Rauminhalte aller Räume und Baukonstruktionen, die sich über den Brutto-Grundflächen des Bauwerks befinden. Weiter heißt in der Norm:

„Der Brutto-Rauminhalt (BRI) wird von den äußeren Begrenzungsflächen umschlossen, die von den konstruktiven Bauwerkssohlen, den Außenwänden und den Dächern einschließlich Dachgauben oder Dachoberlichtern gebildet werden.“ (DIN 277-1:2016-01, Abschnitt 7.1.1)

Bestimmte gestalterische Faktoren wie z. B. Dachformen, große Raumhöhen und Lufträume werden in der BGF nicht berücksichtigt, haben aber aufgrund ihres Volumens Auswirkungen auf die Kosten (vgl. Abb. C.3).[15]

Der Mehraufwand, den Kostenrahmen nicht nur nach BGF, sondern auch nach BRI zu ermitteln, ist angesichts der Kontrollfunktion, die sich aus der Gegenüberstellung und dem Vergleich der ermittelten Kosten ergibt, zu vernachlässigen. Fällt der Unterschied zwischen den ermittelten Werten bei den Bauwerkskosten nach BGF und BRI hoch aus, ist eine detaillierte Prüfung der Kostenansätze notwendig.

In der Fachliteratur findet sich auch der Ansatz, Baukosten nach der NUF zu ermitteln (vgl. BKI Baukosten Gebäude Neubau, 2018, S. 122). Von dieser Vorgehensweise ist allerdings abzuraten, wenn keine Standardgebäude mit immer gleichen Flächenverhältnissen geplant werden, da das Verhältnis der

---

15 Der BRI wird auch in der bereits genannten Baukosten-Reihe des Baukosteninformationszentrums Stuttgart (BKI) als Benchmark aufgeführt.

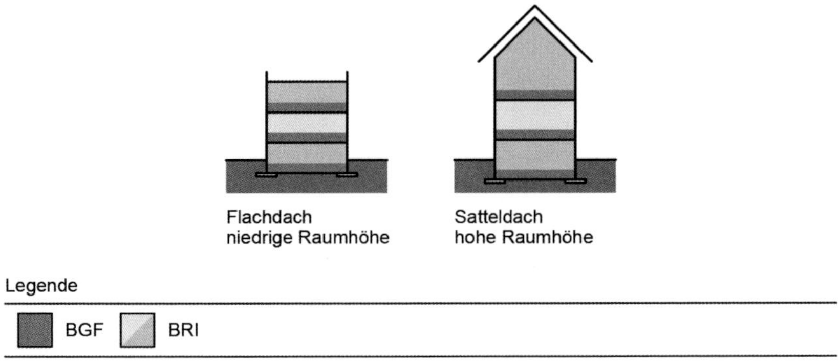

Abb. C.3: Kostenermittlung – gleiche Brutto-Grundflächen, unterschiedliche Brutto-Rauminhalte (Quelle: Heike Irmscher, Berlin)

NUF zur BGF aufgrund großer Verkehrsflächen wie z. B. breiter Flure oder großzügiger Treppenhäuser stark schwanken kann; entsprechend ist die Gefahr einer ungenauen Kostenermittlung zu hoch.

Eine weitere Möglichkeit, Kosten zu generieren, ist der Ansatz, Kosten pro Arbeitsplatz (AP) oder Nutzungseinheit (NE) zu ermitteln. Diese Vorgehensweise ist allerdings riskant, weil viele Faktoren einfließen wie z. B. der Flächenansatz pro Mitarbeiter oder die Ausstattung des Arbeitsplatzes.[16]

Die Grundproblematik des Zusammenspiels von Flächen/Rauminhalten, Kostenkennwerten und Kostenermittlungen in den einzelnen Leistungsphasen des Planens und Bauens besteht darin, zum jeweiligen Zeitpunkt die adäquaten Daten richtig zu kombinieren. Leider ist es in der Praxis jedoch so, dass für die einzelnen Kostenermittlungen nur diejenigen Daten verwendet werden, die bereits vorhanden sind oder mit einem möglichst geringen Arbeitsaufwand beschafft werden können. Dies führt häufig dazu, dass einzelne Kostengruppen sehr akribisch und andere Kostengruppen sehr oberflächlich berechnet werden und damit letztendlich zu unkorrekten Kostenaussagen.

Architekten und Fachplaner sind sich dieser Zusammenhänge und der systemimmanenten Schwächen dieser Vorgehensweise bewusst – trotzdem wird es in der Realität so praktiziert. Nun hat die aktuelle DIN 276 die Kostenermittlungsvorgaben weiter verschärft und damit die Anforderungen an die Exaktheit der Flächenberechnungen und der Genauigkeit der Kostenaussagen erhöht. Die bisher übliche Art, bei den Kostenermittlungen Kostenrahmen, Kostenschätzung und Kostenberechnung überschlägige BGF-Berechnungen für die Kostengruppen 300 (Baukonstruktionen) und 400 (technische Anlagen) zu verwenden, ist in Zukunft nicht mehr möglich.

Für die Kostengruppe 300 z. B. sind nun schon ab der Kostenschätzung differenzierte und aufwendig zu berechnende Bauelemente-Mengenermittlun-

16 Die Spannweite eines Büro- und Verwaltungsgebäudes mit mittlerem Standard beträgt z. B. 43.290 bis 151.270 €/NE (vgl. BKI Baukosten Gebäude Neubau, 2018, S. 122).

gen notwendig. Die Kostengruppe 400 erfordert Know-how des Fachplaners, um den gestiegenen Anforderungen hinsichtlich nunmehr sehr differenzierten Mengenermittlungen für die einzelnen Kostengruppen und der Verwendung dazugehörender Kostenkennwerte gerecht zu werden.

1.4 Fazit: DIN 277-1 als Basis der Kostenermittlung nach DIN 276

Ist die DIN 277-1 für die Ermittlung der Baukosten unverzichtbar? Das kann bejaht werden, allerdings mit Einschränkungen. Tatsächlich ist nur der Einsatz der BGF (und des BRI, auch wenn die DIN 276 nicht auf den BRI als Kostenkennwert verweist) bei der Ermittlung des Kostenrahmens für die Kostengruppen 300 und 400 (Bauwerkskosten) sowie für die Kostengruppen 600 bis 800 sinnvoll (vgl. dazu Teil C, Kapitel 2.2.1).

Alle anderen Flächenarten der DIN 277-1 sind für die Kostenermittlung nicht unbedingt notwendig. Die Kostengruppen 100 und 200 können über die Grundstücksfläche aus dem Liegenschaftskataster/Grundbuch ermittelt werden. Für die Kostengruppe 500 ist die Grundstücksfläche abzüglich der BGF (R) des Erdgeschosses zu verwenden, dies entspricht der AF. In der zweiten und dritten Ebene der Kostengliederung ist die Ermittlung nach BGF zu ungenau bzw. hier gehen die Anforderungen der DIN 276 weiter (vgl. dazu Teil C, Kapitel 2.2). Und die NRF wird ohnehin nur in wenigen Kostengruppen der Kostengruppe 400 verwendet.

Das Alleinstellungsmerkmal der DIN 277-1 im Vergleich zu den anderen aufgeführten Flächenermittlungsarten – der Kostenbezug – ist durch die Verwendung der BGF bereits erfüllt. Für die Ermittlung von Mietflächen, Betriebs-/Nebenkosten usw. gibt es Flächenermittlungsarten, die exakter an die spezifischen Anforderungen angepasst sind. Da die DIN 277-1 in der Immobilienwirtschaft bereits sehr lange im Einsatz ist, wurde auf deren Basis – unabhängig von den Baukosten – eine Vielzahl von Benchmarks entwickelt. Dies sind z. B. Verhältniswerte wie VF/BGF oder NUF/BGF, die den Nutzungsgrad und damit die Flächenwirtschaftlichkeit von Entwürfen/Grundrissen beschreiben (vgl. Teil D, Kapitel 1, sowie OSCAR, 2018). Aktuell gibt es diesbezüglich keine alternativen Benchmarks auf Basis anderer Flächenermittlungsarten.

2 DIN 276 – Handlungsempfehlungen zur Kostenermittlung

Prof. Dr.-Ing. Clemens Schramm

Während des Planungs-, Bau- und Nutzungsprozesses gibt es verschiedene Kostenermittlungen. Die Ermittlung der einmaligen (Bau-)Kosten während der Planungs- und Realisierungsphase erfolgt nach DIN 276:2018-12 „Kosten im Bauwesen".

Kosten nach DIN 276[17] sind Aufwendungen für Güter, Leistungen, Steuern und Abgaben, die für die Vorbereitung, Planung und Ausführung von

---

17 Nachfolgend ist – wenn nicht anders angegeben – damit die Fassung DIN 276:2018-12 „Kosten im Bauwesen" gemeint.

Bauprojekten erforderlich sind. Die Gesamtkosten nach DIN 276 ergeben sich als Summe aller Kostengruppen (Kostengruppen 100 bis 800), die die Zusammenfassung einzelner, nach den Kriterien der Planung zusammengehörender Kosten darstellen. Mit der Bildung von Kostengruppen wird der Notwendigkeit Rechnung getragen, dass mehrere einzelne Aufwendungen, ungeachtet der zeitlichen Fälligkeit, zweckorientiert und sachlich zusammengefasst werden müssen.

An dieser Stelle sei darauf hingewiesen, dass die Begrifflichkeiten der DIN 276 nicht immer entsprechend dem Gebrauch bzw. der Definition in der Allgemeinen Betriebswirtschaftslehre verwendet werden. So werden dort Kosten und Aufwendungen bzw. Aufwand unterschieden und bekannt sind beispielsweise auch Kostenarten, Kostenstellen und Kostenträger. In der Praxis der Kostenermittlungen spielen diese Definitionsunterschiede keine Rolle, sodass sie hier nicht weiter thematisiert werden (vgl. hierzu Teil D sowie Teil A, Kapitel 3.1).

Die DIN 276 kennt 6 Kostenermittlungen in unterschiedlicher (Gliederungs-)Tiefe, von denen vor allem die Ermittlungsarten Kostenrahmen, -schätzung und -berechnung (sowie in Teilen auch der Kostenvoranschlag) planungs- bzw. bauteilorientiert angelegt sind. Um die Kosten für ein Projekt ermitteln zu können, werden in der Regel abgerechnete Objektdaten verwendet, wobei die Vergleichsobjekte in ihren Eigenschaften möglichst dem geplanten Objekt gleichen (z. B. Nutzung, Größe, Standort, Konstruktion) bzw. – bei bauteilorientierter Kostenermittlung – die jeweiligen Bauelemente denselben oder ähnlichen Ausführungsstandard haben sollen. Die so gewonnenen Kostenkennwerte als Vergangenheitsgrößen werden mithilfe von Baupreisindizes auf den aktuellen Kostenstand zum Zeitpunkt der Ermittlung bzw. ggf. als Kostenprognose hochgerechnet. Ein etwaiger regionaler Preiseinfluss kann auf diese Weise ebenfalls eingerechnet werden. Liegen also etwa nur Kostendaten aus Großstädten vor, können diese mithilfe eines sorgfältig zu wählenden Faktors auf das geringere Preisniveau in ländlichen Regionen heruntergerechnet werden (vgl. zu den Kostenkennwerten Teil A, Kapitel 3.13, sowie Teil C, Kapitel 2.1.4).

Dies gilt analog bei einer ausführungsorientierten, an Gewerken bzw. Vergabeeinheiten orientierten herstellungsmäßigen Kostenermittlung, bei der die Einheitspreise von konkreten Bauleistungen hergeleitet und in einem Kostenvoranschlag oder Kostenanschlag zusammengefasst werden können. Auf diese Weise wird der Vergleich der erwarteten Kosten mit den sich aus den Angeboten der Bauunternehmen ergebenden Kosten ermöglicht. Die abschließende Kontrolle wird im Vergleich mit der Kostenfeststellung vorgenommen.

Es sollte bei der Kostenplanung zugleich nicht vergessen werden, dass es nicht allein darum geht, die Gesamtkosten mithilfe der Kostenschätzung oder Kostenberechnung am Ende einer Leistungsphase gemäß HOAI[18] (z. B. der Vorplanung oder Entwurfsplanung [Leistungsphasen 2 und 3]) zu dokumentieren. Da die Bau- und auch die Nutzungskosten erfahrungsge-

18 Nachfolgend ist – wenn nicht anders angegeben – damit die Fassung HOAI 2013 gemeint.

mäß besonders in diesen frühen Leistungsphasen am stärksten zu beeinflussen sind, geht es vielmehr auch darum, Planungsvarianten kostenmäßig zu bewerten. Dies kann sich etwa auf Ausstattungsvarianten beziehen wie z. B. den Ausbaustandard oder den Grad der technischen Ausstattung. Wichtiger bzw. kostenintensiver sind die Grundsatzentscheidungen etwa zur Grundrissgestaltung und damit zum Flächenverbrauch sowie zur Größe eines Bauwerks, da sich diese Entscheidungen am Anfang des Planungs- und Bauprozesses am stärksten auf die Gesamtkosten auswirken (vgl. hierzu Teil D, dort vor allem Kapitel 4).

Die Kostenplanung umfasst laut Definition der DIN 276 die Kostenermittlungen, die jeweiligen Kostenkontrollen und Kostensteuerungen. Die nachfolgenden Ausführungen in Kapitel 2.1 und 2.2 von Teil C beschränken sich auf die in der DIN 276 verankerten, oben genannten 6 Kostenermittlungen. Verfahren der Kostenkontrolle und Kostensteuerung werden in Teil A, Kapitel 4.4 und 4.5 des vorliegenden Buches näher beleuchtet. Die Grundlagen der Kostenplanung werden zudem in der Kommentierung von Teil A ausgiebig besprochen, sodass hier darauf verwiesen werden kann.

Nachfolgend werden zunächst die Voraussetzungen und Grundüberlegungen zur Kostenermittlung benannt. Sodann wird der chronologische Ablauf der in der DIN 276 verorteten Kostenermittlungen thematisiert. Kostenplanung wird von verschiedenen Projektbeteiligten vorgenommen. Neben dem Architekten bzw. Objektplaner sind auch verschiedene Fachplaner beteiligt; zudem müssen Bauherr und ggf. Projektsteuerer mitwirken. Auch dies wird nachfolgend thematisiert.

2.1 Voraussetzungen und Vorüberlegungen zur Kostenermittlung

2.1.1 Leistungsumfang vereinbaren

Die erste Frage, die sich ein (Kosten-)Planer stellen muss, ist die Klärung, welche Leistungen notwendig sind und welches Leistungsbild beauftragt worden ist bzw. werden sollte. Architekt und Fachplaner müssen den (potenziellen) Auftraggeber dahin gehend beraten, welche Leistungen insgesamt für das Bauprojekt erforderlich sind. Dies ergibt sich aus der laufenden Rechtsprechung bzw. bei (beabsichtigter) Beauftragung anhand der in der HOAI verankerten Leistungsbilder und dort aus der Leistungsphase 1, die bei der (Innen-)Architekturplanung das Beraten zum gesamten Leistungs- und Untersuchungsbedarf vorsieht (vgl. HOAI, Anlage 10, Leistungsbild Gebäude und Innenräume). Auch das Klären der Aufgabenstellung und somit u. a. eine Abstimmung zu den Projektrandbedingungen ist in der Objektplanung in den Leistungsbildern als Bestandteil der Grundlagenermittlung enthalten (vgl. HOAI, Anlagen 11 ff.).

Diese Beratung sollte auch die Frage umfassen, welche Leistungen in Bezug auf die Kostenplanung sinnvollerweise erbracht werden sollten. Dabei ist zu klären, welcher Fachplaner die jeweils zu erbringenden Leistungen erbringt und inwieweit der Auftraggeber bei der Kostenplanung mitwirken will und kann.

Aus Sicht eines Architekten ist es diesem keineswegs zuzutrauen oder zuzumuten, die Gesamtkosten eines Bauvorhabens vollständig allein zu ermitteln. Denn ihm fehlen regelmäßig Informationen, über die nur der Auftraggeber verfügt, z. B. die Kosten bzw. der Wert des Grundstücks und die damit verbundenen Kaufnebenkosten (Kostengruppe 100) sowie Angaben zu den Finanzierungskosten (Kostengruppe 800), da die Finanzierungsplanung nicht zu den Grundleistungen des Architekten gemäß HOAI gehört.

Zugleich haben Architekten zumindest bei komplexeren Bauaufgaben im Regelfall keine ausreichende Planungskompetenz etwa für die Planung der technischen Ausrüstung oder der Freiraumplanung. Hier gilt der Grundsatz: Wer plant, ermittelt auch die Kosten und übernimmt ebenso den fachlichen Teil der Kostenkontrolle und Kostensteuerung, soweit das beauftragt ist. Dies bedeutet, dass die Kosten der technischen Anlagen (Kostengruppe 400) von dem oder den Haustechnikplanern zu ermitteln sind, die Kosten der Freianlagen (Kostengruppe 500) vom Planer der Außenanlagen. Analog gilt dies auch bei Sonderplanern wie etwa für Fassadenplanung, Planung von Akustik, Schallschutz oder Brandschutz usw.[19]

Die Aufgabe des Architekten ist es hier, auch die auf Kosten bezogenen Planungsleistungen der anderen fachliche Beteiligten zu koordinieren und zu integrieren (vgl. HOAI, Anlage 10, Leistungsbild Gebäude und Innenräume, z. B. Leistungsphasen 2 und 3) sowie eine Aussage zu den Gesamtkosten zu treffen. Ob und inwieweit der Architekt bzw. Objektplaner die Kostenangaben der anderen Beteiligten ggf. auf Plausibilität zu prüfen hat, ergibt sich aus dem Vertrag bzw. den rechtlichen Anforderungen. Grundsätzlich wird aber gelten, dass jeder Planungsbeteiligte für seine Angaben verantwortlich ist und haftet.

Zudem ist darauf zu achten, die bestehenden unterschiedlichen Anforderungen an die Kostenplanung, wie sie sich aus der aktuellen DIN 276:2018-12 und den (in der Praxis häufig verwendeten) Leistungsbildern der HOAI 2013 ergeben, in Einklang zu bringen. Beispielsweise sind der Kostenrahmen als erste Kostenermittlung nach DIN 276 und der mit der Fassung DIN 276:2018-12 erstmalig eingeführte Kostenvoranschlag in der HOAI nicht als Planerleistung genannt. Statt des Kostenanschlags begnügt sich die HOAI in den jeweiligen Leistungsbildern mit dem Bepreisen der Leistungsverzeichnisse als zu erbringende Grundleistung.

Die rechtliche Frage, ob und inwieweit die Anforderungen der DIN 276 als allgemein anerkannte Regeln der Technik durch den Planer zu erbringen sind, wird in Teil B des vorliegenden Buches näher beleuchtet. Die Unterschiede in den Anforderungen, wie sie sich aus dem Vergleich der DIN 276 mit der HOAI ergeben, werden hier in Teil C in Kapitel 3 aufgezeigt. Im Leistungsbild der technischen Ausrüstung gehen beispielsweise die Anforderungen der HOAI weiter, als sich aus der alten DIN 276 aus 2008 ergibt: Während dort die Kostenschätzung in der ersten Gliederungsebene und die

19 Hinweis: Die HOAI bezeichnet das Leistungsbild als technische Ausrüstung, während die DIN 276 bei der Kostengliederung von technischen Anlagen spricht. Daher werden diese Begriffe hier entsprechend verwendet.

Kostenberechnung in der zweiten Gliederungsebene erfolgen soll, postuliert die HOAI für die Kostenschätzung die zweite Ebene und für die Kostenberechnung die dritte Ebene (vgl. Anlage 15 HOAI, Leistungsbild Technische Ausrüstung, Leistungsphasen 2 und 3).

An dieser Stelle sei darauf hingewiesen, dass die HOAI sich noch auf die Vorgängernorm der aktuellen DIN 276 bezieht, also auf die DIN 276-1:2008-12, wie sich aus dem Wortlaut etwa der §§ 2 und 4 HOAI ergibt. Dies resultiert schon aus dem späteren Erscheinungsdatum der aktuellen DIN 276 und spielt auch eine Rolle bei der Ermittlung der sog. anrechenbaren Kosten als Honorarermittlungsgrundlage (vgl. hierzu Teil C, Kapitel 3).

2.1.2 Grundsätze der Kostenermittlung

In Bezug auf die Kostenermittlungen sind vor der ersten kostenplanerischen Tätigkeit einige Grundsatzentscheidungen zu treffen. Dazu sollten sich Planer und Auftraggeber ins Benehmen setzen, um von vornherein einen gemeinsamen Weg im Hinblick auf die Kostenermittlungen zu gehen. Dabei sind die im Folgenden beschriebenen Punkte vorab abzustimmen und nach Möglichkeit durchgängig einzuhalten, damit die gleichen Ermittlungsgrundsätze den Vergleich der Kostenermittlungen untereinander im Sinne der Kostenkontrolle sowie das gezielte Eingreifen in die Planung zur Kostenbeeinflussung im Sinne der Kostensteuerung ermöglichen.

Kostenstand/Prognose

Die DIN 276 geht regelhaft davon aus, dass der Kostenstand zum Ermittlungszeitpunkt angegeben bzw. zugrunde gelegt wird. Dies sollte dann für alle Kostenermittlungen so angewendet werden. Zur Erhöhung der Kostensicherheit ist allerdings auch eine Kostenprognose z. B. auf den Zeitpunkt der Kostenfeststellung möglich, also zum Abschluss der Bauaktivitäten. Beide Verfahren haben Vor- und Nachteile. So ist in den planungsorientierten Kostenermittlungen bis zur Kostenberechnung eine Prognose sicherlich sinnvoll, da die Ausführungsphase zeitlich entfernt liegt. Beim Kostenvoranschlag und vor allem beim Kostenanschlag hingegen sollte der aktuelle Zeitpunkt berücksichtigt werden, um einen Vergleich der Ausschreibungsergebnisse bzw. Angebotspreise mit den erwarteten Kosten je Gewerk zum aktuellen Zeitpunkt zu ermöglichen.

Zur Vergleichbarkeit der Kostenermittlungen im Rahmen der Kostenkontrolle sollte zu Beginn der Kostenplanung ein einheitliches Vorgehen mit dem Auftraggeber und den Planungsbeteiligten abgestimmt werden. Die DIN 276 lässt dabei viele Freiheiten und verweist auf die festzulegenden projektspezifischen Vorgaben. Es wäre also auch möglich, die Kostenprognose nur am Ende bei den Gesamtkosten auszuweisen oder diese auf einzelne Kostengruppen zu beschränken bzw. auf die preissensiblen Bauwerkskosten (Kostengruppen 300 und 400). Dies hätte den Vorteil, dass beim Übergang von den planungsorientierten zu den ausführungs- bzw. vergabeorientierten Kostenermittlungen die prognostizierten Gesamtkosten immer noch vergleichbar bleiben und zugleich bei dem im Projekt erstmaligen Abfragen von Marktpreisen Vergleichspreise zur Verfügung stehen. Natürlich ist auch die detaillierte Angabe von prognostizierten Kosten in den einzelnen Kostengruppen bis in die dritte Gliederungsebene denkbar, wobei hier darauf zu achten ist, damit nicht eine Scheingenauigkeit zu erzeugen, die sich bei den Baupreisen später ggf. nicht widerspiegelt.

Die Kostenprognose darf zugleich nicht mit dem allgemeinen Kostenrisiko oder besonderen Kostenrisiken verwechselt werden. Während bei der Prognose allgemeine Baupreisveränderungen – in der Regel Steigerungen zwischen Kostenermittlung und Vergabe bzw. Baufertigstellung – eingepreist werden, sollen die risikobedingten Kosten Unsicherheiten und Unwägbarkeiten berücksichtigen (vgl. dazu weiter unten im Abschnitt „Besondere Kosten/Risikoausweisung").

Angabe von Netto- oder Brutto-Kosten

Die Bauleistungen und die Baunebenkosten unterliegen in der Regel der Umsatzsteuerpflicht. Ausnahmen regelt das Umsatzsteuergesetz (UStG); so sind z. B. Grunderwerbskosten von der Umsatzsteuer befreit, was bei der Kostengruppe 100 entsprechend zu berücksichtigen ist. Auch sog. Kleinunternehmer können bei niedrigen Jahresumsätzen auf die Berechnung der Umsatzsteuer verzichten (vgl. § 4 und § 19 UStG). Dies kann eine Rolle spielen etwa bei Planungsleistungen und wäre in Kostengruppe 700 zu berücksichtigen.

Die Umsatzsteuer, umgangssprachlich auch Mehrwertsteuer genannt, ist im Verlauf der Jahre gestiegen und beträgt zurzeit (seit 2007) 19 % auf den in Rechnung gestellten Nettobetrag. Ein (gewerblicher) Auftraggeber, der zum sog. Vorsteuerabzug gemäß § 15 UStG berechtigt ist, also zum steuerlichen Ausgleich der Umsatzsteuer im Vergleich der bezahlten und für seine Leistungen erstellten Rechnungen, ist in der Regel eher an der Angabe von Nettopreisen bzw. -kosten interessiert. Private Auftraggeber, etwa die sog. „Einmal-im-Leben-Bauherren", die ihr Eigenheim zur privaten Nutzung errichten lassen, sind grundsätzlich verpflichtet, die volle Mehrwertsteuer ohne die Möglichkeit des Vorsteuerabzugs zu entrichten, d. h., sie sind eher an der Angabe von Bruttopreisen bzw. -kosten interessiert. Je nach Auftraggebertyp kann es also unterschiedliche Anforderungen an die Angabe der Umsatzsteuer geben. Daher sollte dies vor Beginn der Kostenermittlungen einheitlich geklärt werden.

Wichtig ist, dass eine Angabe gemacht wird, ob und wie die Umsatzsteuer enthalten ist, also ob die Kosten netto oder brutto ausgewiesen werden oder nur bei den übergeordneten Kostengruppen, z. B. den jeweiligen Angaben in den Kostengruppen 100 bis 800 der ersten Gliederungsebene oder nur bei den Gesamtkosten. So ist etwa die Kostengruppe 100 „Grundstück" nur in geringem Umfang umsatzsteuerpflichtig (z. B. Notargebühren oder Maklerprovisionen der KG 123 bzw. 129); die KG 110 „Grundstückswert" unterliegt beim Kauf in der Regel der Grunderwerbssteuer.

Es ist zugleich darauf zu achten, ob die Kostenkennwerte selbst Netto- oder Bruttoangaben enthalten, damit es z. B. nicht zu einer Doppeltberechnung der Umsatzsteuer kommt. In der Baupraxis wird ohnehin bei Kostenangaben zumeist von Nettowerten ausgegangen bzw. die von den Baufirmen abgefragten Einheitspreise sind immer Nettowerte. Insofern ist es ein eleganter Weg, die Kostenangaben in einer tabellarischen Aufstellung oder mittels Softwareprogramm stets netto und brutto auszuweisen. Die Empfehlung an den Kostenplaner lautet daher, dem Auftraggeber nahezulegen, beide Werte auszuweisen, um alle Anforderungen an die Kostenermittlung erfüllen zu können.

Eine Besonderheit ergibt sich für den Fall, dass während des Planungs- und Bauprozesses der Mehrwertsteuersatz geändert wird. Dann muss zum Stichtag der Erhöhung (bzw. Senkung) eine Leistungsabgrenzung der erbrachten und noch zu erbringenden Leistungen erfolgen und die Umsatzsteuer entsprechend beaufschlagt werden.

Besondere Kosten/Risikoausweisung

In DIN 276 wird verlangt, etwaige besondere Kosten wie z. B. durch außergewöhnliche Standortbedingungen (etwa komplizierte, kostenträchtige Gründungsmaßnahmen), bei den jeweiligen Kostengruppen gesondert auszuweisen. Damit soll eine Vergleichbarkeit zu anderen Bauvorhaben ermöglicht werden. Sind besondere Kosten bereits am Beginn der Planung bekannt, können diese von vornherein in den Kostenermittlungen gesondert aufgeführt werden. Ansonsten sind sie zum Zeitpunkt des ersten Bekanntwerdens auszuweisen und beim Vergleich von Kostenermittlungen ist dies entsprechend zu berücksichtigen.

Solche besonderen Kosten können sich zudem als Kostenrisiko erweisen, da sie im Sinne der DIN 276 Unsicherheiten oder Unwägbarkeiten hervorrufen. Zudem können sonstige spezielle oder allgemeine Kostenrisiken in die Kostenermittlungen einfließen; dies ist z. B. immer dann anzuraten, wenn aufgrund guter Baukonjunktur mit steigenden Baupreisen gerechnet wird. Es ist aber bekannt, dass sich gerade öffentliche Auftraggeber aus haushaltsrechtlichen Gründen schwer tun mit solchen Reserven bzw. Puffern für unvorhergesehene Kosten. Insbesondere bei den Kostenrisiken ist daher eine intensive Abstimmung mit dem Auftraggeber zu führen, um zu einer anforderungsgerechten Kostenplanung zu kommen.

Eine Scheingenauigkeit durch Angabe von 2 Nachkommastellen bei den besonderen Kosten ist möglicherweise DIN-gerecht, aber kaum praxisrelevant. Es ist sogar überlegenswert, ob nicht insbesondere bei den besonderen Kosten die Ausweisung einer Kostenspanne bzw. Von-bis-Werte sinnvoller wären. Dies ist im Einzelfall mit dem Auftraggeber abzustimmen und das Zustandekommen der Minimal- bzw. Maximalkosten sollte dann genau erläutert werden.

Bauen im Bestand/vorhandene (Bau-)Substanz

Ein Sonderfall stellt das Planen und Bauen im Bestand dar, auch kostenplanerisch. Auch bei umfassender Bestandsaufnahme gibt es häufig in der Bauphase Überraschungen im Sinne von unvorhergesehenen Bauzuständen. Diese besonderen Umstände sind also nicht immer im Vorwege bekannt, können aber zu besonderen Kosten führen. Es ist allgemein bekannt, dass Bestandsbauten gegenüber Neubauten ein höheres Kostenrisiko nach sich ziehen. Die DIN 276 trägt diesem Umstand Rechnung, indem sie in solchen Fällen eine Kostengliederung nach projektspezifischen Vorgaben zulässt (vgl. auch Teil A, Kapitel 4.2.9).

In diesem Zusammenhang wird in DIN 276 auch zugestanden, den Wert der vorhandenen Substanz zu ermitteln und nach projektspezifischen Vorgaben bei der Kostenermittlung zu berücksichtigen. Aus Sicht des Auftraggebers ist dies vielleicht nicht unbedingt sinnvoll, weil es für ihn keine Ausgaben darstellen. Unter Vollständigkeitsaspekten kann die (gesonderte) Ausweisung hingegen Sinn ergeben. Aus Sicht des Planers ist darauf hinzuweisen, dass für die Ermittlung der anrechenbaren Kosten nach HOAI in solchen Fällen die sog. mitverarbeitete Bausubstanz anzusetzen ist (in DIN 276 ist in Abschnitt 4.2.10 lediglich von „Wert" die Rede). Wenn die Kostenermittlung nach DIN 276 die vorhandene Substanz nicht ausweist, muss dies im Rahmen der Honorarermittlung berücksichtigt werden, um zu einer HOAI-konformen Berechnung zu kommen (vgl. § 4 Abs. 3 HOAI; vgl. hierzu auch Teil C, Kapitel 3).

2.1.3 Festlegungen nach DIN 276

Mehrere Bauten/Anlagen, mehrere Bauwerke/Bauabschnitte

Keinen Spielraum lässt die DIN 276, wenn ein Bauprojekt aus mehreren Teilen besteht: Die Kostenermittlungen sind in diesem Fall getrennt aufzustellen. Dies ist auch sinnvoll, gerade wenn verschiedene Planungsverantwortliche tätig sind oder das Bauprojekt zeitlich getrennt mit mehreren (Einzel-) Objekten errichtet werden soll. Für die Honorarermittlung nach HOAI hat diese Vorgehensweise auch einen Vorteil, weil hier ohnehin jedes Leistungsbild getrennt abgerechnet werden muss (vgl. § 11 Abs. 1 HOAI).

Eigenleistungen

Die DIN 276 fordert ebenso, dass z. B. vom Auftraggeber unentgeltlich bereitgestellte Baumaterialien oder erbrachte Eigenleistungen bei den jeweiligen Kostengruppen wertmäßig berücksichtigt werden. Dies dient dem Anspruch, alle Kosten auch dann auszuweisen, wenn sie für den Auftraggeber keine Ausgaben darstellen. Auch hier ist darauf hinzuweisen, dass für die Ermittlung der anrechenbaren Kosten nach HOAI in solchen Fällen ortsübliche Preise („aktuelle Marktwerte" nach DIN 276, Abschnitt 4.2.11) anzusetzen sind (vgl. § 4 Abs. 2 HOAI; vgl. hierzu auch Teil C, Kapitel 3).

Vollständigkeit

In DIN 276 wird davon ausgegangen, dass alle Kosten eines Bauprojekts vollständig erfasst und dokumentiert werden. Aus diesem Grund ist die anfängliche Klärung wichtig, wer welche Teile der Kostenplanung erbringt und ebenso in welchem Umfang der Auftraggeber bei der Kostenplanung mitwirkt.

Der verantwortliche Objektplaner, etwa der Architekt oder Planer eines Ingenieurbauwerkes, muss die zu erbringenden Beiträge der anderen Fachplaner anfordern und in seine Kostenermittlung einarbeiten. Ob und inwieweit der Auftraggeber dabei auskunftswillig z. B. zu dem Grundstückswert und den Kaufnebenkosten (Kostengruppe 100), der Höhe der Planerhonorare (Kostengruppe 700) oder den Finanzierungskosten (Kostengruppe 800) ist, sollte möglichst schon zu Projektbeginn abgefragt werden. Der zu vereinbarende Leistungsumfang in Bezug auf die Kostenermittlung könnte dann ggf. frühzeitig angepasst werden. Alternativ muss kenntlich gemacht werden, wenn Kosten nicht angegeben werden können. Daher ist die Beachtung der Gliederung in die Kostengruppen und die Einhaltung der in den jeweiligen Kostenermittlungen geforderten Gliederungstiefe von Bedeutung. Ein Übergehen der Kostengruppe ohne entsprechende Markierung sollte zur Vermeidung von Missverständnissen („vergessene" Kosten) nicht geschehen. Zudem sollte in den Erläuterungen auf das Fehlen von Kostenangaben hingewiesen und dieses begründet werden.

In der Praxis kommt es zudem nicht selten vor, dass insbesondere bei gewerblichen Bauten mit den künftigen Mietern oder Nutzern Schnittstellen dahin gehend definiert sind, welche Bauleistungen vom Auftraggeber zu erbringen sind und welche mieter- bzw. nutzerseitig erbracht werden. So ist es z. B. bei Einkaufszentren üblich, dass der Investor den erweiterten Rohbau erstellen lässt sowie definierte Leistungen für den Innenausbau und die technischen Anlagen erbringt; den eigentlichen Ladenausbau übernehmen häufig die späteren Nutzer. Bei Bürogebäuden wird außer dem Rohbau auch der Ausbau nur bis zu einem gewissen Punkt erbracht und später werden der Innenausbau und die technischen Anlagen in Abhängigkeit der Wünsche der Mietflächennutzer ergänzt.

In diesen Beispielfällen fehlt es also schon an den Planungsgrundlagen, um eine Kostenermittlung in der erforderlichen Genauigkeit zu erstellen. Somit ist auch eine vollständige Kostenermittlung nicht oder nur unzureichend möglich; daher sind auch hier die Schnittstellen nach Möglichkeit schon zum Projektbeginn bzw. zum frühestmöglichen Zeitpunkt festzulegen. In den schriftlichen Erläuterungen sollten diese ebenfalls benannt sein.

Erläuterungen

Die textlichen Erläuterungen zu den Kostenermittlungen müssen gemäß DIN 276 analog der Gliederungsstruktur der Kostengruppen vorgenommen werden. Zudem empfiehlt es sich, auf Besonderheiten bzw. projektspezifische Vorgaben hinzuweisen. Es versteht sich von selbst, dass schon aus Gründen der Kostentransparenz auch alle vorherigen Angaben z. B. zum Kostenstand, zu Kosteneinflüssen oder zu besonderen Kosten und zu Risiken usw. in den Kostenerläuterungsbericht gehören, um die maximal mögliche Kostensicherheit erreichen zu können.

2.1.4 Sonstige Ermittlungsgrundlagen

Mengen- und Flächenermittlung

Grundlage jeder Kostenermittlung ist eine möglichst genaue Ermittlung von Mengen und Flächen des geplanten Bauprojekts. Die DIN 276 spricht hier von sog. Mengen von Bezugseinheiten der Kostengruppen, die nach

DIN 276 bzw. DIN 277 ermittelt werden sollen. Die Zusammenhänge der Kostengruppen sind differenziert nach Gliederungsebene in den Tabellen 2 bis 4 der DIN 276:2018-12 dargestellt und aus DIN 277-3:2005-04 übernommen worden, sodass dieser Teil der DIN 277 nunmehr zurückgezogen wurde. In DIN 277-1:2016-01 wurde zugunsten der Aufnahme in DIN 276 auf eine Darstellung der Bezugsmengen verzichtet. Die Flächenarten werden weiter oben in Kapitel 1 von Teil C im Einzelnen erläutert.

Die Tabellen 2 bis 4 der DIN 276 haben allerdings nur Empfehlungscharakter bzw. stellen Kann-Vorschriften dar; der Kostenplaner ist also nicht gezwungen, diese anzuwenden. Zugleich haben diese normativen Vorschläge eine hohe Praxisrelevanz, da sich die Literatur bzw. die Angabe von Kostenkennwerten darauf stützt. Tabelle 2 der DIN 276 regelt die Bezüge der ersten Gliederungsebene der Kostengruppen und bezieht sich – inhaltlich sinnvoll – bei den Kostengruppen 100 und 200 auf die Grundstücksfläche, bei den Kostengruppen 300 und 400 (den sog. Bauwerkskosten) auf die BGF sowie bei Kostengruppe 500 auf die Außenanlagenfläche, jeweils gemäß DIN 277-1 (vgl. dazu Tabelle C.1 in Kapitel 1 von Teil C).

Auch für die Kostengruppen 600, 700 und 800 sollen die Kosten laut Normempfehlung über die BGF ermittelt werden. Dies wird in der Praxis kritisch gesehen, da Richtwerte für diese Kostengruppen zwar kursieren, aber im Einzelfall nur mehr oder weniger passend sind, weil je nach Bauvorhaben starke Schwankungen zu verzeichnen sind. Das heißt, eine Kostenaussage ist für diese 3 Kostengruppen zu einem frühen Zeitpunkt nur mit großer Bandbreite in Form von Von-bis-Werten möglich. Mindestens an dieser Stelle ist es also denkbar, von der Empfehlung der DIN 276 abzuweichen bzw. sich Informationen zu den erwarteten Kosten durch genaue Analyse des geplanten Bauwerks und des Projektumfelds einzuholen. Allerdings muss einschränkend eingeräumt werden, dass zum Zeitpunkt der Ermittlung des Kostenrahmens im Zuge der Bedarfsplanung zumeist noch keine weitergehenden Angaben verfügbar sein werden. Dem Kostenplaner ist gleichwohl anzuraten, sich frühzeitig mit dem Auftraggeber abzustimmen, um eine möglichst exakte Kostenermittlung zu ermöglichen. Auch kann ein Vergleich bzw. eine zusätzliche Kostenermittlung über das Bauvolumen (m^3 BRI) oder eine ergänzende nutzungs- bzw. funktionsorientierte Kostenermittlung sinnvoll sein, um über mehrere Ansätze eine höhere Kostensicherheit zu erreichen.

In der zweiten Gliederungsebene werden laut Tabelle 3 der DIN 276, die alle 3 Gliederungsebenen der Kostengruppe 300 umfasst, nur KG 380 und KG 390 auf Basis der BGF kostenmäßig ermittelt und weisen einen Bezug zur DIN 277-1 auf. Die kostenrelevanten anderen Kostengruppen sind nicht über die in DIN 277-1 näher definierten Flächen kostenmäßig zu erfassen, sondern in der zweiten Ebene über den Baugrubenrauminhalt bzw. über die Gründungs-, Außenwand-, Innenwand-, Decken- und Dachflächen. Es sind also zusätzliche Mengenermittlungen erforderlich, die über das in DIN 277-1 genannte Maß hinausgehen (vgl. Tabelle C.2).

Tabelle C.2: Zusammenhang von Kosten und Flächen nach Tabelle 3 der DIN 276:2018-12

KG	Bezeichnung	Fläche bzw. Ermittlung
310	Baugrube/Erdbau	Rauminhalt einschließlich Arbeitsräumen und Böschungen
320	Gründung, Unterbau	Grundfläche der Gründungsebene
330	Außenwände/Vertikale Baukonstruktionen, außen	Fläche der Außenwände bzw. der vertikalen Baukonstruktionen (außen)
340	Innenwände/Vertikale Baukonstruktionen, innen	Fläche der Innenwände bzw. der vertikalen Baukonstruktionen (innen)
350	Decken/Horizontale Baukonstruktionen	Flächen der Decken bzw. der horizontalen Baukonstruktionen
360	Dächer	Fläche der Dächer einschließlich der Dachüberstände und Vordächer
370	Infrastrukturanlagen	nach Projektanforderungen
380	Baukonstruktive Einbauten	BGF
390	Sonstige Maßnahmen für Baukonstruktionen	BGF

Wie in Tabelle C.2 erkennbar, wird in Tabelle 3 der DIN 276 einzig die BGF als Bezugsfläche genannt; der BRI spielt keine Rolle, auch wenn er in der Planungs- und Baupraxis gern zumindest ergänzend angewendet wird (vgl. dazu Teil C, Kapitel 1). Bezüge zur Flächenermittlung nach DIN 277-1 können nur mittelbar hergestellt werden; so ist die Gründungsfläche annähernd deckungsgleich mit der BGF der untersten Ebene und die Deckenflächen entsprechen in etwa der BGF in den darüber liegenden Geschossen. Bei der Dachfläche kommt es auf die Dachform an; ein Flachdach ist behelfsweise und mit Anpassungen aus der BGF des darunter liegenden Geschosses ermittelbar. Bei den Wandflächen hilft die Flächenermittlung nach DIN 277-1 in keinem Fall weiter, diese Flächen müssen auf anderem Weg aus den Innen- bzw. Außenansichten ermittelt werden.

Die Tabelle 4 der DIN 276 ist für die Kostenermittlung der technischen Anlagen vorgesehen. In der zweiten Gliederungsebene ist nur in KG 490 ein Bezug zur BGF hergestellt. Vielmehr wird der wesentlich detaillierten Kostenermittlung anhand der tatsächlich geplanten technischen Anlagen Vorrang gegeben, die hinreichend genau nur in der dritten Gliederungsebene berechnet werden kann. Beispielsweise wird bei Abwasseranlagen (KG 411) die geplante Länge der Abwasserleitungen in Verbindung mit der Stückzahl von z. B. Sammel- oder Hebeanlagen als Bezugsgröße genommen. Nur an wenigen Stellen findet sich ein Bezug zur NRF (anteilige NRF in KG 423, KG 439, KG 471 und KG 472) bzw. BGF (KG 444, KG 445, KG 446 sowie KG 491 bis 499) nach DIN 277-1. Bei der Kostenermittlung kann der Kostenplaner – in der Regel der Fachplaner der jeweiligen technischen Anlagen – entscheiden, ob er den in der DIN 276 dargestellten Bezugsmengen folgt oder ob er projektspezifischen Mengenermittlungen bzw. Bezugseinheiten den Vorzug gibt.[20]

In der dritten Gliederungsebene ist weder in Kostengruppe 300 noch in Kostengruppe 400 ein weiterer Bezug zu Flächenwerten der DIN 277-1 hergestellt. Es sind also immer ergänzende Mengenermittlungen vorzunehmen, deren Bezugseinheiten im Einzelnen den genannten Tabellen 3 und 4 der DIN 276 zu entnehmen sind.

Für die anderen Kostengruppen gibt DIN 276 keine Empfehlungen zur Anwendung von Bezugsmengen ab. Dies erstaunt insbesondere bei Kostengruppe 500, wo dies hätte möglich sein können. Selbst in DIN 277-1 wird in Abschnitt 8.4.1 darauf hingewiesen, dass die Außenanlagenflächen analog der Gliederungsstruktur der DIN 276 aufgeteilt werden können. Hier sollte auf die genauen Definitionen der Kostengruppen in allen 3 Gliederungsebenen der Tabelle 1 der DIN 276 zurückgegriffen werden. An diesen Stellen muss sich der damit befasste Kostenplaner also Gedanken machen über die richtigen, d. h. für eine Kostenermittlung im konkreten Fall geeigneten Bezugsmengen des jeweiligen Projekts.

Kostenkennwerte

Im Vorweg der ersten Kostenermittlung sollte der Kostenplaner auch Überlegungen hinsichtlich der zu verwendenden Kostenkennwerte anstellen. Idealerweise verfügt der Architekt bzw. Ingenieur über einen breiten Fundus an Kostenkennwerten aus abgewickelten – eigenen – Bauprojekten. Die Kostenfeststellung gemäß DIN 276 dient ja ohnehin der Dokumentation der entstandenen Kosten und kann bei entsprechender Auswertung als Grundlage für weitere Bauprojekte verwendet werden, indem Kostenkennwerte analog der Gliederungsstruktur der DIN 276 generiert werden. Spezialisierte Planungsbüros bereiten solche Daten für eigene künftige Kostenermittlungen systematisch auf.

Dieserart gewonnene Kostenkennwerte sind aufgrund ihrer Aktualität und des regionalen Bezugs bzw. der genauen Kenntnis von Projektbesonderheiten regelmäßig besser bzw. genauer als aus der Fachliteratur bzw. den Datenbanken entsprechender Softwareprogramme gewonnene Kostendaten, die zudem entweder analytisch über die Kosten der einzelnen Bauelemente oder synthetisch über die Gesamtkosten und Herunterrechnen der einzelnen Kostenbestandteile gewonnen werden. Außerdem sind die Kostendaten in der Literatur häufig nur bedingt verwendbar, da diese zwar aus vielen Projekten ermittelt werden, aber schnell veralten, weil durch neue Bauregeln und -normen die Ausführungsarten nicht immer 1 : 1 vergleichbar sind. Mit der Hochrechnung auf den aktuellen Kostenstand sowie dem Einsatz von regionalen Kosteneinflussfaktoren lässt sich dieser systemischen Ungenauigkeit nur bedingt begegnen.

20 Es ist ergänzend darauf hinzuweisen, dass im jetzigen Leistungsbild „Technische Ausrüstung“ die Kostenschätzung wie nach DIN 276:2018-12 in der zweiten Gliederungsebene (und die Kostenberechnung in der dritten Ebene) vorgesehen ist (vgl. § 55 HOAI in Verbindung mit Anlage 15 HOAI).

Da sich die Kostenermittlung bzw. Kostenplanung in der Regel immer auf verschiedene Planer verteilt und diese jeweils einzelne Kostengruppen zu ermitteln haben, hält sich der Aufwand für die Aufbereitung eigener Kostendaten in Grenzen. Ein Architekt oder Objektplaner kann somit Kostenkennwerte für die Bauelemente der Kostengruppe 300 gut herleiten, der Haustechniker entsprechend für die Kostengruppe 400 und der Außenanlagen- bzw. Freianlagenplaner für die Kostengruppe 500.

Hinweis

Auch hier ist die Brutto-/Netto-Problematik zu beachten, d. h., es muss stets geprüft werden, ob die Umsatzsteuer in den für spätere Kostenermittlungen zugrunde gelegten Kostenkennwerten bereits enthalten ist oder nicht. Ohnehin sollte darauf geachtet werden, dass die verwendeten Kostenkennwerte zum einen aktuell sind und zum anderen in Bezug auf Standort und Region, Konstruktion und Innenausbau sowie technischen Standard vergleichbar zu dem geplanten Bauprojekt sind. Dies gilt analog bei bauteilorientierter Kostenplanung, bei der die Vergleichsdaten möglichst genau der Planung entsprechen sollten.

Plausibilitätsprüfung

Schließlich ist es sinnvoll, die ermittelten Gesamtkosten und besser noch die Bauwerkskosten (Summe aus den Kostengruppen 300 und 400) oder auch die eigentlichen Herstellungskosten im engeren Sinn (Kostengruppen 200 bis 600) einer Plausibilitätsprüfung zu unterziehen. Es geht dabei zunächst nicht um eine Wirtschaftlichkeitsbeurteilung (vgl. dazu Teil D), sondern um eine Prüfung der jeweiligen Kostenermittlung auf Plausibilität.

Dazu können unter Berücksichtigung etwaiger besonderer Projektkosten die Gesamtkosten in Relation zu Nutzungseinheiten (z. B. Krankenbetten, Arbeitsplätze) gesetzt und mit Durchschnittswerten abgewickelter Projekte verglichen werden. Auch könnte unter Ausschluss der Kosten des Grundstücks (Kostengruppe 100), dessen Wert stark von der Lage abhängt, ein entsprechender Bezug für die Kostengruppen 200 bis 700/800 hergestellt werden. Schließlich können natürlich auch bei den ausführungsorientierten Kostenermittlungen vergabebezogene Preisvergleiche angestellt werden.

Insbesondere die Bauwerkskosten können auf die Flächenarten gemäß DIN 277-1 zurückgerechnet werden. Entsprechende nach Objekttypen bzw. Gebäudearten differenzierte Kostenkennwerte sind in der Literatur verfügbar (vgl. stellvertretend Bildkommentar DIN 276/DIN 277, 2016). Für ein Einfamilienhaus mit hohem Standard beispielsweise sind Bauwerkskosten (Summe der Kostengruppen 300 und 400) von rund 500 €/m^3 BRI bzw. 1.500 €/m^2 BGF bzw. 2.000 €/m^2 NUF durchaus vertretbar. Kommt es bei der eigenen Kostenermittlung zu größeren Abweichungen nach unten oder nach oben, so bietet diese Überprüfung die Veranlassung zur kritischen Durchsicht der ermittelten Mengen und verwendeten Kostenkennwerte, um mögliche Fehlerquellen zu beseitigen und erhöhte Kostensicherheit für den Planer und den Auftraggeber zu erreichen. Selbstverständlich ist ein solcher Richtwert je nach Objekttyp und Ausbaustandard stark schwankend und berücksichtigt in der Regel etwaige besondere Kosten des Projekts nicht, weswegen die Anwendung von solchen Faustwerten erfahrenen Kostenplanern vorbehalten sein sollte.

2.2 Die Kostenermittlungen im Projektverlauf

2.2.1 Kostenrahmen nach DIN 276

Der Kostenrahmen (früher auch Kostenrahmenanalyse genannt) soll gemäß DIN 276 im Zuge der Bedarfsplanung erstellt werden. Die Ermittlung des Kostenrahmens ist keine Grundleistung nach HOAI und somit bei Erbringung durch den Architekten bzw. Planer ggf. gesondert zu honorieren. Auch im Rahmen einer Machbarkeitsanalyse (Feasibility Study) kann eine solche Kostenermittlung erstellt werden. Mit dem seit 2018 neu aufgenommenen Architekten- und Ingenieurvertragsrecht im BGB (vgl. Teil B) ist bei der sog. Zielfindungsphase als Aufgabe des Planers auch die Kosteneinschätzung hinzugekommen, deren Aussage in der Praxis ähnlich wie der Kostenrahmen ausfallen dürfte.[21]

Da die Gesamtkosten in der ersten Gliederungsebene ermittelt werden sollen, besteht der Kostenrahmen aus mindestens den Zwischensummen der Kostengruppen 100 bis 800 sowie der Gesamtsumme (vgl. Abb. C.4). Sinnvoll ist zudem die Bildung einer Zwischensumme für die Bauwerkskosten (Kostengruppen 300 und 400) sowie ggf. auch der Kostengruppen 200 bis 600 als Kostenzusammenstellung der baulichen Aktivitäten eines Projekts. Naturgemäß können hier noch keine entstandenen Kosten bzw. Ausgaben ausgewiesen werden (Ausnahme denkbar bei schon erfolgtem Grundstückskauf), sodass dies in DIN 276 auch nicht gefordert wird. Die Angabe des Standorts ist gemäß Wortlaut der DIN 276 beim Kostenrahmen noch fakultativ. Dies hängt damit zusammen, dass bei der Bedarfsplanung bzw. Projektentwicklung zwar eine Idee und/oder Kapital vorhanden sein kann, aber ein geeigneter Standort ggf. erst noch gefunden werden muss. Es kann also vorkommen, dass die Kostengruppen 100 und ggf. 200 zunächst keine Kostenangaben enthalten.

Da die Planungsgrundlagen im Regelfall höchstens in den Grundzügen feststehen, ohne dass Pläne vorliegen, sind die laut DIN 276 geforderten Erläuterungen umso wichtiger. Denn die Rahmenbedingungen, die Grundlage der erstgenannten Zahl bzw. Angabe der Gesamtkosten sind, sollten schon aus Haftungsgründen möglichst genau beschrieben werden (vgl. dazu Teil B, Kapitel 2). Die DIN 276 definiert als Mindestanforderungen Erläuterungen zur Organisation und zu den Terminen. In der Praxis sollten darüber hinaus so viele Hinweise wie möglich zum Raumprogramm, zu funktionalen und technischen Anforderungen und zum Baustandard gegeben werden, um die Genauigkeit der Kostenaussage zu beschreiben.

21 §§ 650p ff. BGB, hier § 650p Abs. 2: *„Soweit wesentliche Planungs- und Überwachungsziele noch nicht vereinbart sind, hat der Unternehmer zunächst eine Planungsgrundlage zur Ermittlung dieser Ziele zu erstellen. Er legt dem Besteller die Planungsgrundlage zusammen mit einer Kosteneinschätzung für das Vorhaben zur Zustimmung vor.“*

Kostenrahmen - nach DIN 276:2018-12

Projekt: 001
Neubau Musterhaus

Kostenvorgabe Bauherr: 7.000.000 € Kostenobergrenze

Aufgabenstellung: Machbarkeitsüberprüfung

Preisindex:
Kostenkennwert 1.635 €
Bezugsjahr 2000
Index Bezugsjahr 100
aktueller Index 105,6
aktualisierter Kostenkennwert 1.727 € Aktualisierung KG 300+400

definierte BGF: 2.530,0 m²

lfd. Nr.	Kosten-gruppe	Bezeichnung der Kostengruppe	Bezugs-einheit	Menge	Kennwert [€/Einheit]	Kosten (brutto)	% von 300+400	% von Gesamt
1	100	Grundstück Verkehrswert 90 €/m² Nebenkosten 5 %	m² GF	2.378 m²	94,50	224.721 €	5,1%	3,6%
2	200	Vorbereitende Maßnahmen	m² GF	2.378 m²	85,00	202.130 €	4,6%	3,2%
3	300	Bauwerk - Baukonstruktionen	m² BGF	2.530,0 m²	1.381,60	3.495.448 €	80,0%	55,3%
4	400	Bauwerk - Technische Anlagen	m² BGF	2.530,0 m²	345,40	873.862 €	20,0%	13,8%
5	300+400	Bauwerk - gesamt	m² BGF	2.530,0 m²	1.727,00	4.369.310 €	100,0%	69,2%
6	500	Außenanlagen und Freiflächen	m² AF	4.740 m²	110,00	521.400 €	11,9%	8,3%
7	600	Ausstattung und Kunstwerke	psch.		300.000,00	300.000 €	6,9%	4,7%
8	700	Baunebenkosten	% von KG 300+400	8,0%	psch.	349.545 €	8,0%	5,5%
9	800	Finanzierung	% von KG 300+400	8,0%	psch.	349.545 €	8,0%	5,5%
10		**Gesamtkosten**				**6.316.651 €**		100,0%

Restbetrag aus Kostenvorgabe des Bauherren: 683.349 €

Aufgestellt von: Stand:

Abb. C.4: Kostenrahmen für ein Musterprojekt

Beim Kostenrahmen sollen nach DIN 276 als Bezugsmengen zudem zugrunde gelegt werden (vgl. weiter oben, Teil C, Kapitel 2.1.4):

- die Grundstücksfläche (GF) für die Kostengruppen 100 und 200,
- die Brutto-Grundfläche (BGF) für die Kostengruppen 300, 400, 600, 700 und 800 sowie
- die Außenanlagenfläche (AF) für die Kostengruppe 500.

Die Ermittlung der Flächen hat gemäß DIN 277-1 zu erfolgen und ist hier in Kapitel 1 von Teil C näher erklärt. In der Bedarfsplanung ist regelmäßig keine Vor- oder Entwurfsplanung vorgesehen, sodass eine detaillierte Flächenermittlung des Bauprojekts und damit der BGF nicht immer möglich sein wird. Über die Anzahl der geplanten Geschosse und die vorgesehene Fläche pro Etage kann jedoch eine Bestimmung der BGF hinreichend genau erfolgen. Es kann sich auch – bei vorhandenem Grundstück – an den baurechtlich zulässigen Werten wie z. B. der Geschossflächenzahl (GFZ) oder der Grundflächenzahl (GRZ) orientiert werden, um die maximal mögliche Bebauung zu berechnen. Denkbar wäre ebenso eine näherungsweise Ermittlung der Flächenwerte über den Flächenbedarf z. B. je Arbeitsplatz oder je Krankenbett, also über die Nutzungseinheiten, für die entsprechende Werte aus abgewickelten Projekten in der Literatur zur Verfügung stehen (vgl. dazu auch Teil C, Kapitel 1.3).

Die Kostenangaben können selbstverständlich nur so gut und genau sein wie die zugrunde liegende Bedarfsplanung. Selbst wenn alle Flächen erfasst werden können, ist die – richtige – Annahme der Kostenkennwerte bei dieser sog. Einwertmethode von entscheidender Bedeutung. Aufgrund des Grundstückskaufs mögen schon alle Kosten der Kostengruppe 100 bekannt sein – bei allen anderen Kostengruppen ist dies noch nicht der Fall. Die Kosten der Kostengruppen hängen jeweils an einem einzigen Wert und ihre Ermittlung ist darum potenziell stark fehlerbehaftet. Umso mehr bedarf es der korrekten Einordnung bzw. eines passenden Kostenkennwertes für jede Kostengruppe der ersten Gliederungsebene.

Am ehesten wird dies für die Bauwerkskosten (Kostengruppen 300 und 400) gelingen, für die umfangreiche Kostendaten für verschiedenste Konstruktionen und Standards vorliegen. Eingeschränkt kann dies der Fall sein bei Kostengruppe 500, wenn der vorgesehene Ausführungsstandard und die Außenanlagenfläche bekannt sind. Die Kostengruppe 200 ist regional und kommunal unterschiedlich anzusetzen, auch weil die Erschließungskosten nicht zuletzt von der Situation vor Ort abhängen. Es muss zudem bezweifelt werden, ob die Kosten der Kostengruppe 600 zu einem so frühen Projektzeitpunkt bereits hinreichend genau ermittelt werden können, da Informationen zu Ausstattung und Kunstwerken allenfalls rudimentär vorliegen dürften. Für die Kostengruppe 700 gibt es zwar Faustwerte, die meistens prozentual auf die Bauwerkskosten bezogen werden; eine Ermittlung über BGF birgt jedoch die Gefahr größerer Ungenauigkeiten. Die Kostengruppe 800 hängt wiederum entscheidend vom Vorgehen des Auftraggebers bzw. den Annahmen seiner Investitionsüberlegungen ab. Dass er die Finanzierungskosten dem (Bedarfs-)Planer ohne Weiteres offenlegen wird, ist nicht zu erwarten.

Sollte noch kein Standort angegeben werden können, sind zwangsläufig keine Kostenangaben für die Kostengruppen 100, 200 und 500 (ohne GF kann auch die AF nicht ermittelt werden) möglich; dies ist dann zu gegebenem Zeitpunkt nachzuholen.

Insofern sind weder die Vollständigkeit noch die Aussagequalität des Kostenrahmens ohne Weiteres gegeben. Über die Anforderungen der DIN 276 hinaus sollte daher über parallele Kostenermittlungen auf anderem Weg nachgedacht werden, um die Kostensicherheit zu erhöhen. Alternative Ermittlungen sind insbesondere für die Bauwerkskosten auf Grundlage des BRI oder anhand von Kosten pro Nutzungseinheit möglich. Falls die Abweichungen der einzelnen Kostenermittlungen sehr deutlich ausfallen, sollten die Grundannahmen sowie die Bezugsmengen und Kostenkennwerte überprüft werden, um das Kostenrisiko zu minimieren bzw. die Kostensicherheit zu erhöhen.

2.2.2 Kostenschätzung nach DIN 276 und Leistungsphase 2 HOAI

Erst eine Kostenschätzung nach DIN 276 gehört zu den beschriebenen (Grund-)Leistungen in Leistungsphase 2 der HOAI und stellt eine Entscheidungsgrundlage zum Vorentwurf dar. Die Kostenschätzung dient zur überschlägigen Ermittlung der Gesamtkosten und ist vorläufige Grundlage für Finanzierungsüberlegungen.

Kostenschätzung nach DIN 276:2018-12

Projekt: 001
Neubau Musterhaus

Flächenerfassung: Flächen teilweise erfasst

Lfd. Nr.	KG	Bezeichnung der Kostengruppe	%	Menge	Einheit	Kennwert [€/Einheit]	Kosten - brutto	% von 300+400	% von Gesamt
1	100	**Grundstück**		2.378,00	m² GF	94,00	223.152 €	5,17	3,41
5	200	**Vorbereitende Maßnahmen**		2.378,00	m² GF	72,00	171.216 €	3,97	2,62
11	300	**Bauwerk - Baukonstruktionen**		2.530,00	m² BGF	1.285,00	3.251.044 €	75,37	49,67
12	310	Baugrube / Erdbau		2.800,00	m³	34,18	95.704 €	2,22	
13	320	Gründung, Unterbau		1.124,00	m²	295,00	331.580 €	7,69	
14	330	Außenwände / Vertikale Baukon., außen		1.171,00	m²	870,00	1.018.770 €	23,62	
15	340	Außenwände / Vertikale Baukon., innen		2.166,00	m²	290,00	628.140 €	14,56	
16	350	Decken / Horizontale Baukon.		1.527,00	m²	280,00	427.560 €	9,91	
17	360	Dächer		1.088,00	m²	305,00	331.840 €	7,69	
18	370	Infrastrukturanlagen		2.378,00	m²	0,00	- €		
19	380	Baukonstruktive Einbauten		2.530,00	m²	85,00	215.050 €	4,99	
20	390	Sonstige Maßnahmen für Baukon.		2.530,00	m²	80,00	202.400 €	4,69	
21	400	**Bauwerk - Technische Anlagen**		2.530,00	m² BGF	420,00	1.062.600 €	24,63	16,24
31	**300+400 - Bauwerk**			2.530,00	m² BGF	1.705,00	4.313.644 €	100%	
32	500	**Außenanlagen und Freiflächen**		4.740,00	m² AF	101,00	478.740 €	11,10	7,31
42	600	**Ausstattung und Kunstwerke**		2.530,00	m² BGF	150,00	379.500 €	8,80	5,80
48	700	**Baunebenkosten**	14,00			4.313.644	603.911 €	14,00	9,23
56	800	**Finanzierung**	8,69		m² BGF	4.313.644	374.856 €	8,69	5,73
62		**Gesamtkosten 100 - 800**					6.545.019 €		100%
63		**Gesamtkosten gerundet**					6.546.000 €		

Aufgestellt: Stand:

Abb. C.5: Kostenschätzung für ein Musterprojekt (Auszug Kostengruppe 300)

Anders als beim Kostenrahmen sollen nach DIN 276 bei der Kostenschätzung Angaben zum Grundstück und zur Erschließung erfolgen. Ein Standort muss also Grundlage der zu erstellenden Vorplanung (Vorentwurf) sein.[22] Es handelt sich hier um eine Mehrwertmethode, da die Kostenschätzung in der zweiten Gliederungsebene gemäß Struktur der DIN 276 erstellt werden muss (vgl. Abb. C.5, in der exemplarisch die Kostengruppe 300 in der zweiten Gliederungsebene dargestellt ist).

Im Einzelnen handelt es sich bei der zweiten Gliederungsebene um folgende Kostengruppen:

- KG 110 bis 130,
- KG 210 bis 250,
- KG 310 bis 390,
- KG 410 bis 490,
- KG 510 bis 590,
- KG 610 bis 640 sowie 690,
- KG 710 bis 760 sowie 790,
- KG 810 bis 840 sowie 890.

Es ist also eine deutlich breitere Ermittlungsbasis mit mehr als jeweils 50 Bezugseinheiten und Kostenkennwerten vorhanden, sodass von vornherein eine bessere Kostensicherheit erreicht werden kann. Die Kostenschätzung muss zu allen Kostengruppen der zweiten Gliederungsebene eine Angabe enthalten. Zudem sollten außer den Gesamtkosten auch die Bauwerkskosten

22 Hingegen wird ab der Kostenberechnung eine Standortangabe in DIN 276:2018-12 nicht mehr ausdrücklich verlangt (vgl. dort die Abschnitte 4.3.4 ff.).

und ggf. die Herstellungskosten der Kostengruppen 200 bis 600 gesondert ausgewiesen werden, um größere Kostentransparenz zu erreichen. Spätestens hier wird es auch sinnvoll, die Kostenanteile der Kostengruppen bezogen auf die Gesamtkosten, die Bauwerkskosten und Herstellungskosten sowie ggf. auch unterhalb der Kostengruppen der ersten Ebene (vor allem in den Kostengruppen 300, 400 und 500) zu ermitteln, um Kostenschwerpunkte zu erkennen. Zugleich dient diese Vorgehensweise auch einer erweiterten Plausibilitätsprüfung, weil im Vergleich der relativen Kostenanteile des aktuellen Projekts mit abgewickelten Bauvorhaben eine Abweichungsanalyse ermöglicht wird, die eine Überprüfung der Kostenermittlung zur Folge haben kann.

Textliche Erläuterungen zu den Bezugsmengen und Kostenangaben sind hier – wie in allen Kostenermittlungen – ebenfalls erforderlich. Zum ersten Mal wird gemäß DIN 276 auch die Zusammenstellung bzw. Ausweisung bereits getätigter Ausgaben verlangt. Da die Planer von diesen Angaben nicht automatisch Kenntnis haben können, sind sie auf die Informationen des Bauherrn bzw. Projektsteuerers angewiesen. Falls von Auftraggeberseite keine Angaben zur Höhe oder den Ausgaben (z. B. zu den Kostengruppen 100, 700 und 800) gemacht werden, ist dies vom Kostenplaner in der Kostenermittlung an entsprechender Stelle zu vermerken.

Anders als beim Kostenrahmen sollte es bei der Kostenschätzung in der Regel möglich sein, zu den Kostengruppen 200, 500 und 600 genauere Angaben zu treffen. Dies setzt voraus, dass der Architekt oder ein Fachplaner mit der Vorplanung der vorbereitenden Maßnahmen, der Außenanlagen/Freiflächen sowie der Ausstattung und Kunstwerke beauftragt worden ist. Ohne planerische Grundlagen ist keine Kostenschätzung möglich. Sofern z. B. noch kein Außenanlagen-/Freiflächenplaner beauftragt worden ist, sollte sich insbesondere der Architekt bzw. Planer von Ingenieurbauwerken einer Kostenaussage enthalten, da diese nicht in der gebotenen Tiefe möglich ist.

Somit verbleiben auch hier die Kostengruppen 300 und 400, die Bauwerkskosten, als Hauptbetätigungsfeld des Architekten bzw. Fachplaners. Dies soll nachfolgend näher beleuchtet werden.

Es ist schon darauf hingewiesen worden, dass die zweite Gliederungsebene der DIN 276 kaum Bezüge zu den Flächen nach DIN 277-1 herstellt (vgl. die Ausführungen zur Mengen- und Flächenermittlung in Teil C, Kapitel 1 und 2.1.4). Bei den Kosten der Baukonstruktionen beschränkt sich dies auf die Kosten von KG 380 und KG 390, also auf die baukonstruktiven Einbauten und sonstige Maßnahmen. Bei den Kosten der technischen Anlagen findet sich ohnehin nur ein einziger Ermittlungsansatz in DIN 276 bei den sonstigen Maßnahmen der KG 490. Die DIN 276 gibt eine Aufteilung der Kosten der sonstigen Maßnahmen für Baukonstruktionen (KG 390) bzw. für technische Anlagen (KG 490) vor, die in der Praxis nicht immer leicht einzuhalten ist. In solchen Fällen kann die wesentliche Kostenursache als ausschlaggebend für die Kosteneinordnung gewählt werden (vgl. Abschnitt 5.2 der DIN 276 bzw. die entsprechenden Ausführungen in Teil A).

Eine „blinde" bzw. sorglose Verwendung der Flächenangaben z. B. bei der KG 380 kann darüber hinaus zu falschen Kostenaussagen führen. Denn dort werden mit dem Bauwerk fest verbundene Einbauten verschiedener Art zusammengefasst, die je nach Projektanforderungen in größerem oder kleinerem Umfang vorgesehen sind und somit die Kostenkennwerte erheblich beeinflussen. Hier ist also mit besonderem Fingerspitzengefühl an die Kostenaussage heranzugehen – abgesehen davon, dass ohnehin eine Abgrenzung zur KG 470 und KG 600 im Vorwege erforderlich ist (vgl. Tabelle 1 in Abschnitt 5.4 der DIN 276 bzw. die entsprechenden Ausführungen in Teil A).

Diese grundsätzliche Vorsicht gilt natürlich bei der Anwendung von Kostenkennwerten der anderen Kostengruppen der zweiten Ebene ebenso. Nicht ohne Grund wird in der DIN 276 darauf gedrungen, dass besondere Kosten von vornherein gesondert erfasst bzw. dargestellt werden sollen (vgl. dazu die Ausführungen zu besonderen Kosten/Risikoausweisung in Teil C, Kapitel 2.1.2, sowie die entsprechenden Ausführungen in Teil A). So kann es bei der Baugrube und den Gründungsmaßnahmen (KG 310 und KG 320) je nach Bodenbeschaffenheit zu ganz erheblichen Kosten kommen, die über durchschnittliche Kostenkennwerte nicht sauber ermittelt werden können. Ähnliche Vorsicht gilt für die anderen Gebäudeelemente wie Wände, Decken bzw. vertikale und horizontale Baukonstruktionen sowie das Dach (KG 330 bis 360), deren genaue Konstruktion während der Vorplanung im Regelfall noch nicht im Einzelnen geplant ist.

Seit der Fassung DIN 276:1993-06 „Kosten im Hochbau" ist die Aufteilung der Kostengruppe 300 weitgehend an diesen Bauelementen orientiert:

- Baugrube/Gründung,
- Außenwände,
- Innenwände,
- Decken,
- Dächer.

Mit Aufnahme der Ingenieurbauwerke ist die Aufteilung in der aktuellen DIN 276:2018-12 entsprechend wie folgt erweitert (vgl. auch Teil A, Kapitel 3.16):

- Baugrube/Erdbau (KG 310),
- Gründung, Unterbau (KG 320),
- Außenwände/Vertikale Baukonstruktionen, außen (KG 330),
- Innenwände/Vertikale Baukonstruktionen, innen (KG 340),
- Decken/Horizontale Baukonstruktionen (KG 350),
- Dächer (KG 360).

Bezüglich der vorzunehmenden Mengenermittlung wird auf die obigen Ausführungen in Kapitel 2.1.4 von Teil C verwiesen. Bei Decken und Dächern kann zumindest hilfsweise auf die zuvor ermittelte BGF zurückgegriffen werden, während die Innen- und Außenwände nach ihrer wahren Fläche ermittelt werden müssen. Die Mengenermittlung sollte möglichst genau sein, wobei z. B. Ecken bzw. Wanddurchführungen übermessen werden sollten. Dies entspricht zwar nicht einer VOB-genauen Mengenermittlung; eine solche ist aber erst zu einem späteren Zeitpunkt im Projekt erforderlich. Eine – leichte – Mengenüberschreitung hat zudem den Nebeneffekt, dass somit ein stiller Kostenpuffer entsteht, was sich in der Praxis häufig als sinnvoll erweist (vgl. dazu Teil A, Kapitel 3.13). Zu beachten ist, dass diese Bauelemente keine Kosten der technischen Anlagen enthalten, aber etwaige vorbereitende Arbeiten (z. B. Wandschlitze für die Kabelführung) in den Kosten der Kostengruppe 300 bzw. ihren Untergruppen aufzunehmen sind.

Für die Kosten der zweiten Gliederungsebene der Kostengruppe 400 gibt DIN 276 keine Empfehlungen für die Ermittlung der Bezugsmengen. Die Fachplaner der verschiedenen technischen Anlagen (z. B. für Heizung, Lüftung, Sanitär, Elektro, Aufzüge oder Gebäudeautomation) müssen ihre Kostenaussagen in dieser frühen Planungsphase auf gute Erfahrungswerte basieren (z. B. zu beheizende Fläche, Anzahl der Aufzüge, geplanter Ausstattungsstandard des Projekts), die in Kombination mit entsprechenden Kostenkennwerten verwendet werden können.

Für übliche Gebäude- bzw. Objekttypen hält die Literatur aufbereitete Kostenkennwerte abgewickelter Bauvorhaben bereit, mit denen über Flächenwerte oder das Bauvolumen (BGF bzw. BRI nach DIN 277-1) Kostenermittlungen auch in der zweiten Ebene vorgenommen werden können. Besser und genauer sind natürlich aus eigenen Aufträgen gewonnene Kostenkennwerte, da der Planer die seinerzeitigen Projektbesonderheiten am besten einschätzen kann. Aus diesem Grund sollte sich ein nicht mit der Planung der Technik befasster Architekt oder Objektplaner davor hüten, ohne eigenständige Fachplanung Kostenaussagen zu treffen. Wenn der Auftraggeber dies gleichwohl wünscht, ist unbedingt ein deutlicher Hinweis bei den entsprechenden Kostengruppen dahin gehend erforderlich, dass die Kosten nicht mit der erforderlichen Sicherheit ermittelt werden konnten, bzw. eine Angabe darüber, auf welcher Grundlage die Kostenzusammenstellung erfolgt.

Beginnend in der Kostenschätzung ist die planungsbegleitende Kostenbewertung von Varianten besonders wichtig. Das Leitbild der DIN 276 zielt auf den Endpunkt der jeweiligen Leistungsphase ab, bei der Kostenschätzung also Leistungsphase 2 gemäß HOAI (Vorplanung). Dies wird in der Praxis jedoch den laufenden Anforderungen während der jeweiligen Leistungsphasen nicht gerecht. Zwar gibt die DIN 276 in Abschnitt 4.2.1 als Zweck der Kostenermittlungen u. a. an, dass sie für Planungs-, Vergabe- und Ausführungsentscheidungen dienen sollen. Ansonsten aber werden keine weiter reichenden Handreichungen für das nicht nur in der HOAI, sondern auch in den Berufsordnungen der Planer verankertem Ziel der wirtschaftlichen Planung gegeben. Es darf jedoch davon ausgegangen werden, dass alle Kostenermittlungen einer laufenden Kontrolle und Bewertung der jeweiligen Planungsschritte unterliegen.

Denn gerade in den frühen Leistungsphasen ist die Kostenbeeinflussbarkeit besonders groß, da die Planungsgrundlagen des Projekts erst geschaffen werden müssen. Insbesondere in der Vor- und Entwurfsplanung werden kostenbestimmende Parameter wie Grundstücksausnutzung oder Flächenverhältnisse und Konstruktionsart sowie Baustandard festgelegt. Diese grundlegenden Entscheidungen sind im Projektverlauf nicht mehr bzw. nur mit hohem Aufwand rückgängig zu machen. Demgegenüber wirken sich Planungsänderungen in späteren Leistungsphasen proportional nicht mehr so stark auf die Kosten aus wie in den ersten Planungsschritten (vgl. dazu auch Teil D, Kapitel 4.3).

Bei einer Kostenermittlung über €/m² BGF (oder €/m³ BRI) ist eine Analyse der Kostenschwerpunkte und anschließende Beeinflussung der Gesamtkosten nur schwer möglich, hier bleibt oft nur als einziger Ansatzpunkt zur Kostenreduzierung die Verkleinerung des gesamten Objekts. Eine genauere Kostenaufteilung zu einzelnen Einflussfaktoren ist nicht möglich. Es sollte daher versucht werden, diese Einflussfaktoren detaillierter zu ermitteln, um die Schwerpunkte der Kosten zu erkennen und ggf. planerisch einzugreifen.

Umso mehr sind vor allem mithilfe der Kostenschätzung und der Kostenberechnung zu treffende Planungsentscheidungen auch kostenmäßig zu bewerten. Selbstverständlich spielen andere Faktoren wie Gestaltung oder Funktionalität bei der Planung eine große Rolle; ihre Ausformung sollte jedoch stets in einer Gesamtbetrachtung mit einer Kostenanalyse der zu erbringenden Varianten geschehen, um dem Auftraggeber ein umfassendes Bild der Planung zu ermöglichen.

2.2.3 Kostenberechnung nach DIN 276 und Leistungsphase 3 HOAI

In der Kostenberechnung, die während der Entwurfsplanung angefertigt werden soll, kann durch die Ermittlung der Kosten in der dritten Gliederungsebene eine größere Kostengenauigkeit als bei der Kostenschätzung erreicht werden (vgl. Abb. C.6, in der exemplarisch die KG 350 in der dritten Gliederungsebene dargestellt ist).

Während in DIN 276 hervorgehoben wird, dass die Kostenberechnung eine Entscheidungsgrundlage über die Leistungsphase 3 gemäß HOAI ist, spielt hier noch mehr als bei der Kostenschätzung die laufende kostenmäßige Bewertung von Planungsvarianten während des Entwurfsprozesses eine praktische Rolle. Die Gesamtkosten der Kostengruppen 100 bis 800 müssen mindestens in der dritten Ebene der Kostengliederung anhand einer Mengenermittlung (in Verbindung mit differenzierten Kostenkennwerten) ermittelt werden. Der Zusammenhang sei exemplarisch anhand der KG 330 „Außenwände/Vertikale Baukonstruktionen, außen" dargestellt (vgl. Tabelle C.3).

In den KG 310, 320 und 340, 350 sowie 360 finden sich ebenfalls detaillierte Hinweise zur Mengenermittlung über Länge, Flächen oder Volumen der jeweiligen Bauelemente der dritten Ebene; dazu ist Tabelle 3 in Abschnitt 6.3 der DIN 276 mit Darstellung der Mengen und Bezugseinheiten für die Kostengruppe 300 heranzuziehen. Bei den KG 370, 380 und 390 wird in der dritten Ebene hingegen auf eine frei zu wählende Gliederungsstruktur anhand der Projektanforderungen verwiesen. Dies ist sinnvoll, weil nur so die ggf. besonderen Kosten des Bauwerks verursachungsgerecht bestimmt werden können.

Für Kostengruppe 400 nennt DIN 276 darüber hinaus noch Stückzahl und Leistungswerte von Technikkomponenten, wie Tabelle 4 in Abschnitt 6.4 der DIN 276 mit Darstellung der Mengen und Bezugseinheiten zu entnehmen ist.

Für die übrigen Kostengruppen gibt es wie schon weiter oben ausgeführt keine gesonderten Empfehlungen der DIN 276 zu den Bezugsmengen

Kostenberechnung **3.Ebene, nach DIN 276:2018-12**

Projekt: 001
Neubau Musterhaus

Flächenerfassung: alle Flächen erfasst

Lfd. Nr.	KG	Bezeichnung der Kostengruppe	%	Menge	Einheit	Kennwert [€/Einheit]	Kosten - brutto	% von 300+400	% von Gesamt
1	100	**Grundstück**			m² GF		224.327 €	5,13	3,47
17	200	**Vorbereitende Maßnahmen**		2.378,00	m² GF	74,88	178.065 €	4,07	2,75
54	300	**Bauwerk - Baukonstruktionen**		2.530,00	m² BGF	1.289,89	3.263.433 €	74,67	50,46
55	310	**Baugrube / Erdbau**		2.800,00	m³	36,80	103.040 €	2,36	
61	320	**Gründung, Erdbau**		1.124,00	m²	294,40	330.906 €	7,57	
69	330	**Außenwände / Vertikale Baukon., außen**		1.171,00	m²	868,90	1.017.482 €	23,28	
79	340	**Innenwände / Vertikale Baukon., innen**		2.166,00	m²	289,20	626.407 €	14,33	
88	350	**Decken / Horizontale Baukon.**		1.527,00	m²	278,08	424.624 €	9,72	
89	351	Deckenkonstruktionen		1.562,00	m²	117,10	182.910 €		
90	352	Deckenöffnungen		237,00	m²	25,00	5.925 €		
91	353	Deckenbeläge		2.688,00	m²	62,00	166.656 €		
92	354	Deckenbekleidungen		1.964,00	m²	35,20	69.133 €		
93	355	Elementierte Deckenkonstruktionen		0,00	m²	0,00	- €		
94	359	Sonstiges zur KG 350		1.527,00	m²	0,00	- €		
95	360	**Dächer**		1.088,00	m²	307,60	334.669 €	7,66	
102	370	**Infrastrukturanlagen**		0,00	m²	0,00	- €		
112	380	**Baukonstruktive Einbauten**		2.530,00	m²	85,90	217.327 €	4,97	
121	390	**Sonstige Maßnahmen für Baukon.**		2.530,00	m²	82,60	208.978 €	4,78	
131	400	**Bauwerk - Technische Anlagen**		2.530,00	m² BGF	437,50	1.106.875 €	25,33	17,11
203	300+400			2.530,00	m² BGF	1.727,39	4.370.308 €	100%	
204	500	**Außenanlagen und Freiflächen**		4.740,00	m² AF	91,10	431.814 €	9,88	6,68
274	600	**Ausstattung und Kunstwerke**		2.530,00	m² BGF	123,50	312.455 €	7,15	4,83
284	700	**Baunebenkosten**					777.478 €	17,79	12,02
330	800	**Finanzierung** ohne KG 100	2,9	Bauzeit.	12 Mon.	6.070.119,79	172.998 €	3,96	2,67
336		**Gesamtkosten 100 - 800**					6.467.445 €		100%
337		**Gesamtkosten gerundet**					6.467.000 €		

Aufgestellt: Stand:

Abb. C.6: Kostenberechnung für ein Musterprojekt (Auszug KG 350)

Tabelle C.3: Bezugseinheiten KG 330 in der dritten Gliederungsebene (nach DIN 276:2018-12, Tabelle 3)

KG	Bezeichnung	Mengenermittlung
330	Außenwände/Vertikale Baukonstruktionen, außen	Fläche Außenwände bzw. vertikale Baukonstruktionen (in m²)
331	Tragende Außenwände	jeweilige Fläche (in m²)
332	Nichttragende Außenwände	
333	Außenstützen	Länge (in m)
334	Außenwandöffnungen	jeweilige Fläche (in m²)
335	Außenwandbekleidungen, außen	
336	Außenwandbekleidungen, innen	
337	Elementierte Außenwandkonstruktionen	
338	Lichtschutz zur KG 330	
339	Sonstiges zur KG 330	Fläche Außenwände bzw. vertikale Baukonstruktionen (in m²)

(vgl. Teil C, Kapitel 2.1.4). Hier helfen bei der Mengenermittlung ggf. die Anmerkungen in Tabelle 1 der DIN 276 (Abschnitt 5.4), vor allem bei Kostengruppe 500. Ansonsten sind bei den Kostengruppen, die nicht Bauwerkskosten (Kostengruppen 300 und 400) sind, die Projektbesonderheiten entsprechend zu berücksichtigen. Dies gilt vorrangig für die Kostengruppen 200 und 600, die ohnehin nur schwer über pauschale Erfahrungswerte sachgerecht zu ermitteln sind, während die vollständige Erfassung der Kosten in den Kostengruppen 100, 700 und 800 von der Bereitschaft des Auftraggebers zur Mitwirkung bei der Kostenermittlung abhängt. Soweit Kostenangaben fehlen, ist dies gesondert zu vermerken, wenn deswegen eine Kostenaussage in der dritten Ebene nicht möglich ist. Auch in den von DIN 276 geforderten Erläuterungen kann auf die spezifischen Gegebenheiten des Projekts hingewiesen werden.

Ein Bezug zur DIN 277-1 ist in der dritten Gliederungsebene in Kostengruppe 300 nicht mehr gegeben und in Kostengruppe 400 nur an wenigen Stellen; für die anderen Kostengruppen fehlen in DIN 276 entsprechende Bezüge (vgl. Teil C, Kapitel 2.1.4).

Die Kostenberechnung ist auch eine Mehrwertmethode, die auf einer (bau-) elementweisen Betrachtung beruht und somit noch mehr als die Kostenschätzung eine laufende kostenmäßige Bewertung und Steuerung der Planungsvarianten ermöglicht. Denn die Grobelemente der zweiten Gliederungsebene werden nicht mehr als Entität betrachtet, sondern in ihre einzelnen Bestandteile aufgelöst, um in der dritten Ebene zu Unter- bzw. Feinelementen zu werden.

Beispiel: Feinelemente der Außenwände (KG 330)

Nicht nur die Bekleidungen der Außenwände werden einzeln erfasst (KG 335/336), sondern etwa auch ihre Öffnungen (KG 334) und etwaige Lichtschutzmaßnahmen (KG 338). Dies heißt zugleich, dass es nicht mehr nur einen Kostenkennwert für (alle) Außenwände gibt, sondern idealerweise für jeden Außenwandtyp mehrere Kostenkennwerte jedes Feinelements für die jeweils konkret geplante Ausführungsart. Dies erzeugt natürlich einen deutlich höheren Aufwand als die Ermittlung im Zuge der Kostenschätzung.

Daher ist an dieser Stelle auf die Bedeutung der richtigen Kostenzuordnung hinzuweisen. Gerade der unerfahrene Kostenplaner muss einige Besonderheiten und Tücken beachten, die sich aus der inneren Logik der Gliederungsstruktur der DIN 276 ergeben. So gibt es z. B. bei KG 330 und KG 340 eine Unterscheidung in tragende und nichttragende Außen- bzw. Innenwände (KG 331/332 bzw. KG 341/342), die im Entwurfsprozess nicht immer zweifelsfrei erkennbar ist. Auch kann es sein, dass die Wände trotz unterschiedlicher statischer Bedeutung in ihrer Konstruktion gleich sind, sodass sich keine Kostenunterschiede ergeben. Wichtiger wäre also für die Kostenplanung die Unterscheidung in die geplanten Wandvarianten. Dazu kann ggf. eine Zusammenfassung von Kostengruppen vorgenommen werden, was die DIN 276 in begründeten Fällen erlaubt, oder eine weitere Unterteilung der Kostengruppen vorgesehen werden, was ebenfalls DIN-konform ist (vgl. DIN 276:2018-12, Abschnitt 4.2.2. bzw. Abschnitt 5.2).

Genauso ist die feine Unterscheidung der Kostengliederung nach DIN 276 hinsichtlich der Außenwandbekleidungen zu beachten, die in innen und außen differenziert wird (KG 335 und 336). Dies ergibt Sinn, da die verwendeten Materialien häufig unterschiedlich sind und auch die Mengen wegen der größeren Außenfläche im Vergleich zur Innenfläche variieren. Diese Unterscheidung findet sich bei Decken und Dächern in ähnlicher Form wieder: KG 353 „Deckenbeläge" auf der Konstruktion bzw. KG 354 „Deckenbekleidungen" unter der Konstruktion (analog KG 363 und 364 mit Dachbelägen und -bekleidungen). Bei Innenwänden wird selbstverständlich keine Unterscheidung getroffen, da diese keinen Sinn ergeben würde (vgl. KG 345 „Innenwandbekleidungen"). Allerdings ist anzuraten, bei Ausführungsvarianten die KG 345 ggf. weiter zu unterteilen.

Um eine exakte Zuordnung der Kosten zu erreichen, ist also bei der Kostenberechnung eine intensive Auseinandersetzung mit der in Tabelle 1 der DIN 276 (Abschnitt 5.4) vorgegebenen Kostengliederung und den jeweiligen Erläuterungen bei den einzelnen Kostengruppen unerlässlich. Nur auf diesem Weg sind auch entsprechende Kostenkennwerte heranzuziehen, die neben der Mengenermittlung der Feinelemente in der dritten Ebene die Grundlage der Kostenberechnung bilden. Allein die Kostengruppe 300 enthält in den 9 Unterkostengruppen der zweiten Ebene jeweils bis zu 9 Unterpunkte der dritten Gliederungsebene, sodass schon in Kostengruppe 300 annähernd 100 Kostengruppen enthalten sind, für die Kostenkennwerte zu bilden sind.

Es wird also deutlich, dass die Differenzierung der Kostenermittlung in der Kostenberechnung noch einmal stark zunimmt. Diese Mehrarbeit für den Planer ermöglicht eine gezielte und sehr genaue Kostensteuerung im Planungsprozess und kommt der Genauigkeit der Kostenaussage zugute. In der Kostengruppe 400 findet sich eine vergleichbare Vielzahl von Kostengruppen der dritten Gliederungsebene. Erst hier sind zuverlässige, auf der konkreten Planung der technischen Anlagen beruhende Kostenaussagen möglich.

Der Übergang zu einer ausführungsorientierten Gliederung der Kosten gemäß DIN 276 (vgl. dort Abschnitt 5.3) ist insbesondere in Kostengruppe 400 wegen der bereits gewerkeorientierten Gliederung fließend. Kostenkennwerte der technischen Anlagen beruhen ohnehin auf Stückzahl, Längen und Leistungswerten sowie vereinzelt Flächen, die in die spätere Ausschreibung der Bauleistungen einfließen. Dadurch ist auch eine Kostenbeurteilung von Planungsvarianten (z. B. verschiedene Anlagentypen) gut möglich, mehr noch als in Kostengruppe 300.

Bei den Kosten der Kostengruppe 300 „Bauwerk – Baukonstruktionen" sollte es bei der elementweisen Gliederung bleiben, da diese eine gezielte laufende Kostensteuerung von Planungsvarianten im Entwurfsprozess besser ermöglicht als eine ausführungsorientierte Gliederung. Der Übergang weg von der planungsorientierten Gliederung findet ohnehin beim Kostenvoranschlag statt.

Abschließend sei darauf hingewiesen, dass auch in der Kostenberechnung eine Plausibilitätsprüfung ebenso notwendig ist wie das Ausweisen der bereits entstandenen Kosten bzw. Ausgaben. Hierzu wird auf die vorherigen Ausführungen verwiesen. Auch die Berechnung der proportionalen Kostenanteile innerhalb der einzelnen Kosten wie auch in Bezug auf die Bauwerkskosten, die Herstellungskosten und ggf. auf die Gesamtkosten sollte vorgenommen werden.

2.2.4 Kostenvoranschlag nach DIN 276 und Leistungsphasen 5 und 6 HOAI

Die Kostenermittlungen während der Ausführungsvorbereitungsphase (Leistungsphasen 5, 6 und 7 gemäß HOAI) haben vor allem 2 Zielrichtungen, nämlich eine Budgetfestlegung zur Kostenkontrolle der Angebote der Bauunternehmen (einschließlich etwaiger Nachträge in Leistungsphase 8, vgl. dazu Teil C, Kapitel 2.2.5) sowie ggf. die Kostensteuerung durch Planungsoptimierung bzw. Überarbeitung der Ausschreibungsunterlagen.

Der mit der DIN 276:2018-12 neu eingeführte Kostenvoranschlag hat (noch) keine Entsprechung im Leistungsbild der HOAI, deren aktuelle Fassung aus dem Jahre 2013 stammt. In DIN 276 wird der Kostenvoranschlag in der Ausführungsplanung und dem Vorbereiten der Vergabe verortet, also in den Leistungsphasen 5 und 6 gemäß HOAI. Auch der bereits in den Vorgängerfassungen der DIN 276 bekannte Kostenanschlag findet seit der HOAI 2013 keine Entsprechung mehr, da das Leistungsbild des Objektplaners zwar das Bepreisen der erstellten Leistungsverzeichnisse in Leistungsphase 6 und das Prüfen und Werten der eingehenden Angebote in Leistungsphase 7 vorsieht, aber keinen vollständigen Kostenanschlag gemäß DIN 276. Dies war in der HOAI 2009 noch der Fall, Leistungsphase 7 enthielt damals den Kostenanschlag als Grundleistung (vgl. dazu im Einzelnen Teil C, Kapitel 3).

Dem Planer war zwar schon immer anzuraten, die Angebotsprüfung auf Preisangemessenheit mithilfe von Erwartungs- bzw. Erfahrungswerten der den Leistungsverzeichnissen in der Regel zugrunde liegenden Einheitspreise vorzunehmen. Ob und inwieweit das durch das Leistungsbild der HOAI abgedeckt war, stand und steht auf einem anderen Blatt, weswegen dies am besten bei den Verhandlungen des Planungsvertrags zu klären ist bzw. mit einem gesonderten Honorar zu versehen. Wie die jetzige Lücke zwischen den weitergehenden Anforderungen der DIN 276 und dem preisrechtlich verordneten Leistungsbild geschlossen werden kann, ist in der Praxis zu beantworten, wenn und soweit der Kostenvoranschlag von Auftraggebern und Planern im konkreten Fall als sinnvoll erachtet wird bzw. ein vollständiger Kostenanschlag nicht als notwendig. Bei der Beurteilung des Leistungssolls ist natürlich auch die Diskussion um die Wirkung von allgemein anerkannten Regeln der Technik zu beachten (vgl. hierzu Teil B, Kapitel 1).

Die Einführung des Kostenvoranschlags ist als Reaktion auf die in der Praxis häufig zu beobachtenden größeren Abweichungen zwischen der planungsorientierten Kostenberechnung in Leistungsphase 3 nach HOAI und dem gewerkeorientierten Kostenanschlag in Leistungsphase 7 gemäß HOAI (bis zur Fassung 2009) zu verstehen, der zu Beginn der Bauarbeiten häufig noch nicht vollständig vorlag. Denn die vorbereitenden Bauarbeiten sowie die Rohbauarbeiten aus Termingründen wurden (und werden) nicht selten vorgezogen ausgeschrieben.

Zwar strebt insbesondere die öffentliche Hand zur Erhöhung der Kostensicherheit an, bei Bauaufträgen die Gesamtkosten aus allen Angeboten bzw. Gewerken vor Baubeginn zu kennen, um bei Überraschungen ggf. noch nachsteuern zu können.[23] In der Praxis war (und ist) dieses hehre Ziel jedoch nur schwer durchzusetzen. Der Übergang von der (bis zur Fassung DIN 276:2018-12) in der zweiten Gliederungsebene vorzunehmenden Kostenberechnung, die mithilfe von vergangenheitsbezogenen Kostenkennwerten erfolgte, zu den Marktpreisen, die sich im sehr viel später zu erstellenden Kostenanschlag widerspiegelten, führte in der Tat häufig zu größeren Kostenabweichungen, zumeist in Form einer Verteuerung.

Insofern ist die Einführung des Kostenvoranschlags grundsätzlich zu begrüßen, auch wenn dies Mehrarbeit für den Planer bzw. auch ein Mehr an Honorar bedeutet. Jedoch kann die Qualität der Kostenaussage und damit die Kostensicherheit im Projekt deutlich erhöht werden, da erstmals beginnend auch in der Ausführungsplanung eine gezielte Kostensteuerung bzw. -beurteilung von Planungsvarianten in der DIN 276 postuliert wird.

Während die DIN 276 in der Fassung 2008 noch endgültige und vollständige Ausführungs-, Detail- und Konstruktionszeichnungen als Grundlage des Kostenanschlags vorsah, sind in der Fassung 2018 als Planungsgrundlagen lediglich Ausführungs-, Detail- und Konstruktionszeichnungen genannt. Zudem wird verlangt, dass die Kostengliederung der dritten Ebene wie bei der Kostenberechnung beibehalten und weiter untergliedert wird sowie letztlich in Vergabeeinheiten gegliedert werden muss. Da der Kostenvoranschlag nach DIN 276 zudem in einem oder mehreren Schritten erstellt werden kann, ist somit die Tür zur planungsbegleitenden Kostenbewertung auch in der Leistungsphase 5 gemäß HOAI weit geöffnet.

Die erforderliche Untergliederung der aus der Kostenberechnung bekannten dritten Gliederungsebene führt zu einer sog. vierten Ebene oder sogar einer noch weitergehenden Untergliederung, wenn die Projektanforderungen es erfordern sollten.

Das folgende Beispiel zeigt in Bezug auf Außenwände einen möglichen Zusammenhang bzw. Übergang von der planungs- in die ausführungsorientierte Kostenermittlung auf.

23 Vgl. § 2 Abs. 6 VOB/A (2019): *„Der Auftraggeber soll erst dann ausschreiben, wenn alle Vergabeunterlagen fertig gestellt sind und wenn innerhalb der angegebenen Fristen mit der Ausführung begonnen werden kann."*

Beispiel: Übergang planungs-/ausführungsorientierte Kostenermittlung (Außenwände)

Zu den KG 331/332 (tragende/nichttragende Außenwände) können je nach Konstruktion die Außenwandbekleidungen außen und/oder innen hinzukommen (KG 335/336) sowie bei Fenstern bzw. Öffnungen die KG 334, außerdem ggf. die KG 338 (Lichtschutz) und Sonstiges (KG 339). Eine denkbare Außenwandkonstruktion einer Lochfassade mit Mauerwerk, Dämmung, Putz außen/innen und Jalousien sowie einem Gitter vor den Fensteröffnungen würde alle genannten Kostengruppen beinhalten. Zu berücksichtigende Gewerke bzw. Vergabeeinheiten sind dann zumindest Mauerarbeiten, Putz- und Stuckarbeiten, Wärmedämmsysteme, Fenster, Rollladenarbeiten und – wenn z. B. innen auch Malerarbeiten durchgeführt werden soll – Malerarbeiten sowie weitere Gewerke je nach Ausführungsart.

Empfehlenswert ist eine Lösung von der Unterscheidung in tragende/nichttragende Außenwände hin zu einer Differenzierung nach den verschiedenen Außenwandtypen. Wenn etwa eine Gebäudeseite als Pfosten-Riegel-Fassade vorgesehen wird, ist dies ein ganz anderer Fassadentyp als die Mauerwerkswand. Dies bedingt andere Kostenkennwerte je Flächeneinheit und zieht den Einsatz anderer Gewerke nach sich. Daher sollten grundsätzlich verschiedene Wandtypen von vornherein unterschieden werden.

Wenn allerdings bei der genannten Mauerwerkswand Variationen z. B. mit/ohne Maleranstrich geplant sind, ist anzuraten, dies als Untervariante aufzuführen (Grundtyp 1, Variationen als 1a, 1b usw.). Die Nummerierung der vierten Ebene unterliegt dabei keiner Norm, sollte jedoch systematisch erfolgen. Diese Nummerierung kann entweder anhand der vorgegebenen Gliederungsstruktur des verwendeten Softwareprogramms erfolgen oder sich am jeweiligen Leitgewerk orientierten (z. B. KG 331.013 für tragende Mauerwerkswände außen) oder schlicht chronologisch in der Reihenfolge der verschiedenen Ausführungsarten erfolgen, ggf. mit den oben beschriebenen Varianten (z. B. 331.01, 331.02a, 331.02b usw.).

Selbstverständlich sind die Mengen nachvollziehbar zu ermitteln, um die Flächen richtig zu berechnen (im Beispiel der Außenwände am besten aus den Ansichtsplänen). Da Außen- und Innenmaße voneinander abweichen und die Mengen der einzelnen Gewerke variieren, sind insbesondere bei den innen liegenden Arbeiten ggf. zusätzlich weitere Pläne heranzuziehen. Ein Rückgriff auf die Messvorschriften der VOB/C ist zwar nicht zwingend notwendig, aber anzuraten – und sinnvoll im Hinblick auf die Ermittlung der Mengen im Rahmen der Ausschreibung zur Vermeidung von Doppelarbeit, wenn sich die Planung nicht mehr gravierend verändert. Ansonsten kann auch eine hinreichend genaue, an den Kreuzungspunkten übermessende Mengenermittlung vorgenommen werden. Der Einsatz von Planungssoftware (CAD/BIM) ist natürlich auch möglich; diese Programme messen mit hinreichender Genauigkeit, die so gewonnenen Ergebnisse sollten aber auf Plausibilität geprüft werden.

In der Praxis werden manchmal auch nur die besonders kostenintensiven Leitgewerke, die den Großteil der Kosten z. B. des Rohbaus ausmachen, mengen- und kostenmäßig berechnet. Die übrigen Gewerke werden dann anteilsmäßig über einen pauschalen Ansatz bzw. Faustwert zugerechnet. Diese Methodik empfiehlt sich nur für den erfahrenen Kostenplaner, der die Projektbedingungen und die Planung genau einschätzen kann.

Auf jeden Fall muss zur Kostenkontrolle und -steuerung eine elementorientierte Gliederung des Kostenvoranschlags dergestalt erfolgen, dass ein Vergleich mit der Kostenberechnung möglich ist und gleichzeitig das Bepreisen der Leistungsverzeichnisse als Vorbereitung der späteren Angebotsprüfung möglich bzw. die Anbindung an den Kostenanschlag gegeben ist. Nur so kann eine – in DIN 276 geforderte – Durchgängigkeit der Kostenermittlungen erreicht werden. Zu beachten ist, dass die herstellungsmäßige Aufschlüsselung bzw. Gliederung nur in den Kostengruppen 200 bis 600 erbracht werden kann. Die Grundstückskosten der Kostengruppe 100 haben keinen baulichen Anteil, genauso wenig wie die Baunebenkosten der Kostengruppe 700 und die Finanzierungskosten der Kostengruppe 800. Im Übrigen gelten die vorherigen Anmerkungen zum Mitwirken des Auftraggebers bzw. Bereitstellen von Kostenangaben vor allem in den Kostengruppen 100, 700 und 800 fort.

Auch hier ist selbstverständlich weiterhin die Kostenverantwortung bei den jeweils Planenden. Der Objektplaner ermittelt also vorrangig die Kosten der Kostengruppe 300, ggf. unterstützt durch weitere Fachplaner z. B. für Innenarchitektur oder Fassaden, während die Haustechnikplaner die Kostengruppe 400 aufbereiten und der Außenanlagenplaner die Kostengruppe 500. Bei größeren Projekten wird die Einbindung weiterer Planer praktiziert; ihre Leistungen in Bezug auf die Kostenplanung sind entsprechend vertraglich festzulegen. Der Objektplaner des Gebäudes, Ingenieurbauwerks oder der Verkehrsanlage hat dann einen entsprechend höheren Koordinationsaufwand bei der Zusammenstellung der Gesamtkosten gemäß DIN 276.

Durch die vorgegebene Struktur der DIN 276 ist es für den Kostenplaner der Kostengruppe 400 einfach, eine herstellungsmäßige Gliederung in den Kostenvoranschlag einzustellen, da die gegebene gewerkeweise Aufschlüsselung ohnehin die Zuordnung zu Vergabeeinheiten erleichtert. In Kostengruppe 500 ist dies bei KG 550 „Technische Anlagen" ebenfalls möglich, jedoch nicht bei den anderen Kostengruppen der zweiten bzw. dritten Ebene der Außenanlagen und Freiflächen. Denn ihre Herstellung ist ähnlich vielfältig bzw. variationsreich wie die in Kostengruppe 300 „Bauwerke – Baukonstruktionen", sodass auch hier auf den richtigen Übergang von der elementorientierten zur herstellungsmäßigen Kostengliederung zu achten ist. Bei den Kostengruppen 200 (insbesondere KG 210 „Herrichten") und 600 ergibt sich die Menge der Vergabeeinheiten aus der jeweiligen Planung; unter normalen Umständen sollte die Gewerkeanzahl jedoch beschränkt sein. Dies entbindet allerdings den Kostenplaner auch bei diesen Kostengruppen nicht von der sorgfältigen Überleitung aus der planungs- in eine ausführungsorientierte Gliederung.

Durch die vielen einzelnen Kostendaten bzw. marktgerechten Einheitspreise ist eine weitere Erhöhung der Kostensicherheit grundsätzlich gegeben –

immer vorausgesetzt, dass die Mengen und Kostenkennwerte richtig ermittelt bzw. angesetzt sind. Es ist darauf hinzuweisen, dass es sich nach wie vor um eine Kostenermittlung des Planers handelt und die Angebote der Bauunternehmen in vollem Umfang erst in den Kostenanschlag einfließen. Dies schließt aber nicht aus, dass für einzelne Gewerke schon vorab Angebote vorliegen, die ggf. auch schon beauftragt werden.

In DIN 276 wird wie auch bei den vorigen Kostenermittlungen das Zusammenstellen der bis dahin entstandenen Kosten bzw. Ausgaben erweitert um bereits vorliegende Angebote bzw. Beauftragungen. Dies kann sich bei Orientierung am Leitbild der HOAI eigentlich nur um Angebote bzw. Aufträge handeln, die nicht in Leistungsphase 7 eingeholt werden, also nicht um Bauleistungen, die erst dort im Rahmen des Vergabeprozesses vorgelegt bzw. beauftragt werden. Da der Kostenvoranschlag DIN-gemäß während der Erbringung der Leistungsphasen 5 und 6 gemäß HOAI erbracht werden soll, ist DIN 276 an dieser Stelle nicht vollständig konsistent. Möglicherweise wird aber nur die Möglichkeit offengelassen, einzelne Gewerke bereits vorab anzufragen und zu vergeben, was dann inhaltlich in Leistungsphase 7 gehört, aber zeitlich nicht selten schon nach Erbringung von Teilen der Ausführungsplanung bzw. des Vorbereitens der Vergabe (Leistungsphasen 5 und 6 gemäß HOAI) erfolgt.

Anders als beim Kostenanschlag wird in DIN 276 für den Kostenvoranschlag freigestellt, ob dieser in einem oder mehreren Schritten erstellt wird. Da die Ausführungsplanung der Durcharbeitung der Entwurfs- und ggf. Genehmigungsplanung dient, ist es durchaus sinnvoll, den Kostenvoranschlag in mehreren Schritten aufzustellen. Somit steht zum einen während der Ausführungsplanung ein Instrument der laufenden Kostenbeurteilung von Planungsvarianten (z. B. Detaillösungen) zur Verfügung. Zum anderen kann darauf aufbauend die Leistungsbeschreibung erstellt werden, um das Bepreisen der Leistungsverzeichnisse bzw. bei Pauschalverträgen der Bauleistungen des sog. Leistungsprogramms[24] zu ermöglichen. Hier schließt sich dann der Kreis der Anforderungen der DIN 276 mit dem Leistungsbild z. B. des Architekten gemäß HOAI (vgl. § 34 HOAI in Verbindung mit Anlage 10 HOAI, dort Leistungsphase 6). Dort wird das Bepreisen von Leistungsverzeichnissen als Grundleistung beschrieben, während das Aufstellen eines Leistungsprogramms eine sog. ersetzende Besondere Leistung darstellt. Die Vertragsparteien müssen also frühzeitig festlegen, wie die Ausschreibung der Bauleistungen erfolgen soll und welche Honorarfolgen sich aus einem anderen Leistungsinhalt ergeben.

Auch beim Kostenvoranschlag ist im Übrigen eine Plausibilitätsprüfung ebenso notwendig wie das Ausweisen der bereits entstandenen Kosten bzw. Ausgaben. Hierzu wird auf die vorherigen Ausführungen verwiesen. Dazu gehört ggf. die Berechnung der proportionalen Kostenanteile innerhalb der einzelnen Kostengruppen wie auch in Bezug auf die Bauwerkskosten, auf die Herstellungskosten und ggf. auf die Gesamtkosten. Vor allem aber können auch die proportionalen Kosten der Vergabeeinheiten in Bezug auf die Bau-

24 Begriff gemäß VOB/A, häufig auch als funktionale Ausschreibung benannt

werkskosten berechnet werden, um Kostenschwerpunkte zu erkennen sowie die Kostenanteile des Rohbaus, des allgemeinen und des technischen Ausbaus zu ermitteln. Dieses Kostenverhältnis lässt ebenfalls Rückschlüsse auf die Wirtschaftlichkeit der Planung zu.

2.2.5 Kostenanschlag nach DIN 276 und Leistungsphasen 7 und 8 HOAI

In DIN 276 wird der Kostenanschlag zeitlich bei der Mitwirkung der Vergabe und der Objekt- bzw. Bauüberwachung angesiedelt – also in den Leistungsphasen 7 und 8 gemäß HOAI – und muss in mehreren Schritten als dynamische Kostenermittlung gemäß dem Projektfortschritt erfolgen.

Inhaltlich gehören Angebote und Beauftragungen von Bauleistungen in die Leistungsphase 7, während die zu erfassenden Rechnungen der Leistungsphase 8 zuzuordnen sind. Es soll also gewissermaßen eine baubegleitende kontinuierliche Überarbeitung des Kostenanschlags erfolgen. Die Gliederung ergibt sich – wie im Kostenvoranschlag aus der Überleitung von der planungs- in die ausführungsorientierte Gliederung angelegt – aus den Gewerken bzw. den gewählten Vergabeeinheiten. Dies entspricht, ohne dass es in DIN 276 ausdrücklich erwähnt wird, mindestens einer Gliederungstiefe in der dritten Ebene. Wie bereits ausgeführt ist der Kostenanschlag seit der Fassung 2013 nicht mehr als Grundleistung in der HOAI angeführt; beim Architekten lautet die Grundleistung nun z. B. wie folgt:

„Prüfen und Werten der Angebote einschließlich Aufstellen eines Preisspiegels nach Einzelpositionen oder Teilleistungen, Prüfen und Werten der Angebote zusätzlicher und geänderter Leistungen der ausführenden Unternehmen und der Angemessenheit der Preise“
(Anlage 10 HOAI, Leistungsphase 7, Buchstabe c)

Die Lücke zwischen den Anforderungen, wie sie sich aus der DIN 276 ergeben, und dem preisrechtlich verordneten Leistungsbild der HOAI ist ggf. vertraglich zu regeln. Wünscht der Auftraggeber den jeweils aktuellen Kostenstand getrennt nach Angebot, Auftrag oder Abrechnung, so muss er dies ggf. zusätzlich beauftragen. Die HOAI fordert lediglich das Prüfen und Werten von Angeboten zur Ausschreibung sowie Nachträgen während der Bauzeit und einen Preisspiegel inkl. Angemessenheitsprüfung. Während in DIN 276 zunächst „nur“ eine Kostenzusammenstellung mit Auflistung der entstandenen Kosten bzw. Ausgaben verlangt wird, geht das Leistungsbild der HOAI also auf der einen Seite weiter, ohne dass zugleich explizit eine Aufstellung der Ausgaben gefordert wird.

Inhaltlich entwickelt sich der Kostenanschlag aus der Vorarbeit wie im Kostenvoranschlag angelegt. Interessanterweise wird eine Zusammenstellung der Gesamtkosten in DIN 276 nicht explizit verlangt. Diese ergibt sich jedoch implizit durch die Kostenkontrolle, die neben einem gewerkeweisen Vergleich auch einen Vergleich der getätigten Ausgaben und der Gesamtkosten zwischen Kostenvoranschlag und Kostenanschlag beinhaltet. Die HOAI verlangt in Leistungsphase 7 lediglich den Vergleich der Ausschreibungsergebnisse mit den bepreisten Leistungsverzeichnissen oder der Kostenberechnung (vgl. § 34 HOAI in Verbindung mit Anlage 10 HOAI, dort Leistungsphase 7). Im Übrigen ermöglicht die kontinuierliche Fortführung des

Kostenanschlag, 4.Ebene - nach DIN 276:2018-12
Gliederung nach den ATV der VOB/C

Einfügen | Löschen

Projekt 001
Neubau Musterhaus

Flächenerfassung: Flächen teilweise erfasst

Lfd. Nr.	KG	DIN 18-	Bezeichnung der Kostengruppe	Erläuterungen		%	Menge	Einheit	Kennwert [€/Einheit]	Kosten - brutto	% von 300+400	% von Gesamt
2	100		Grundstück				2.378,00	m² GF		224.327 €	5,13	3,45
19	200		Vorbereitende Maßnahmen				2.378,00	m² GF	74,88	178.065 €	4,07	2,74
89	300		Bauwerk - Baukonstruktionen				2.530,00	m² BGF	1.292,23	3.269.347 €	74,71	50,32
90	310		Baugrube / Erdbau				2.800,00	m³	36,80	103.040 €	2,35	
101	320		Gründung, Erdbau				1.124,00	m²	294,40	330.906 €	7,56	
116	330		Außenwände / Vertikale Baukonstruktionen, außen				1.171,00	m²	868,90	1.017.482 €	23,25	
135	340		Innenwände / Vertikale Baukonstruktionen, innen				2.166,00	m²	289,20	626.407 €	14,31	
152	350		Decken / Horizontale Baukon.				1.527,00	m²	281,95	430.538 €	9,84	
153	351		Deckenkonstruktionen				1.562,00	m²	117,10	182.910 €		
155	352		Deckenöffnungen				237,00	m²	25,00	5.925 €		
157	353		Deckenbeläge				2.688,00	m²	64,20	172.570 €		
158		345	Wärmedämm-Verbundsysteme	Ausb.	inkl. Treppen		117,00	m²	254,22	29.744 €		
159		352	Fliesen- und Plattenarbeiten	Ausb.	Bodenfliesen		64,00	m²	102,70	6.573 €		
160		353	Estricharbeiten	Ausb.	schwimmend		211,00	m²	22,54	4.756 €		
161		353	Estricharbeiten	Ausb.	Hohlraum- und Doppelboden		1.076,00	m²	39,64	42.653 €		
162		356	Parkettarbeiten	Ausb.	Parkett		795,00	m²	94,90	75.446 €		
163		365	Bodenbelagsarbeiten	Ausb.	Textilbelad und Linoleum		350,00	m²	38,28	13.398 €		
164	353		Deckenbekleidungen				0,00	m²		69.133 €		
166	354		Elementierte Deckenkonstruktionen				0,00	m²		- €		
168	359		Sonstiges zur KG 350				1.527,00	m²	-	- €		
170	360		Dächer				1.088,00	m²	307,60	334.669 €	7,65	
185	370		Infrastrukturanlagen				0,00	m²		- €		
204	380		Baukonstruktive Einbauten				2.530,00	m²	85,90	217.327 €	4,97	
221	390		Sonstige Maßnahmen für Baukonstruktionen				2.530,00	m²	82,60	208.978 €	4,78	
241	400		Bauwerk - Technische Anlagen				2.530,00	m² BGF	437,45	1.106.749 €	25,29	17,04
374	300+400						2.530,00	m² BGF	1.729,68	4.376.096 €	100%	
376	500		Außenanlagen und Freiflächen				4.740,00	m² AF	91,10	431.814 €	9,87	6,65
507	600		Ausstattung und Kunstwerke				2.530,00	m² BGF	123,50	312.455 €	7,14	4,81
517	700		Baunebenkosten							677.137 €	15,47	10,42
564	800		Finanzierung	inkl. KG 100		17,8	Bauzeit:	12 Mon.	1.666.728,66	296.594 €	6,78	
571			Gesamtkosten 100 - 700							6.496.488 €		100%
572			Gesamtkosten gerundet							6.496.000 €		

Aufgestellt: Stand:

Abb. C.7: Kostenanschlag für ein Musterprojekt (Auszug KG 353)

Kostenanschlags auch einen laufenden Kostenvergleich, und zwar während der Vergabe als Vergleich der prognostizierten Kosten mit den Angeboten und später als Vergleich der Angebote inkl. etwaiger Nachträge oder Kostenveränderungen.

Der Fokus des Kostenanschlags liegt somit eindeutig auf den zu erbringenden Bauleistungen, die DIN-gemäß in den Kostengruppen 200 bis 600 erfasst werden sollen – immer vorausgesetzt, dass in den Kostengruppen 200 und 600 Leistungen und damit Kosten anfallen (vgl. Abb. C.7, in der exemplarisch KG 353 mit Gewerkebezug dargestellt ist). Für den Kostenanschlag werden in Abschnitt 4.3.6 der DIN 276 anstelle der sonst üblichen Erläuterungen „Informationen über die Ausführung" gefordert; faktisch wird aber auch hier eine Kommentierung der Kostenansätze bzw. der Randbedingungen zu erwarten sein.

Durch entsprechende Kennzeichnung bei den jeweiligen Zwischensummen der Vergabeeinheiten kann der Stand nach Angebotsstadium und Änderungs- und Zusatzleistungen sowie Zahlungs- und Auftragsstand differenziert werden. Da während der Bauphase die größten Ausgaben des Projekts anfallen, sind diese Informationen für die meisten Auftraggeber von großer Bedeutung. Demgegenüber sind die Kosten der anderen Kostengruppen, also vor allem der Kostengruppen 100, 700 und 800, in der Regel keinen großen Änderungen mehr unterworfen, sobald der Baubeginn erfolgt ist. Am ehesten vorstellbar sind Honoraränderungen der Planer durch Zusatzleistungen, die sich in Kostengruppe 700 niederschlagen würden. Die Grundstückskosten der Kostengruppe 100 und die Finanzierungskosten der Kostengruppe 800 sind erfahrungsgemäß zu diesem Projektzeitpunkt dem Grunde nach bekannt, auch wenn Veränderungen denkbar sind. Abgesehen davon hängt die Dokumentation von etwaigen Änderungen ohnehin auch bei dieser Kostenermittlung von der Bereitschaft des Auftraggebers ab, mitzuwirken.

Eine laufende Kostensteuerung ist mithilfe des Kostenanschlags nur begrenzt möglich, zumal eine Planung im eigentlichen Sinne weder in Leistungsphase 7 noch in Leistungsphase 8 der HOAI mehr vorgesehen ist. Denkbar wäre die Zulassung von Nebenangeboten, die sich kostenändernd auswirken, wie auch das Einfordern von Nachtragsangeboten mit dem Ziel der Qualitätsänderung in der Ausführung mit entsprechenden Kostenfolgen. Alle anderen Planungsänderungen bedingen inhaltlich den Rückgriff in eine frühere Planungs- bzw. Leistungsphase. Letztlich sind die Kosteneinflusspotenziale in den frühen Leistungsphasen viel größer als während der Erstellung des Kostenanschlags, der vorrangig eine Dokumentation der Kostenentwicklung darstellt.

2.2.6 Kostenfeststellung nach DIN 276 und Leistungsphase 8 HOAI

Die Kostenfeststellung ist die Fortführung bzw. der Abschluss des Kostenanschlags und dient dem Nachweis der entstandenen Kosten bzw. betriebswirtschaftlich gesehen der getätigten Ausgaben für die Bau- und Planungsleistungen des Projekts. Während alle vorherigen Kostenermittlungen die geplanten Soll-Kosten darstellen, wird mit der Kostenfeststellung eine Aussage zu den Ist-Kosten getroffen. Dies ist zugleich die „Stunde der Wahrheit", wird doch der Auftraggeber den Planer immer an der erstgenannten Zahl messen, die als Gesamtkosten des Kostenrahmens bzw. der ersten Kostenaussage genannt worden ist (vgl. Teil B, Kapitel 2). Dieser Vergleich erfordert ggf. eine vorherige Kostenkontrolle und entsprechende Erläuterungen.

Die Kostenfeststellung kann DIN-gerecht entweder in der Struktur des Kostenanschlags oder durch Rückführung in die elementorientierte dritte Gliederungsebene der Kostengruppen erfolgen – Letzteres vor allem dann, wenn daraus Kostenkennwerte generiert werden sollen. Bestenfalls ist auch hier eine vertragliche Vereinbarung zwischen Auftraggeber und Planer zu treffen, da die HOAI beim Architekten etwa zwar eine Kostenfeststellung in Leistungsphase 8 vorsieht, jedoch nicht zwingend nach DIN 276 (vgl. § 34 HOAI in Verbindung mit Anlage 10 HOAI, dort Leistungsphase 8).

In der Praxis kann die endgültige Fassung der Kostenfeststellung erst dann vorgelegt werden, wenn auch alle Abrechnungen vorliegen. Tatsächlich sind aber häufig Schlussrechnungen nicht prüfbar, Nachträge ungeklärt oder es bestehen Schadensersatzforderungen. Insbesondere bei großen Bauprojekten wird nicht selten noch jahrelang prozessiert. Es müssen dann als Zwischenschritt ggf. vorläufige Kostenfeststellungen vorgelegt werden; in die endgültige Fassung gehören ebenso die abschließenden Honorarforderungen der Planer und ggf. weitere Kostenangaben des Auftraggebers.

Idealerweise sollten die Planer mit der Kostenfeststellung auch die Chance ergreifen, die Kostenentwicklung im Projekt zu analysieren (z. B. die Höhe der Kostenüberschreitungen insgesamt bzw. welcher Anteil davon durch Baupreissteigerungen, durch Leistungsänderungen oder sonstige Ereignisse während der Projektlaufzeit bedingt ist). Mithilfe dieses Hintergrundwissens lassen sich mit geringem Aufwand Kostenkennwerte bilden, die für neue Planungen verwendet werden können. Dazu sollte die Kostenfeststellung tatsächlich so gegliedert werden, wie es in DIN 276 verlangt wird. Dies erfordert zum absehbaren Projektende noch einmal Arbeitseinsatz und Disziplin bei der Umsetzung, die sich aber lohnen.

3 Kostenermittlungen nach DIN 276 und Leistungsbilder gemäß HOAI

Prof. Dr.-Ing. Clemens Schramm

Zwischen der DIN 276 und der HOAI bestehen wechselweise Beziehungen und gegenseitige Bezüge. Allerdings scheut der Gesetzgeber dynamische Verweise auf Normen, sodass bei Neufassungen der HOAI bzw. der DIN 276 immer wieder die Frage auftritt, welche Berechnungsgrundlagen anzusetzen sind. In der DIN 276 wird kein direkter Bezug zur HOAI hergestellt; allerdings findet sich indirekt im Anwendungsbereich der Hinweis, dass die Kostenplanung auch zur Honorarermittlung der Planungsleistungen dienen kann. Dabei sind jedoch die weitergehenden Vorschriften der HOAI zu beachten. Von den Kostenermittlungen finden sich in den Leistungsbildern der HOAI die Kostenermittlungsverfahren Kostenschätzung, Kostenberechnung und Kostenfeststellung wieder. Die Elemente der Kostenplanung werden im Folgenden in einem Vergleich von DIN 276 und HOAI untersucht (vgl. Teil C, Kapitel 3.1). Auch die Kostenkontrolle findet bei den Grundleistungen Erwähnung, während die Kostensteuerung in der HOAI 2013 nicht ausdrücklich genannt ist.

Weitere mittelbare Bezüge finden sich z. B. in den Abschnitten 4.2.8 bis 4.2.11 der DIN 276.

So sollen gemäß Abschnitt 4.2.8 der Norm aus mehreren Bauten bestehenden Projekte kostenmäßig getrennt ermittelt werden, was in den Fällen des § 11 HOAI (Auftrag für mehrere Objekte) bei der Honorarberechnung von mehreren Objekten eines Auftrags hilfreich ist.

Beim Planen und Bauen im Bestand lässt Abschnitt 4.2.9 der DIN 276 die Möglichkeit, besondere Kostenstrukturen zu entwickeln, was zusammen mit der in Abschnitt 4.2.10 geforderten Angabe der vorhandenen Bausubstanz bei der Honorarermittlung sinnvoll sein kann. Denn § 4 Abs. 3 HOAI regelt, dass der Umfang der sog. mitzuverarbeitenden Bausubstanz im Sinne von § 2 Abs. 7 HOAI bei den anrechenbaren Kosten „angemessen" zu berücksichtigen ist.

Und schließlich sollen laut Abschnitt 4.2.11 der DIN 276 Eigenleistungen des Auftraggebers oder von ihm gestellte Baumaterialien in der Kostenermittlung gesondert zu marktüblichen Preisen ausgewiesen werden. Dies findet eine zwar nicht wörtliche, aber sinngemäße Entsprechung in § 4 Abs. 2 HOAI, wonach zu den anrechenbaren Kosten u. a. auch die Übernahme von Lieferungen oder Leistungen des Auftraggebers sowie der Einbau von vorhandenen oder vorbeschafften Baustoffen oder Bauteilen zählen, und zwar zu den ortsüblichen Preisen:

„Die anrechenbaren Kosten richten sich nach den ortsüblichen Preisen, wenn der Auftraggeber

1) selbst Lieferungen oder Leistungen übernimmt,
2) von bauausführenden Unternehmen oder von Lieferanten sonst nicht übliche Vergünstigungen erhält,
3) Lieferungen oder Leistungen in Gegenrechnung ausführt oder
4) vorhandene oder vorbeschaffte Baustoffe oder Bauteile einbauen lässt."
(§ 4 Abs. 2 HOAI)

In den Begriffsbestimmungen des § 2 HOAI wird eine Definition zur Kostenschätzung und Kostenberechnung aufgeführt. Analog zur 2013 geltenden DIN 276-1:2008-12 soll die Kostenschätzung mindestens in der ersten Gliederungsebene und die Kostenberechnung mindestens in der zweiten Ebene als Berechnungsbasis der Honorarermittlung dienen. Bei der Kostenschätzung wird zudem ausdrücklich auf DIN 276 in der Fassung von 2008 verwiesen (vgl. § 2 Abs. 10 und 11 HOAI).

§ 6 Abs. 1 Nr. 1 HOAI bestimmt, dass bei der Objekt- und Fachplanung die Kostenberechnung oder, solange diese nicht vorliegt, die Kostenschätzung als Honorargrundlage heranzuziehen ist.

In § 4 Abs. 1 HOAI wird ausdrücklich geregelt, dass bei Kostenermittlung nach DIN 276 als Grundlage des Honorarparameters „anrechenbare Kosten" die Fassung von 2008 anzuwenden ist. In den §§ 33, 38, 42, 46, 50 und 54 HOAI zu den besonderen Grundlagen des Honorars der einzelnen Leistungsbilder der Teile 3 (Objektplanung) und 4 (Fachplanung) werden diese Regelungen aufgegriffen und spezifiziert.

Insbesondere für die Gebäude- und Innenraumplanung sowie die Tragwerksplanung und die Planung der technischen Ausrüstung lässt sich aus dem Wortlaut der HOAI ein Bezug zur DIN 276 bzw. den dort genannten Kostengruppen gut herleiten (vgl. §§ 33, 50 und 54 HOAI). Für Freianlagen (§ 38 HOAI) werden u. a. die Kosten der Außenanlagen genannt, sodass ebenfalls ein Bezug (zur Kostengruppe 500) herstellbar ist. Allerdings ist der Begriff der Freianlagen weiter gefasst als der der Außenanlagen: Während Außenanlagen an ein Bauwerk geknüpft sind, können Freianlagen u. a. auch Parks und Grünanlagen sein. Daher ist der Bezug nicht immer eindeutig, sodass § 38 HOAI noch eine tiefer gehende Aufzählung der anrechenbaren Kosten enthält. § 42 HOAI für Ingenieurbauwerke und § 46 HOAI für Verkehrsanlagen enthalten ebenfalls detaillierte Aufzählungen zu den anrechenbaren Kosten; zugleich ist klar, dass die DIN 276 hier nicht unmittelbar anwendbar ist, weil sich DIN 276-1:2008-12 nur auf den Hochbau bezog. Die 2013 noch gültige DIN 276-4:2009-08 „Kosten im Bauwesen – Teil 4: Ingenieurbau" mit Bezug zum Ingenieurbau wird in der HOAI nicht ausdrücklich erwähnt. Wenn auch nicht zwingend, ist eine Orientierung an der Gliederungsstruktur der DIN 276 in der Praxis gleichwohl nicht unüblich. Dies hängt damit zusammen, dass die öffentliche Hand meist Vorgaben zur Kostengliederung macht, die sich an der DIN 276 orientieren (vgl. zu Vorstehendem stellvertretend auch die jeweilige Kommentierung von Steeger/Fahrenbruch, 2016).

Ob und inwieweit die Zusammenführung der Teile 1 und 4 der DIN 276 aus 2008 bzw. 2009 in der aktuellen Fassung von 2018 sich in den Bestimmungen einer etwaig novellierten HOAI niederschlagen wird, bleibt abzuwarten. Bei der Neufassung der HOAI 1996 wurde für die Ermittlung der anrechenbaren Kosten weiterhin auf die DIN 276 von 1981 verwiesen, die eine gänzlich andere Gliederungsstruktur aufwies als die zwischenzeitliche Fassung der DIN 276 aus 1993. Erst mit der der HOAI-Fassung 2009 wurden die nicht unerheblichen Anwendungsschwierigkeiten durch Synchronisierung bzw. Bezug zur DIN 276 aus 2008 beseitigt.

Von der Europäischen Kommission wird die HOAI vor allem wegen der Mindestsatzfestschreibung und einer angeblichen Beschränkung der Dienstleistungs- und Niederlassungsfreiheit ausländischer Planer angegriffen. Im Jahr 2017 wurde deshalb Klage vor dem Europäischen Gerichtshof (EuGH) erhoben. Bundesregierung und Architekten- sowie Ingenieurkammern und die berufsständischen Verbände werben für den Beibehalt der jetzigen HOAI, um Baukultur und Sicherheit – so 2 wichtige Argumente – zu gewährleisten. Eine gerichtliche Entscheidung über den Fortbestand der HOAI als bindendes Preisrecht erfolgte am 4. Juli 2019 durch die Vierte Kammer des EuGH (siehe auch den folgenden Hinweis; weitere Informationen finden sich z. B. unter www.aho.de). Auch wenn die Leistungsbilder der HOAI von dem Urteil nicht unmittelbar betroffen sind, bleibt abzuwarten, ob die Neufassung der DIN 276 in eine aktualisierte HOAI mit nur noch preisempfehlendem Charakter aufgenommen werden wird.

Hinweis

Der Europäische Gerichtshof (EuGH) hat mit Urteil vom 4. Juli 2019 zwar anerkannt, „*dass die Existenz von Mindestsätzen für die Planungsleistungen im Hinblick auf die Beschaffenheit des deutschen Marktes grundsätzlich dazu beitragen kann, eine hohe Qualität der Planungsleistungen zu gewährleisten*“ (EuGH, Urteil vom 04.07.2019 – C-377/17, Rn. 88), und folgt damit den Ergebnissen eines Wirtschaftsgutachtens (vgl. Schramm, 2017). Weil aber auch nicht fachlich geeignete Personen, nämlich nicht ausgebildete Architekten und Ingenieure, nach bisherigem deutschem Recht den Mindestpreisen der HOAI unterliegen, hält das Gericht die Bestimmungen der HOAI für nicht kohärent bzw. inkonsequent. Denn das gesetzte Ziel, mit der HOAI die Qualität der Architekten- und Ingenieurleistungen zu fördern und zu sichern, sei so nicht zu erreichen. Mit diesem überraschenden, aber für die Urteilsfindung ausschlaggebenden Argument war allgemein nicht gerechnet worden.

Zwar wird man sich auch weiterhin an den in der HOAI formulierten Leistungsbildern und den sonstigen Bestimmungen orientieren können; aber für Neuverträge wird das Honorar künftig frei verhandelbar sein. Anders als bisher wird im Vorwege mit dem Auftraggeber viel mehr über die Leistungserwartung und das Honorarversprechen geredet werden müssen. Dies gilt auch und in besonderem Maße für alle Tätigkeiten im Hinblick auf Kostenermittlung, Kostenkontrolle und Kostensteuerung.

3.1 Vergleich HOAI 2013 mit DIN 276:2018-12 und DIN 276-1:2008-12

In den vorangehenden Ausführungen zum praktischen Vorgehen bei Kostenermittlungen ist an mehreren Stellen schon ein Verweis auf die Leistungsbilder der HOAI 2013 erfolgt. Dies soll nachfolgend noch einmal im Zusammenhang vertiefend dargestellt werden: Dazu werden zunächst die Anforderungen der beiden Fassungen der DIN 276 aus 2008 und 2018 in Bezug auf die Kostenermittlungen miteinander verglichen (vgl. dazu auch im Einzelnen Teil A, Kapitel 4.3), ergänzt durch die neuen Anforderungen aus dem BGB-Werkvertragsrecht 2018. Anschließend werden die in der HOAI aufgeführten Leistungsbilder der Teile 3 und 4 (Objekt- und Fachplanung) leistungsphasenbezogen daraufhin untersucht, inwieweit die Kostenermittlungsarten der DIN 276 in ihnen Berücksichtigung finden.

Außerdem wird aufgezeigt, bei welchen Planungsleistungen der Teile 3 und 4 der HOAI Kostenvergleich, Kostenkontrolle oder Kostensteuerung aufgeführt sind. Teil 2 der HOAI enthält die Flächenplanung ohne unmittelbaren Bezug zu Kosten, während die Teile 1 bzw. 5 die allgemeinen Vorschriften sowie Übergangs- bzw. Schlussvorschriften enthalten; daher sind diese Teile für den hier behandelten Zusammenhang nicht relevant.

3.1.1 Vergleich Kostenermittlungen der DIN-Fassungen 2008 und 2018

Wie schon dargelegt, sind mit der aktuellen Fassung DIN 276:2018-12 die Anforderungen an die Kostenermittlung erhöht worden, zum einen durch eine größere Gliederungstiefe beginnend ab der Kostenschätzung und zum anderen durch Einführung der Ermittlungsart Kostenvoranschlag (vgl. Tabelle C.4 mit Gegenüberstellung der Kostenermittlungen nach DIN 276 der Fassungen 2008 und 2018 sowie der Leistungsphasen gemäß HOAI und ergänzend der Anforderungen des BGB 2018).

Tabelle C.4: Gegenüberstellung DIN 276:2018-12, DIN 276-1:2008-12 sowie BGB

Leistungsphase gemäß HOAI 2013	Kostenermittlung nach DIN 276:2018-12	Kostenermittlung nach DIN 276-1:2008-12	BGB (seit 2018)
(0)	Kostenrahmen (Gesamtkosten)	Kostenrahmen (Bauwerkskosten)	Kosteneinschätzung
1	(Kostenrahmen [Gesamtkosten])	(Kostenrahmen [Bauwerkskosten])	–
2	Kostenschätzung (zweite Ebene)	Kostenschätzung (erste Ebene)	–
3	Kostenberechnung (dritte Ebene)	Kostenberechnung (zweite Ebene)	–
4	–	–	–

Tabelle C.4, Fortsetzung

Leistungsphase gemäß HOAI 2013	Kostenermittlung nach DIN 276:2018-12	Kostenermittlung nach DIN 276-1:2008-12	BGB (seit 2018)
5	Kostenvoranschlag (dritte Ebene und Vergabeeinheiten)	Kostenanschlag (dritte Ebene und Vergabeeinheiten)	–
6			–
7	Kostenanschlag (Vergabeeinheiten)	–	–
8	Kostenanschlag (wie vor) Kostenfeststellung (dritte Ebene bzw. Vergabeeinheiten)	Kostenfeststellung (dritte Ebene)	–
9	–	–	–

Der Kostenrahmen sollte nach alter DIN 276 mindestens die Bauwerkskosten (Kostengruppen 300 und 400) ausweisen, nach neuer DIN 276 sind die Gesamtkosten (Kostengruppen 100 bis 800) zu ermitteln. Da der Kostenrahmen gemäß beider DIN-Fassungen während der Bedarfsplanung angefertigt werden soll, gehört dieser formal eher in die sog. Leistungsphase 0, d. h. vor Einsetzen der HOAI-Leistungen. In der Praxis sind die Übergänge zur Leistungsphase 1 (Grundlagenermittlung) gemäß HOAI aber oft fließend, sodass der Kostenrahmen auch dort aufgeführt wird.

Bei der sog. Zielfindungsphase als neu formulierte Aufgabe des Planers seit der Neufassung des BGB 2018 ist die sog. Kosteneinschätzung hinzugekommen, deren Aussage in der Praxis ähnlich wie der Kostenrahmen ausfallen dürfte (vgl. dazu Teil C, Kapitel 2.2.1). Eine unmittelbare Entsprechung zur DIN 276 oder HOAI gibt es nicht. Weitere Leistungen zur Kostenermittlungen sind in der 2018 vorgenommenen Erweiterung des BGB um das Architekten- und Ingenieurvertragsrecht nicht genannt.

Die Kostenschätzung und die Kostenberechnung sind in der Fassung der DIN 276 aus 2018 gegenüber der Vorfassung jeweils eine Gliederungsebene tiefer angesetzt. Das bedeutet, dass die in Leistungsphase 2 anzufertigende Kostenschätzung nunmehr eine genauere Kostenaussage schon in der Vorplanung ermöglicht. Damit erhöhen sich möglicherweise die Anforderungen an die Planungstiefe, die in der Praxis nicht selten noch aus skizzenhaften Vorentwürfen besteht. Dies gilt analog für die Entwurfsplanung der Leistungsphase 3, mit der ebenfalls die Grundlagen für eine genauere Kostenermittlung (jedoch in der dritten Gliederungsebene) geschaffen werden müssen.

Der Kostenanschlag sollte nach DIN 276-1:2008-12 in den Leistungsphasen 5 (Ausführungsplanung) und 6 (Vorbereitung der Vergabe) stattfinden. In der Praxis zog sich der Kostenanschlag jedoch stets auch in die Leistungsphasen 7 (Mitwirkung bei der Vergabe) und 8 (Objektüberwachung/Bauoberleitung) und wurde aufgrund von Nachtragsforderungen sowie späteren Vergaben von Bauleistungen zumeist dynamisiert bzw. fortlaufend angepasst. Mit dem neu eingeführten Kostenvoranschlag ist der Kostenanschlag gemäß DIN 276 konsequenterweise in diese Leistungsphasen verschoben, während die neue Kostenermittlung nunmehr in den Leistungsphasen 5 und 6 angesiedelt ist.

Die Kostenfeststellung ist wie bisher in Leistungsphase 8 bzw. als Abschluss der zu erbringenden Leistungen mit Dokumentation der entstandenen Kosten zu ermitteln. Mit der neuen DIN 276 ist nicht nur eine Aufstellung in der dritten Gliederungsebene, sondern auch nach den vorher gegliederten Vergabeeinheiten vorzunehmen, wohl um den Vergleich zum Kostenanschlag zu verbessern.

In den Leistungsphasen 4 (Genehmigungsplanung) und 9 (Objektbetreuung) sind nach DIN 276 keine Leistungen der Kostenplanung postuliert.

3.1.2 Kostenermittlungen gemäß den Leistungsphasen der HOAI

Die Grundleistungen der Kostenermittlung der einzelnen Leistungsbilder der Teile 3 und 4 der HOAI werden in Tabelle C.5 zusammenfassend aufgelistet. Die Besonderen Leistungen der HOAI werden hier, da diese ohnehin hinsichtlich Leistungsumfang und Honorar frei vereinbar sind und in den Leistungsbildern kein abschließender Katalog enthalten ist, nicht weiter thematisiert. Anschließend werden im Vergleich die jeweiligen Leistungen in Bezug auf Kostenermittlungen leistungsphasenbezogen dargestellt und mit den Anforderungen der DIN 276 verglichen.

Aus Tabelle C.5 wird deutlich, dass gemäß HOAI in den Leistungsphasen 1, 4, 5 und 9 keine kostenplanerischen Leistungen in einem der Leistungsbilder gelistet sind. Ansonsten ähneln sich die jeweiligen Leistungen grundsätzlich; lediglich die Tragwerksplanung hat als Leistungsbeschreibung nur ein Mitwirken bei der Kostenschätzung bzw. Kostenberechnung in den Leistungsphasen 2 und 3 (daher nachfolgend nicht mehr thematisiert). Unterschiede bestehen in dem Bezug auf DIN 276, der bei Ingenieurbauwerken und Verkehrsanlagen nicht ausdrücklich genannt ist.

Beim Leistungsbild Technische Ausrüstung ist der Bezug lediglich in Leistungsphase 8 nicht vorhanden, bei Kostenschätzung und Kostenberechnung der Leistungsphasen 2 und 3 aber schon. Nur bei diesem Leistungsbild sind diese beiden Kostenermittlungen im Übrigen schon wie in der aktuellen DIN 276 gefordert in der zweiten bzw. dritten Gliederungsebene aufzustellen. Die Neufassung der Anforderungen in diesem Leistungsbild sind umso bemerkenswerter, da die HOAI 2009 lediglich das Mitwirken bei Kostenschätzung und Kostenberechnung vorsah (vgl. Anlage 14 zu § 53 Absatz Abs. 1 HOAI 2009).

Tabelle C.5: Kostenermittlungen gemäß Anlagen 10 bis 15 HOAI 2013

Leistungsphase	Leistungsbilder					
	Gebäude und Innenräume	**Freianlagen**	**Ingenieurbauwerke**	**Verkehrsanlagen**	**Tragwerksplanung**	**Technische Ausrüstung**
1	–	–	–		–	–
2	Kostenschätzung gemäß DIN 276 (erste Ebene)	Kostenschätzung z. B. gemäß DIN 276 (erste Ebene)	Kostenschätzung		Mitwirken Kostenschätzung	Kostenschätzung gemäß DIN 276 (zweite Ebene)
3	Kostenberechnung gemäß DIN 276 (zweite Ebene)	Kostenberechnung z. B. gemäß DIN 276 (zweite Ebene) + Mengenermittlung	Kostenberechnung + Mengenermittlung		Mitwirken Kostenberechnung	Kostenberechnung gemäß DIN 276 (dritte Ebene)
4	–	–	–		–	–
5	–	–	–		–	–
6	bepreiste Leistungsverzeichnisse	bepreiste Leistungsverzeichnisse	bepreiste Leistungsverzeichnisse		–	bepreiste Leistungsverzeichnisse
7	–	–	–		–	–
8	Kostenfeststellung z. B. gemäß DIN 276 (dritte Ebene)	Kostenfeststellung z. B. gemäß DIN 276 (dritte Ebene)	Kostenfeststellung		–	Kostenfeststellung
9	–	–	–		–	–

Es ist erneut darauf hinzuweisen, dass in HOAI 2013 noch auf die DIN 276 der Fassung 2008 Bezug genommen wird. Das heißt, der erst mit DIN 276: 2018-12 eingeführte Kostenvoranschlag hat noch keinen Eingang in die Leistungsbilder bekommen. Ferner fehlen der Kostenrahmen und seit HOAI 2013 der Kostenanschlag in den Leistungsbildern.

In Leistungsphase 6 ist lediglich das Bepreisen der erstellten Leistungsverzeichnisse genannt; das Prüfen und Werten der Angebote ist in Leistungsphase 7 verortet, findet aber keinen Eingang in die Gegenüberstellung der Tabelle C.5, weil es sich hierbei nicht um eine originäre Kostenermittlung nach DIN 276 handelt.

Leistungsphase 2 – Vorplanung

Während Architekten, Innenarchitekten und Freianlagenplaner eine Kostenschätzung in der ersten Ebene anfertigen sollen, ist für TGA-Planer laut HOAI die zweite Gliederungsebene beschrieben; für Planer von Ingenieurbauwerken und Verkehrsanlagen macht die HOAI selbst keine Angaben zur Gliederungstiefe. Auch wenn die HOAI keine normativen Leistungsbilder festschreibt, orientieren sich Auftraggeber und Planer häufig daran. Dies bedeutet, dass je nach Vertragsauslegung und der juristischen Einschätzung eine Regelungslücke zwischen den Anforderungen der DIN 276 in der Fassung von 2018 und den in der HOAI in Bezug auf Kostenplanung beschriebenen Leistungen zu schließen ist. Jedenfalls sollte vor Vertragsschluss darüber gesprochen werden, ob und inwieweit die Diskrepanzen honorarmäßige Auswirkungen haben und welche Leistungen erbracht werden sollen.

Für den jeweiligen Objektplaner, der die Gesamtkosten mit Unterstützung der Beiträge der anderen Fachplaner zusammenstellt, kann die geforderte größere Gliederungstiefe zudem bedeuten, dass die vom TGA-Planer beigesteuerten Kosten der Kostengruppe 400 aus der zweiten in die erste Ebene zu aggregieren sind. Während dies für den Architekten keinen nennenswerten Aufwand verursacht, ist es zumindest denkbar, dass für Planer von Ingenieurbauwerken und Verkehrsanlagen der Aufwand größer sein kann, wenn die TGA-Kosten in der Struktur der DIN 276 geliefert werden, der Auftraggeber aber eine andere Kostengliederung wünscht. Auch dies sollte vorvertraglich besprochen werden und entsprechend in die Planerverträge einfließen.

Da die Verwendung der DIN 276 im Leistungsbild Freianlagen auch nicht festgeschrieben ist, muss auch hier ggf. eine Angleichung der Leistungsinhalte erfolgen.

Leistungsphase 3 – Entwurfsplanung

Bei der Kostenberechnung sind ähnliche Leistungsdiskrepanzen wie in Leistungsphase 2 festzustellen, sodass die zuvor beschriebenen Sachverhalte analog gelten. Da die Verwendung der DIN 276 wie zuvor bei Ingenieurbauwerken und Verkehrsanlagen nicht festgehalten ist und bei Freianlagen auch nicht zwingend, ist in diesen Leistungsbildern ergänzend auch die Mengenermittlung in der HOAI genannt. Da eine Kostenberechnung ohne Mengenermittlungen ohnehin nicht sachgerecht erfolgen kann, ist dieser Hinweis bestenfalls als Klarstellung zu verstehen.

Leistungsphasen 5 – Ausführungsplanung – und 6 – Vorbereitung der Vergabe

Die stärksten Abweichungen treten in den Leistungsphasen 5 und 6 auf. Wie bereits ausgeführt, lag bei Novellierung der HOAI im Jahr 2013 die Fassung DIN 276-1:2008-12 vor. Während danach ein Kostenanschlag in der dritten Gliederungsebene und zusätzlich mit Vergabeeinheiten anzufertigen ist, beschränkt sich das Leistungsbild der HOAI bei allen Planern auf das Bepreisen der Leistungsverzeichnisse. Da diese gewerkebezogen oder nach Vergabeeinheiten aufgestellt werden, kann auf diesem Weg ein zumindest herstellungsmäßiger Kostenanschlag generiert werden. Ein Kostenanschlag in der elementbezogenen dritten Gliederungsebene nach DIN 276 ist mit dem Bepreisen der Leistungsverzeichnisse allein aber weder nach alter noch neuer DIN 276 möglich. Dies bedarf eines gewissen Mehraufwands, sodass diese Regelungslücke vertraglich ggf. sowohl von der Leistungs- als auch der

bei den Grundleistungen das Mitwirken; eine weitere Nennung in Bezug auf Kostenkontrolle (und Kostensteuerung) erfolgt im Leistungsbild nicht.

Das gezielte Eingreifen in die Planung zur Kostenbeeinflussung im Sinne der Kostensteuerung als DIN-Begriff ist in der HOAI nicht ausdrücklich definiert. Neben dem in § 3 Abs. 4 HOAI formulierten allgemeinen Grundsatz, die Wirtschaftlichkeit zu beachten, wird auch in den Leistungsbildern der Anlagen 10 bis 15 HOAI an verschiedenen Stellen auf die Notwendigkeit verwiesen, wirtschaftlich zu planen. Es wäre aber durchaus vorstellbar, dass das Ziel der wirtschaftlichen Planung künftig noch stärker als bisher in den (vertraglichen) Leistungsbeschreibungen formuliert wird.

3.1.4 Exkurs: Schnittstelle Projektsteuerung/Architektur

Nachfolgend soll exemplarisch das Zusammenwirken von Projektsteuerer und Architekt in Bezug auf die Kostenermittlungen dargestellt werden (vgl. Tabelle C.7).

Wie bereits ausgeführt, gibt es bei allen anderen Leistungsbildern gemäß HOAI kleinere und größere Leistungsabweichungen; gleichwohl können die Feststellungen bei den übrigen Objekt- und Fachplanungen analog herangezogen werden.

Die Projektsteuerung ist bekanntlich anders eingeteilt als die Leistungsbilder, nämlich in 5 Projektstufen anstatt in 9 Leistungsphasen gemäß HOAI. Dies wird in Tabelle C.7 durch ein Zusammenfassen der Leistungsphasen in der Spalte Projektsteuerung entsprechend berücksichtigt.

Die auf Kosten bezogenen Leistungen finden sich jeweils in Teil C des Leistungsbilds Projektsteuerung wie in Heft 9 der Schriftenreihe des Ausschusses der Verbände und Kammern der Ingenieure und Architekten für die Honorarordnung e. V. (AHO) dargestellt (vgl. Projektmanagementleistungen in der Bau- und Immobilienwirtschaft, 2014 [vierte Auflage]). Beginnend mit der Projektvorbereitung findet sich dort bei den Grundleistungen die sog. projektspezifische Kostenverfolgung und ab der Planung auch die Kostensteuerung, wenn auch ohne Bezug zur DIN 276. Als Besondere Leistungen werden u. a. Wirtschaftlichkeitsuntersuchungen in der Projektvorbereitung und Wirtschaftlichkeitsberechnungen in der Planung und Ausführungsvorbereitung genannt sowie eine Kostenschätzung oder -berechnung nach DIN 276 in der Planungsstufe.[26] Auf diese Weise ist zugleich klargestellt, dass diese Kostenermittlungen selbst bei Beauftragung anhand des Leistungsbilds Projektsteuerung im Regelfall – das heißt bei Erbringung der Grundleistungen – nicht durch den Projektsteuerer zu erbringen sind.

Nur in der Projektvorbereitung soll an der Ermittlung des Kostenrahmens mitgewirkt werden; alle anderen auf Kostenplanung bezogenen Leistungen des Projektsteuerers beschränken sich dem Wortlaut nach auf ein Überprüfen der vorgelegten jeweiligen Kostenermittlungen (vgl. jeweils Teil C des

26 Auch Nutzungskostenschätzung, -berechnung und -steuerung werden in der Stufe Planung (als Besondere Leistung) genannt.

Tabelle C.7: Vergleich der Kostenermittlungen in den Bereichen Projektsteuerung und Architektur

Leistungs-phase gemäß HOAI	**Kostenermittlungen nach DIN 276:2018-12**	**Architektur[1)] (HOAI-Leistungsbild Gebäude und Innenräume)**	**Projektsteuerung (Leistungsbild AHO/DVP 2014)[2)]**
(0)	Kostenrahmen	–	Projektvorbereitung: Mitwirken bei der Erstellung des Kostenrahmens für Investitionskosten und Nutzungskosten
1	(Kostenrahmen)	–	
2	Kostenschätzung (zweite Ebene)	Kostenschätzung (erste Ebene)	Planung: Überprüfen der Kostenschätzung und -berechnung der Objekt- und Fachplaner sowie Veranlassen erforderlicher Anpassungsmaßnahmen
3	Kostenberechnung (dritte Ebene)	Kostenberechnung (zweite Ebene)	
4	–	–	
5	Kostenvoranschlag	–	Ausführungsvorbereitung: • Überprüfen der von den Planern ermittelten Soll-Werte für die Vergaben auf Basis der aktuellen Kostenberechnung • Überprüfen der von den Planungsbeteiligten auf Grundlage bepreister Leistungsverzeichnisse erstellten Kostenermittlungen
6	–	bepreiste Leistungs-verzeichnisse	
7	Kostenanschlag	–	
8	Kostenanschlag/Kosten-feststellung (dritte Ebene)	Kostenfeststellung z. B. gemäß 276 (dritte Ebene)	Ausführung/Projektabschluss: Überprüfen der Kostenfeststellung der Objekt- und Fachplaner
9	–	–	

1) Bezug auf DIN 276-1:2008-12
2) kein direkter Bezug auf DIN 276

Leistungsbildes Projektsteuerung im AHO-Heft 9). Damit ist eine Abgrenzung zwischen den Leistungen der Planer (in Tabelle C.7 exemplarisch für das Leistungsbild Gebäude gemäß HOAI dargestellt) zur Projektsteuerung auf dem Papier möglich. Jeder Praktiker weiß aber, dass es häufig Reibungspunkte und Abstimmungsbedarf zwischen den Beteiligten gibt. Denn ein Überprüfen der Planerleistungen führt auch stets zur Anwendung eigener Kostenkennwerte bzw. von Erfahrungswerten sowie zu Plausibilitätsprüfungen in kleinerem und größerem Maßstab. Das Hinterfragen von Kostenermittlungen der Planer kann daher durchaus zu gegenseitigen Irritationen führen, umso mehr weil der Projektsteuerer – anders als in der HOAI – explizit sowohl von Beginn eine Kostenverfolgung als auch ab der Planung (bis einschließlich der Ausführung) eine Kostensteuerung vornehmen soll.

Naturgemäß konnte die DIN 276 aus 2018 bei Erarbeitung des in 2014 erschienen Vorschlags zum Leistungsbild und der Honorierung der Projektsteuerung (AHO-Heft 9) keine Berücksichtigung finden. Ein Bezug zur DIN 276 aus 2008 ist durch Nennung der dort genannten Kostenermittlungen jedoch möglich. Einzig der Kostenanschlag taucht nicht auf, stattdessen wird im Einklang zur HOAI 2013 von bepreisten Leistungsverzeichnissen gesprochen (vgl. Projektmanagementleistungen in der Bau- und Immobilienwirtschaft, 2014 [vierte Auflage]).[27]

Im Ergebnis hat der Projektsteuerer also im Grundsatz in den Leistungsphasen der HOAI keine originären Aufgaben in der Kostenermittlung, solange er damit nicht gesondert beauftragt wird (z. B. als Besondere Leistung). Ob und inwieweit er anstelle des Planers eine vollständige Kostenermittlung vornehmen kann, hängt von der Beauftragung und Expertise ab. Es ist nicht grundsätzlich undenkbar, zumal Planer teilweise auch bürointern oder extern Leistungen der Kostenplanung weitergeben. Einzig beim Kostenrahmen – nach „alter" DIN 276-1:2008-12 ausreichend für die Bauwerkskosten der Kostengruppen 300 und 400 – soll der Projektsteuerer als Grundleistung mitwirken. Das kann durchaus sinnvoll sein, auch wenn die zugrunde liegende noch rudimentäre Planung (vor Einstieg in die HOAI-Leistungen) nicht aus seiner Hand stammt.

Seine Überprüfungsleistungen in Bezug auf die Kostenermittlungen sind eigentlich auch nicht gleichzusetzen mit den Kostenkontrollen nach DIN 276. Nach der Normfassung aus 2008, die für das Leistungsbild Projektsteuerung 2014 noch als Bezugsbasis diente, soll mithilfe der Kostenkontrolle und -steuerung die Entwicklung der Kosten sowie das Einhalten von entsprechenden Vorgaben von den Planern beobachtet bzw. bezweckt werden (vgl. DIN 276-1:2008-12, Abschnitt 3.5). Somit gibt es theoretisch die kontrollierenden und steuernden Aufgaben des Planers und die eher übergeordneten, gedanklich dem Kostencontrolling zuzuordnenden Projektsteuerungsleistungen. Erforderliche Anpassungsmaßnahmen soll der Projektsteuerer gemäß Leistungsbild ggf. jedenfalls nur in der Planungsstufe (Vor-, Entwurfs- und Genehmigungsplanung) veranlassen – also dort, wo Planungsvarianten auch kostenmäßig bewertet werden müssen.

Zusammenfassend kann festgehalten werden, dass bei ordnungsgemäßer und anforderungsgerechter Kostenplanung die Objekt- und Fachplaner gegenüber dem Projektsteuerer schon kraft ihres Know-hows in der Planung im Vorteil sind. Es darf auch nicht vergessen werden, dass die Projektsteuerungsleistungen delegierbare Bauherrenaufgaben darstellen. Insoweit ist eine kritische Analyse der vorgelegten Kostenermittlungen der Planer bzw. das Einleiten von kostensteuernden Maßnahmen auch – aber nicht nur – bei Planungsänderungen im Sinne des Changemanagements in auftraggeberseitigem Interesse. Bei klarer vertraglicher Abgrenzung der jeweils zu erbrin-

---

27 Auf der Frühjahrstagung des Deutschen Verbandes für Projektmanagement in der Bau- und Immobilienwirtschaft e. V. (DVP) im Mai 2019 wurde ein neues Leistungsbild Projektsteuerung vorgestellt, das 2020 als fünfte Auflage des AHO-Hefts 9 erscheinen soll. In Bezug auf die Kostenplanung sind die bisher bekannt gewordenen Veränderungen nach derzeitigem Stand nicht gravierend (vgl. Preuß, 2019).

genden Leistungen besteht also eine Trennlinie zwischen den von Planern einerseits und Projektsteuerern andererseits zu erbringenden kostenplanerischen Tätigkeiten.

3.2 Ermittlung der anrechenbaren Kosten anhand DIN 276

Nachfolgend werden nicht alle Feinheiten der Ermittlung der anrechenbaren Kosten gemäß HOAI ausgebreitet. Dies wird an anderer Stelle monothematisch angegangen (vgl. nur stellvertretend Enseleit/Osenbrück, 2006, oder die einschlägigen HOAI-Kommentare wie z. B. Steeger/Fahrenbruch, 2016). Einige Aspekte sind weiter oben in Kurzform dargestellt (vgl. die einleitenden Ausführungen zu Kapitel 3 [Teil C]).

Hier sollen nur verschiedene Grundsatzfragen angesprochen werden, nämlich welche DIN-Fassung anzuwenden ist, weshalb die anrechenbaren Kosten netto ermittelt werden müssen sowie – exemplarisch für die Architektenleistungen – welche Kostengruppen ansetzbar sind und worauf dabei zu achten ist.

3.2.1 Zu verwendende DIN-Fassung gemäß HOAI

Wie bereits mehrfach ausgeführt, wird in § 4 Abs. 1 HOAI ausdrücklich geregelt, dass bei Kostenermittlung nach DIN 276 als Grundlage des Honorarparameters „anrechenbare Kosten" die Fassung von 2008 anzuwenden ist. In den jeweiligen Paragrafen zu den besonderen Grundlagen des Honorars der einzelnen Leistungsbilder der HOAI-Teile 3 (Objektplanung) und 4 (Fachplanung) werden diese Regelungen detailliert. Insbesondere für die Gebäude- und Innenraumplanung sowie die Tragwerksplanung und die Planung der technischen Ausrüstung lässt sich aus dem Wortlaut der HOAI ein Bezug zur DIN 276-1:2008-12 bzw. den dort genannten Kostengruppen gut herleiten (vgl. §§ 33, 50 und 54 HOAI; vgl. ausführlich auch die einleitenden Ausführungen zu Kapitel 3 [Teil C]). Die Anwendung einer anderen – älteren oder neueren – Fassung der DIN 276 berührt regelmäßig die Frage der Prüffähigkeit der Honorarrechnung, wie in § 15 HOAI gefordert (vgl. Steeger/Fahrenbruch, 2016, § 4, Rn.12; vgl. zur Prüffähigkeit die Kommentierung zu § 15 HOAI in Steeger/Fahrenbruch, 2016).

Damit ist die Frage aufgeworfen, wie sich die Planer der o. g. Leistungsbilder sowie diejenigen Planer, die die DIN 276 zugrunde legen müssen, verhalten sollen. Denn eine Kostenermittlung wird – entsprechende vertragliche Regelung vorausgesetzt bzw. wenn nach dem Grundsatz der Anwendbarkeit der allgemein anerkannten Regeln der Technik zu bejahen – in der Regel nach der aktuellen DIN-Fassung aus 2018 vorzunehmen sein. Die Ermittlung der als Honorargrundlage unabdingbaren anrechenbaren Kosten hingegen ist HOAI-gemäß auf Basis der Kostengliederung der DIN 276 aus 2008 anzustellen.

In Teil A des vorliegenden Buches werden die Unterschiede der Gliederungsstruktur der beiden DIN-Fassungen im Einzelnen analysiert (vgl. Teil A, Kapitel 5.4) Vielfach ist durch die Zusammenlegung von DIN 276-

1:2008-12 und DIN 276-4:2009-08 in der aktuellen Fassung der DIN 276 eine andere Bezeichnung der Kostengruppen entstanden; dies dürfte grundsätzlich unkritisch sein, solange anhand der Gliederung der alten DIN 276 von 2008 unter der jeweils aufgeführten Kostengruppennummer die zugeordneten Kosten aufgeführt werden. Einige Kostengruppen haben sich allerdings in der Nummerierung verschoben (z. B. wird KG 370 zu KG 380) oder sind um andere Kostengruppen erweitert worden (z. B. KG 466). In anderen Fällen haben sich die Kostengruppen sogar grundlegend verändert; die neue KG 540 „Baukonstruktionen" war z. B. vorher die (alte) KG 540 „Technische Anlagen in Außenanlagen", die wiederum verschoben worden ist in die neue KG 550 „Technische Anlagen" (vgl. dazu im Detail Teil A, Kapitel 5.4).

Die Änderungen der Gliederungsstruktur sind zwar nicht so gravierend wie diejenigen zwischen den Fassungen der DIN 276 aus 1981 und 1993, die häufig zu erheblichen Anwendungsschwierigkeiten bei der Aufstellung der anrechenbaren Kosten gemäß HOAI 1996 führten, weil dort für die Ermittlung der anrechenbaren Kosten weiterhin auf die DIN 276 von 1981 verwiesen wurde (vgl. dazu die einleitenden Ausführungen zu Kapitel 3 [Teil C]). Gleichwohl ist eine ungeprüfte Übernahme der Kostenermittlungen nach DIN 276:2018-12 als Bezugsgröße für die Ermittlung der anrechenbaren Kosten nach den Vorgaben der HOAI 2013, also nach DIN-276-1:2008-12, nicht zu empfehlen. Wie bereits erwähnt, bestimmt § 6 Abs. 1 Nr. 1 HOAI, dass bei der Objekt- und Fachplanung als Honorargrundlage die Kostenberechnung oder, solange diese nicht vorliegt, die Kostenschätzung heranzuziehen ist. Beide Kostenermittlungen sind nach der aktuellen DIN 276 detaillierter als zuvor aufzustellen: die Kostenschätzung nun in der zweiten (vorher ersten) Ebene, die Kostenberechnung in der dritten (vorher zweiten) Gliederungsebene. Es ist davon auszugehen, dass eine detailliertere Kostenermittlung als nach HOAI vorgesehen grundsätzlich unkritisch ist, solange die Zusammenstellung der Kosten in der zweiten Ebene erkennbar ist bzw. den Anforderungen der HOAI zur Bestimmung der anrechenbaren Kosten Genüge getan ist.

Hingegen kann es im Einzelfall aufgrund der oben beschriebenen Änderungen der Gliederungsstruktur zu Kostenverschiebungen kommen, die Auswirkungen auf die richtige Ermittlung der anrechenbaren Kosten haben. Dies wird nachfolgend am Beispiel der Architektenleistung genauer untersucht. Auch sollte nicht eine Kostenermittlung nach neuer DIN 276 zur Bestimmung der anrechenbaren Kosten herangezogen werden, um dem sonst drohenden Vorwurf der mangelnden Prüffähigkeit der Honorarrechnung zu entgehen. In den meisten Fällen wird es vielleicht nur zu Streitigkeiten über die Richtigkeit der extrahierten anrechenbaren Kosten kommen, was die Prüffähigkeit der Rechnung nicht per se beeinträchtigt. Zugleich ist aber nicht auszuschließen, dass die Rechnung des Planers in solchen Fällen unter Berücksichtigung der alten DIN 276 aus 2008 neu aufzustellen ist, um die Anforderungen der HOAI zu erfüllen. Eine Umschlüsselung der Gliederungsstruktur von neuer auf alte DIN 276 ist mithilfe von Tabellenkalkulations- oder Honorarberechnungsprogrammen schnell vorgenommen. Dabei muss dann auch – zwingend – geprüft werden, ob Kosten nach der alten DIN 276 nicht mehr oder an anderer Stelle oder zusätzlich bei den je nach Leistungsbild anderen maßgeblichen Kostengruppen enthalten sind. Allein auf diesem Weg ist eine (rechts)sichere Bestimmung des wichtigen Honorarparameters anrechenbare Kosten möglich.

3.2.2 Anrechenbare (Netto-)Kosten

§ 4 Abs. 1 HOAI bestimmt unmissverständlich wie folgt:

„*[...] Umsatzsteuer, die auf die Kosten von Objekten entfällt, ist nicht Bestandteil der anrechenbaren Kosten.*“

Dies führt in der Praxis gelegentlich zu Irritationen, gerade wenn eine Kostenschätzung oder Kostenberechnung nur mit Bruttokosten ausgewiesen ist, also inkl. Umsatzsteuer. Wenn noch nicht geschehen, müssen im ersten Schritt die Nettoangaben ermittelt werden, um die richtige Höhe der anrechenbaren Kosten zu berechnen. Dies führt neben Abrechnungsproblemen oder einer falschen Honorarermittlung nicht selten auch zu Verwirrung bei Planern, vor allem dann, wenn die Auftraggeber eine Kostenermittlung inkl. Mehrwertsteuer erwarten. So wird insbesondere von Architekten und Ingenieuren des Öfteren verwundert gefragt, wieso die Nettokosten anzusetzen sind.[28]

Die anrechenbaren Kosten sind seit Einführung der HOAI ohne Umsatzsteuer angesetzt worden (das ist seit HOAI 1977 so, erst in § 10, dann in § 9, jetzt in § 4 verankert). Mit Einführung der HOAI, die vorherige Vorschriften wie die Gebührenordnung für Architekten (GOA) und die Gebührenordnung für Ingenieure (GOI) ablöste, wurde anders als vorher festgelegt, dass die Umsatzsteuer nicht zu den anrechenbaren Kosten gehört.

Bis 1967 galt noch die sog. Allphasen-Bruttoumsatzsteuer, die anders als heute keine Vorsteuerabzugsberechtigung vorsah, sodass die Baukosten nicht um die Umsatzsteuer bereinigt werden mussten bzw. konnten. Die Frage des Ansatzes von Brutto- oder Nettokosten stellte sich also erst mit Einführung der HOAI im Jahr 1977, da bis dahin die GOA und GOI noch galten. Winkler schreibt deshalb dazu in der Kommentierung zu § 10 Abs. 5 HOAI 1977:

„*Die auf die Kosten des Objekts entfallende Umsatzsteuer ist – im Gegensatz zu den bisher geltenden honorarrechtlichen Vorschriften – nicht anrechenbar.*“ (Winkler, 1977, S. 55)[29]

In der amtlichen Begründung zu § 16 HOAI 1977 (Honorartafel für Grundleistungen bei Gebäuden) wird ergänzt:

„*[...] Die Honorare sind in ihrer Höhe aus dem wissenschaftlichen Gutachten übernommen worden, wobei berücksichtigt wurde, dass die auf die auf die Bauleistungen entfallende Umsatzsteuer nicht zu den anrechenbaren Kosten gerechnet wird.*“
(Winkler, 1977, S. 76 f.)

28 Der Autor dankt in diesem Zusammenhang A. Pleuger für die Anfrage im März 2018, mit welcher Begründung die anrechenbaren Kosten nach HOAI netto anzusetzen seien.
29 Vgl. dazu auch Locher, 1977, Kommentierung zu § 10, S. 18.

Erklärbar ist die Nichtberücksichtigung der Umsatzsteuer in der HOAI auch insofern, als dass sich der Mehrwertsteuersatz in der Vergangenheit ständig (nach oben) verändert hat, – aber in den amtlichen Begründungen und den einschlägigen Kommentaren zur HOAI ist das Thema nur spärlich behandelt. So ist es auch eine Frage der Berechnungsgrundlage und da hat Pfarr in seinem Gutachten zur Einführung der HOAI (vgl. dazu Pfarr/Arlt/Hobusch, 1974a und 1974b) vermutlich wohlweislich die Honorare in Beziehung zu den netto anrechenbaren Kosten gesetzt – anders, d. h. mit Bruttokosten, wäre es natürlich auch möglich gewesen. Die lediglich netto anrechenbaren Kosten sind seitdem im Grundsatz beibehalten worden. Es handelt sich also um eine reine Definitionssache, es hätten ja auch die Flächen der zu planenden Objekte als Bezugsgröße genommen werden können, wie auch später verschiedentlich vorgeschlagen wurde (vgl. z. B. Statusbericht 2000plus Architekten/Ingenieure, 2002, dort Kapitel 9.4). Dem Gutachter wird aber bewusst gewesen sein, dass die Mehrwertsteuer politisch volatil ist und der Verordnungsgeber quasi automatische Honorarerhöhungen durch Umsatzsteuererhöhungen sicherlich vermeiden wollte. Andere Grundlagen für die Honorarbestimmung sind seit dem sog. Pfarr-Gutachten zur Einführung der HOAI immer wieder diskutiert worden, ohne dass eine solche Lösung verwirklicht wurde (vgl. für weitere Einzelheiten Pfarr/Arlt/Hobusch, 1974a und 1974b; Schramm, 2003).

Bei vorsteuerabzugsberechtigten (z. B. gewerblichen) Auftraggebern lässt sich am ehesten nachvollziehen, dass die Umsatzsteuer als durchlaufender Posten nicht honorarfähig ist. Die HOAI ist bekanntlich nicht unerheblich geprägt von den Interessen des größten Nachfragers von Planungs- und Bauleistungen, der öffentlichen Hand, die im Regelfall nicht vorsteuerabzugsberechtigt ist. Es ist also ggf. vorstellbar, dass auch in diesem Punkt den Interessen der staatlichen Auftraggeber entsprochen werden sollte. Im Übrigen ist in allen Teilen der HOAI in der Regel eine gesonderte Nebenkostenerstattung ebenso wie eine Berechnung der Umsatzsteuer auf die (Netto-) Honorare vorgesehen.

3.2.3 Ansetzbare Kostengruppen am Beispiel Gebäudeplanung

Bei der historischen Betrachtung fällt auf, dass anrechenbare Kosten für Architektenleistungen bisher immer Grundlage der Honorarbemessung waren. Dies lässt sich anhand der Gebührenordnungen seit Mitte des 19. Jahrhunderts beobachten, zum Teil auch schon früher. Lediglich die Frage, nach welchen Kostenermittlungen die Honorare zu bestimmen sind, wurde in den früheren Fassungen der Gebühren- und Honorarordnungen unterschiedlich gehandhabt. Im Übrigen wurden schon immer grundsätzliche Bedenken wegen der Bezugsgröße Kosten für das Honorar aufgeworfen. Zu beachten ist dabei, dass anrechenbare Kosten stets nur eine Wertübergangsfiktion von Baukosten zu Honoraren sind, d. h., ob eine angemessene und aufwandsgerechte Honorierung erfolgt, hängt auch von den Projektumständen und der internen Büroorganisation der Planer ab.

Als wesentliche Kritikpunkte der honorarbestimmenden Baukosten wurden z. B. aufgeführt,

- dass der Planer bei teureren Materialien oder Herstellkosten ein höheres Honorar erhält und somit wenig Anreize bestehen, kostensparend zu planen und zu bauen,
- dass verminderte oder erhöhte Nutzungskosten keinen Einfluss auf das Honorar haben und
- dass die Regelungen für die Ermittlung der anrechenbaren Kosten insgesamt zu aufwendig sind.

Je nach Sichtweise und Interessenlage wird diese Kritik von Auftragnehmer- und Auftraggeberseite mehr oder weniger geteilt (vgl. Statusbericht 2000plus Architekten/Ingenieure, 2002, dort Kapitel 9.4).

Gemäß § 33 HOAI „Besondere Grundlagen des Honorars" sind folgende Kosten der DIN 276-1:2008-12, auf die sich die Begriffe beziehen, ansetzbar:

„(1) Für Grundleistungen bei Gebäuden und Innenräumen sind die Kosten der Baukonstruktion anrechenbar.

(2) Für Grundleistungen bei Gebäuden und Innenräumen sind auch die Kosten für Technische Anlagen, die der Auftragnehmer nicht fachlich plant oder deren Ausführung er nicht fachlich überwacht,

1. *vollständig anrechenbar bis zu einem Betrag von 25 Prozent der sonstigen anrechenbaren Kosten und*
2. *zur Hälfte anrechenbar mit dem Betrag, der 25 Prozent der sonstigen anrechenbaren Kosten übersteigt.*

(3) Nicht anrechenbar sind insbesondere die Kosten für das Herrichten, für die nichtöffentliche Erschließung sowie für Leistungen zur Ausstattung und zu Kunstwerken, soweit der Auftragnehmer die Leistungen weder plant noch bei der Beschaffung mitwirkt oder ihre Ausführung oder ihren Einbau fachlich überwacht."

Für Architektenleistungen anzusetzen sind also die Kosten der Kostengruppe 300 immer, die Kosten der Kostengruppe 400 bedingt (mit einer Kappungsgrenze) sowie Kosten der Kostengruppen 200 und 600 nur dann, wenn der Planer darauf bezogen Leistungen erbringt. Nur am Rande sei erwähnt, dass auch die Vorschriften der §§ 4 und 6 HOAI zu beachten sind. Die Kosten der Kostengruppe 500 sind zudem gemäß § 37 HOAI immer dann den anrechenbaren Kosten zuzurechnen, wenn sie 7.500 € nicht überschreiten.

Der Architekt muss also mindestens prüfen, ob und inwieweit die Kostengruppen 300 und 400 – sofern nach aktueller DIN 276 ermittelt – vollständig für den Ansatz der anrechenbaren Kosten, die gemäß DIN 276-1:2008-12 aufzustellen sind, heranziehbar sind. In der Kostengruppe 300 etwa haben sich KG 370 und KG 380 grundlegend verändert, sodass hier geprüft werden muss, welche Kosten genau anzurechnen sind. Hier und bei den anderen Kostengruppen kann mithilfe von Tabelle A.5 ein entsprechender Abgleich vorgenommen werden (vgl. Teil A, Kapitel 5.4). Somit ist eine zweigleisige Kostenermittlung nach neuer DIN 276 für die kostenplanerischen Leistungen und nach alter DIN 276 für die richtige Ermittlung der anrechenbaren

Kosten im Normalfall wohl nicht notwendig. Vielmehr kann die Kostenschätzung oder Kostenberechnung nach DIN 276:2018-12 durch entsprechende Umgruppierung kompatibel zur DIN 276-1:2008-12 gesetzt werden.

Je nach Vertragskonstellation und zu erbringenden Leistungen kann sich diese Prüfung auch auf die Kostengruppen 200, 500 und 600 erstrecken. Einzig die Kosten der Kostengruppen 100, 700 und 800 sind grundsätzlich nicht als anrechenbare Kosten zu behandeln; dies folgt aus ihrer Nichtnennung in § 33 HOAI bzw. bei den Finanzierungskosten der Kostengruppen 800 nach DIN 276:2018-12 implizit daraus, dass diese in der DIN 276-1:2008-12 zumindest teilweise in KG 760 verortet waren und die Baunebenkosten der Kostengruppe 700 insgesamt nicht anrechenbar sind (vgl. Teil A, Kapitel 5.4).

Bei den anderen Leistungsbildern gelten zum Teil andere Vorschriften, aber grundsätzlich ist analog eine Prüfung erforderlich, ob und inwieweit die Kostenermittlungen nach alter und neuer DIN 276 übertragbar sind.

Teil D – Kostenplanung und Wirtschaftlichkeit

Prof. Dr.-Ing. Willi Hasselmann, Prof. Dr.-Ing. Clemens Schramm

In Teil D des vorliegenden Buches soll dargestellt werden, welche Bedeutung die DIN 276:2018-12 „Kosten im Bauwesen“ für wirtschaftliche Entscheidungen bei Bauinvestitionen hat. Ein Ziel der Kostenplanung ist laut DIN 276, die Wirtschaftlichkeit eines Bauprojekts zu ermitteln.

Damit wird ausgedrückt, dass ein optimales Verhältnis zwischen dem Planungsergebnis und dem für die entsprechende Baurealisierung erforderlichen Mitteleinsatz erzielt werden soll. Ein Gebäude nicht wirtschaftlich nutzen zu können, bedeutet im Allgemeinen, dass keine oder zu wenig Nutzer für die vorgesehene Nutzung gefunden werden können oder aber dass die Kosten der Herstellung oder auch der Nutzung des Gebäudes bzw. Bauwerks die zu erzielenden Einnahmen aus Verkauf oder Vermietung bzw. Nutzungsgewinn übersteigen werden.

Verkürzt kann also argumentiert werden, dass nur gebaut wird, wenn es sich auch rechnet. Dazu muss nicht nur kostenbewusst geplant werden, sondern vielmehr kostenorientiert sowie wirtschaftlich denkend.

Die Beantwortung der Fragestellung „Rechnet sich das Bauprojekt?“ spielt für die Investitionsentscheidung eine elementare Rolle. Ausgenommen davon sind lediglich Bauten für kulturelle und allgemeine Bedürfnisse, wie z. B. Sakralbauten, Bibliotheken, Museen, Schulen oder Kindergärten. Aber auch diese müssen sich insofern rechnen, dass sie der Allgemeinheit einen Mehrwert bieten bzw. gesellschaftlichen Bedürfnissen dienen.

Ökonomisch angewendet bedeutet dies, dass nur gebaut wird, wenn sich Gewinne erzielen oder angemessene Kapitalrenditen erwirtschaften lassen. Besonders Planer sind oft mit der Frage nach der Wirtschaftlichkeit des Bauprojekts konfrontiert, da in nicht wenigen Fällen von deren positiver Beantwortung die Erteilung eines Planungsauftrags abhängt.

Bis in die jüngste Vergangenheit wurden bauliche Investitionsentscheidungen oft ohne eine Betrachtung des ökonomischen Hintergrundes getroffen. Hohe staatliche Subventionen in Form von steuerlichen Abschreibungsmöglichkeiten führten zum schnellen Errichten von Bauobjekten, die anschließend nicht wirtschaftlich betrieben werden konnten. Sogenannte Investitionsruinen entstehen immer dann, wenn Gebäude nicht vermietet werden können und/oder der Wert der Immobilie die Gesamtkosten der Errichtung nicht überschreitet und ein Verkauf nur mit Verlust zu realisieren ist.

Bei Vergegenwärtigung des Zusammenhangs, der zwischen den Gesamtkosten nach DIN 276 und der Wirtschaftlichkeit einer Immobilieninvestition besteht, wird deutlich, dass diese Kausalität nur indirekt besteht und zumindest erklärungsbedürftig ist.

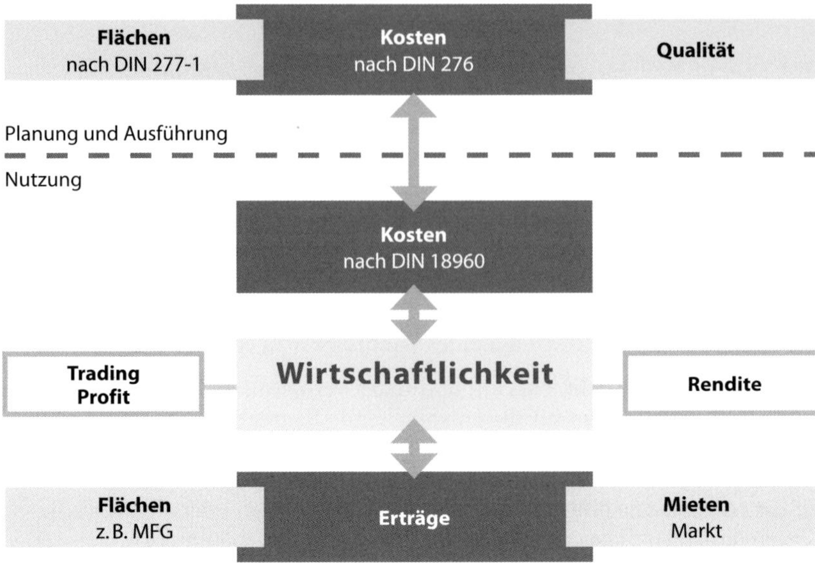

Abb. D.1: Der Zusammenhang zwischen Wirtschaftlichkeit und Kosten einer Immobilieninvestition

Abb. D.1 zeigt, dass die Thematik der DIN 276 zunächst nur auf die Planung und Errichtung einer Immobilie beschränkt ist. Gleichwohl sind die Kosten der DIN 276 als Investitionskosten eine wichtige Größe, wenn die Frage nach der Wirtschaftlichkeit für Immobilienprojekte gestellt wird, denn sie beeinflussen die Wirtschaftlichkeit nachhaltig.

In der Allgemeinen Betriebswirtschaftslehre wird die Wirtschaftlichkeit über die folgende Formel bestimmt (vgl. dazu auch Teil A, Kapitel 4.1):

$$\text{Wirtschaftlichkeit} = \frac{\text{Ertrag}}{\text{Aufwand}}$$

Dieser Definition folgend lassen sich – auf ein Immobilienprojekt übertragen – daraus auch die monetären Ergebnisse ermitteln.

Die Frage nach der Wirtschaftlichkeit stellt sich allerdings beim Planen, Bauen und Nutzen nicht nur unter monetären Gesichtspunkten. Gerade der Planungsprozess beinhaltet Faktoren, die zunächst wenig mit einer monetären Bewertung zu tun haben, aber dennoch die Wirtschaftlichkeit eines Immobilienprojekts erheblich beeinflussen können. Gemeint sind zum einen die städtebaulichen Rahmenbedingungen und zum anderen die Planungsergebnisse des Entwurfsprozesses mit ihrem Flächen-Output und Flächenrelationen.

Im Folgenden soll daher zunächst auf solche Faktoren eingegangen werden, die die Wirtschaftlichkeit nur indirekt beeinflussen. Anschließend wird die Wirtschaftlichkeit im Zusammenhang mit den Gesamtkosten nach DIN 276 dargestellt.

1 Flächenwirtschaftlichkeit

Die Frage nach der Wirtschaftlichkeit von Immobilienprojekten wird auch von Faktoren bestimmt, die nur bei diesem Wirtschaftsgut (Immobilie) von Bedeutung sind. Dies betrifft zum einen die Lage, also das Umfeld, in dem das Gebäude errichtet werden soll oder bereits existiert, sowie zum anderen die jeweiligen städtebaulichen Vorgaben der Kommune. Die städtebaulichen Vorgaben dienen wiederum als Vorgabe für die Planung des Architekten bzw. der Objekt- und Fachplanung, die in ihrem Ergebnis unter wirtschaftlichen Aspekten positiv oder negativ zu beurteilen ist. Diese Einflussfaktoren sollen im Folgenden weiter beschrieben werden.

Die Lage eines Grundstücks oder einer Immobilie wird im Allgemeinen nach den folgenden Kategorien unterschieden:

- 1-a-Lage (z. B. sehr gute Citylage),
- 1-b-Lage (z. B. gute Citylage),
- 2er-Lagen (z. B. mittlere Citylage),
- Stadtteil (z. B. Stadtbezirk einer Großstadt),
- Peripherie (z. B. Stadtrand, Vorort).

Die Lage (bzw. Lagekategorie) beeinflusst maßgeblich den Grundstückswert und ebenso die Höhe des Mietzinses. Die Kategorisierung der Lage, die im Übrigen keinem einheitlichen Standard folgt und auch sehr stark durch Nutzungseinflüsse bestimmt wird, beschreibt die Qualitätsmerkmale von Grundstücken. So ist es z. B. für den Einzelhandel ein wichtiges Qualitätsmerkmal, dass eine hohe Passantenfrequenz vorhanden ist. Dementsprechend ist dieses Kriterium ein wichtiger Maßstab bei der Kategorisierung der Lage eines Grundstücks. Bei anderen Nutzungen wie z. B. der Wohnnutzung sind weitere Qualitätsmerkmale von Wichtigkeit, wenn es um die Zuordnung zu einer Lagekategorie geht (z. B. Verkehrsanbindung, Einkaufsmöglichkeiten, geringe Lärmbelästigung, Infrastruktur).

Daneben spielt auch die Frage nach der Bebaubarkeit des Grundstücks eine wichtige Rolle bei der Ermittlung der Wirtschaftlichkeit. Bebaubarkeit heißt in diesem Zusammenhang, wie im Bebauungsplan oder unter anderen gegebenen rechtlichen Bedingungen (z. B. Regelungen des Baugesetzbuches oder kommunale Festlegungen dazu) die Ausnutzung des Grundstücks geregelt ist. Diese Vorgaben dienen allgemein dazu, städtebauliche Rahmenbedingungen zu schaffen, die verhindern sollen, dass Partikularinteressen Einzelner zulasten der Allgemeinheit ausgelegt werden. Diese städtebaulichen Rahmenbedingungen sollen insbesondere folgende Gesichtspunkte für die Planung von Gebäuden berücksichtigen:

- soziale, wirtschaftliche und umweltschützende Anforderungen,
- eine dem Wohl der Allgemeinheit dienende, sozial gerechte Bodenordnung,
- Schutz und Entwicklung der natürlichen Lebensgrundlagen in einer menschenwürdigen Umwelt,
- Einhaltung einer städtebaulichen Gestaltung,
- Erhalt und Entwicklung des Orts- und Landschaftsbildes.

Wenn es um die Bebauung von Grundstücken geht, ergeben sich diesbezüglich immer wieder Konflikte, z. B. dann, wenn es um die flächenmäßige Ausnutzung des Grundstücks geht. In der Regel kann eine hohe Ausnutzung eines Grundstücks die Wirtschaftlichkeit eines Immobilienprojekts positiv beeinflussen, wenn die Planung diese Chancen nutzt und dadurch ein Mehr an verwertbarer Fläche generiert. Mehr Fläche bedeutet zwar im Regelfall auch höhere Baukosten, aber auch höhere Erträge, d. h. höhere Mieteinnahmen insgesamt, wenn die Mehrflächen als Mietfläche verwertbar sind. In der Abwägung zwischen Mehrkosten mit einem Mehr an Mietfläche als Resultat oder geringeren Investitionskosten mit weniger Mietfläche wird sich jeder Investor für die erste Variante entscheiden, da die zusätzlichen Mietflächen über die Jahre zu höheren Erträgen insgesamt führen, die Mehrkosten der Erstellung hingegen nur einmal anfallen.

Gemessen wird die Grundstücksausnutzung mit 2 Verhältniszahlen:

- Grundflächenzahl (GRZ),
- Geschossflächenzahl (GFZ).

Die GRZ regelt die zulässige Ausnutzung der Grundfläche eines Grundstücks durch das Verhältnis:

$$\text{GRZ} = \frac{\text{überbaute Grundstücksflächen}}{\text{Grundstücksfläche}}$$

Ist die GRZ gleich 1,0, so sind 100 % der Grundstücksfläche überbaut.

Die GFZ regelt die Ausnutzung des Grundstücks hinsichtlich der zulässigen Geschossfläche durch das Verhältnis:

$$\text{GFZ} = \frac{\text{Geschossfläche}}{\text{Grundstücksfläche}}$$

Als Geschossfläche wird die Summe der Flächen aller Vollgeschosse eines Gebäudes bezeichnet, wobei die Flächen der Vollgeschosse nach den Außenmaßen des Gebäudes zu bilden sind. Die GFZ gibt also an, wie viel m^2 Geschossfläche auf jeden m^2 Grundstücksfläche entfallen. Mithilfe der Angabe einer Geschossfläche oder einer Geschossflächenzahl wird das sog. Maß der baulichen Nutzung eines Grundstücks gemäß Baunutzungsverordnung (BauNVO) geregelt und z. B. im Bebauungsplan als Höchstgrenze festgesetzt (vgl. dazu auch Teil C, Kapitel 1.1).

Ist die GFZ sehr hoch, ergibt sich eine hohe Geschossfläche. Eine hohe Geschossfläche wiederum kann durch eine geschickte Planung in ein Maximum an Mietfläche bzw. Nutzungsfläche umgesetzt werden. Die Höhe der Erträge eines Immobilienprojekts ist abhängig von der erzielbaren Miete je m^2 Mietfläche und von der Mietfläche selbst. Oberstes Ziel eines wirtschaftlich agierenden Bauherrn ist die Maximierung der Erträge und somit die Optimierung und Maximierung der Mietfläche.

Art und Maß der baulichen Nutzung – insbesondere die GFZ – haben einen starken Einfluss auf den Wert eines zur Bebauung anstehenden Grundstücks. Anders ausgedrückt erhöht eine hohe GFZ den Wert eines Grundstücks. Nun ist die Wertsteigerung allerdings nicht proportional mathematisch zu ermitteln. Die Wertsteigerung infolge einer höheren GFZ ist wiederum in Abhängigkeit von der vorgesehenen Nutzung zu sehen, da beispielsweise bei einer Wohnbebauung die zusätzlichen Mieterträge aufgrund einer Erhöhung der Mietfläche im Allgemeinen nicht so erheblich sind wie etwa bei Bürobauten. Aus diesem Grund hat z. B. der Gutachterausschuss für Grundstückswerte in Berlin Umrechnungstabellen für die Bodenwerte in Abhängigkeit von der jeweiligen GFZ und der Nutzung (Wohnbauland und Dienstleistungs-/Büronutzung) herausgegeben (vgl. www.berlin.de/gutachterausschuss). Benötigt werden diese Umrechnungsfaktoren für diejenigen Fälle, in denen für ein konkretes Grundstück eine andere GFZ gegenüber einem Vergleichsgrundstück in der Umgebung zulässig ist. In den Umrechnungstabellen werden – in Abhängigkeit von der Nutzung – sog. Umrechnungskoeffizienten verschiedenen Geschossflächenzahlen zugeordnet.

Beispiel: Einfluss GFZ auf Bodenwert

Der Umrechnungskoeffizient beträgt für eine Wohnbebauung bei einer GFZ von 3,0 = 1,318 und bei einer GFZ von 3,5 = 1,442. Bei Annahme eines Bodenwertes von 1.000,00 €/m^2 und einer Erhöhung der zulässigen GFZ von 3,0 auf 3,5 ergibt sich folgender erhöhter Bodenwert:

$$\text{Bodenwert}_{\text{Wohnen}} = \frac{1.000,00\ €/\text{m}^2}{1,318\ (\text{GFZ } 3,0)} \cdot 1,442\ (\text{GFZ } 3,5) = 1.094,08\ €/\text{m}^2$$

Bei einer Dienstleistungs- und Büronutzung ergibt sich bei gleichen Annahmen und den entsprechenden Umrechnungskoeffizienten des Gutachterausschusses für Grundstückswerte folgender Bodenwert:

$$\text{Bodenwert}_{\text{Gewerbe}} = \frac{1.000,00\ €/\text{m}^2}{0,783\ (\text{GFZ } 3,0)} \cdot 0,891\ (\text{GFZ } 3,5) = 1.137,93\ €/\text{m}^2$$

Die Zahlen im Beispiel zeigen in anschaulicher Weise, welchen Einfluss die GFZ auf die Bodenwertermittlung haben kann. Zu berücksichtigen ist allerdings, dass solche Bodenwertermittlungen in erster Linie die Verhandlungsposition des Grundstücksverkäufers stützen sollen. Ob dieser Bodenwert dann auch tatsächlich als Verkaufspreis durchgesetzt werden kann, hängt nicht nur von der aktuellen Marktsituation ab, sondern auch davon, ob die vorgesehene Planung die zulässige GFZ überhaupt erreicht und das Projekt aufgrund der vorgesehenen Nutzung mit dem verlangten Grundstückspreis auch tatsächlich wirtschaftlich betrieben werden kann. Nicht selten wird die Wirtschaftlichkeit eines Bauprojekts mit der Zahlung von zu hohen Grundstückspreisen bereits zu Projektbeginn negativ beeinflusst.

Die Wirtschaftlichkeit eines Immobilienprojekts ist nicht nur abhängig von den bereits genannten Einflussfaktoren, sondern auch von der Planung an sich. Eine gute Entwurfsplanung – so sehr sie auch den funktionalen und gestalterischen Anforderungen gerecht wird – muss sich ebenso daran messen lassen, ob sie hinsichtlich ihrer Flächenrelationen als wirtschaftlich zu bezeichnen ist. Maßstab für eine solche Beurteilung unter wirtschaftlichen Aspekten ist das Verhältnis der durch die Planung entstandenen Flächenrelationen wie z. B. das Verhältnis der vermietbaren Fläche zur Gesamtfläche.

Die DIN 277-1:2016-01 „Grundflächen und Rauminhalte im Bauwesen – Teil 1 Hochbau" unterscheidet verschiedene Flächenarten und Rauminhalte. Die DIN 277 wurde bereits 1934 mit der Bezeichnung „Umbauter Raum von Hochbauten" als Pendant zur DIN 276 mit der Zielsetzung konzipiert, eine einheitliche Grundlage für die Ermittlung des sog. Raummeterpreises zu schaffen. 1971 wurde die Norm mit der Definition unterschiedlicher Flächenarten ergänzt, da ab diesem Zeitpunkt auch die DIN 276-3:1971-09 „Kosten von Hochbauten – Kostenermittlungen" die Kostenermittlungen nach Grundflächen vorsah. Die Grundidee dabei war, dass unterschiedliche Flächenarten auch unterschiedliche Kosten verursachen. Zwar unterscheidet die DIN 277-1 nicht zwischen immobilienwirtschaftlich verwertbaren und nicht verwertbaren Flächen, sie bietet aber auch hierfür eine Grundlage an, auf der solche Wirtschaftlichkeitsbetrachtungen vorgenommen werden können. So nimmt beispielsweise die von der Gesellschaft für Immobilienwirtschaftliche Forschung e. V. (gif) definierte „Richtlinie zur Berechnung der Mietfläche für gewerblichen Raum" (MFG) Bezug auf die DIN 277-1 (vgl. dazu Teil C, Kapitel 1.1).

Daneben wird die DIN 277-1 mit den in ihr definierten Flächenarten auch dazu verwendet, verschiedene Flächen in Relation zueinander zu setzen, um daraus Kennwerte abzuleiten. Allgemein werden diese Untersuchungen mit dem Begriff der Flächenwirtschaftlichkeit bezeichnet. Gemeint sind hierbei Analysen der Flächenverhältnisse und deren Vergleich mit Gebäuden gleicher Nutzung. Voraussetzung für solche Vergleiche ist, dass der Vergleichsmaßstab auf einer hinreichend großen Zahl von Objekten basiert. Bei Immobilienprojekten sind z. B. bei Wohn- und Bürogebäuden eine solche ausreichende Anzahl von auswertbaren Gebäuden zu finden. Hinsichtlich der Flächenwirtschaftlichkeit solcher Gebäude lassen sich dann Relationen und Kennwerte bilden, wie sie beispielhaft in den Tabellen D.1 und D.2 angeführt werden.

Leider liegen nur für wenige Objektarten und Nutzungen (wie z. B. für Büro- und Wohnnutzungen) derartige Untersuchungen vor, die als Orientierung und Vergleichsmaßstab für die Beurteilung der Flächenwirtschaftlichkeit einer Immobilie herangezogen werden können (vgl. z. B. Kalusche, 2019).

Wie die obigen Ausführungen gezeigt haben, werden die Weichenstellungen im Zusammenhang mit der Wirtschaftlichkeit einer Immobilie bereits in

Tabelle D.1: Bewertung der Flächenverhältnisse für Wohngebäude nach Gärtner, 1996

Kennwert/Relation	**gut**	**mittel**	**schlecht**
Nutzungsfläche (NUF) : Brutto-Grundfläche (BGF)	0,78	0,70	0,62
Verkehrsfläche (VF) : Brutto-Grundfläche (BGF)	0,07	0,11	0,15
Brutto-Rauminhalt (BRI) : Wohnfläche (WFL)	3,80	4,80	5,80
Hüllfläche[1)] (HF) : Brutto-Grundfläche (BGF)	1,00	1,30	1,60
Hüllfläche[1)] (HF) : Brutto-Rauminhalt (BRI)	0,35	0,47	0,59
Außenwandfläche (AWF) : Brutto-Grundfläche (BGF)	0,50	0,65	0,80
Außenwandfläche (AWF) : Brutto-Rauminhalt (BRI)	0,18	0,25	0,32

[1)] Hüllfläche = Summe der Fassaden-, Dach- und Grundflächen

Tabelle D.2: Bewertung der Flächenverhältnisse für Bürogebäude nach Gärtner, 1996

Kennwert/Relation	**gut**	**mittel**	**schlecht**
Nutzungsfläche (NUF) : Brutto-Grundfläche (BGF)	0,76	0,65	0,54
Verkehrsfläche (VF) : Brutto-Grundfläche (BGF)	0,14	0,29	0,27
Brutto-Rauminhalt (BRI) : Brutto-Grundfläche (BGF)	3,00	3,80	4,60
Hüllfläche[1)] (HF) : Brutto-Grundfläche (BGF)	0,90	1,20	1,50
Hüllfläche[1)] (HF) : Brutto-Rauminhalt (BRI)	0,25	0,40	0,55
Außenwandfläche (AWF) : Brutto-Grundfläche (BGF)	0,40	0,65	0,90
Außenwandfläche (AWF) : Brutto-Rauminhalt (BRI)	0,10	0,20	0,30

[1)] Hüllfläche = Summe der Fassaden-, Dach- und Grundflächen

einer frühen Phase der Projektentwicklung vorgenommen. Die Entscheidung über den Erwerb des Grundstücks mit den sich daraus ergebenden Konsequenzen in Bezug auf den zu zahlenden Kaufpreis und eventuelle Festlegungen zu den Maßen der baulichen Nutzung (GRZ und GFZ) üben einen wichtigen Einfluss auf die Wirtschaftlichkeit einer Immobilieninvestition aus. Aber auch das Planungsergebnis des Architekten im Entwurfsprozess mit den Festlegungen zu Flächen und Rauminhalten und die daraus resultierenden Flächenverhältnisse mit ihren Auswirkungen auf die Ertrags- und Kostenseite sind Determinanten für die Bestimmung der Wirtschaftlichkeit.

2 Kosten und Wirtschaftlichkeit

Mit der Verankerung der Kostenvorgabe und eines Controllingsystems mit Kostenkontrolle und Kostensteuerung in der Systematik der DIN 276-2018:12 ist die betriebswirtschaftliche Zielkostenplanung zu einem Bestandteil der Norm geworden (vgl. hierzu Teil A, Kapitel 4.6).

Historisch betrachtet ist damit in der Norm die immobilienwirtschaftliche Orientierung zum Käufermarkt bzw. die Marktpreisorientierung akzeptiert und implementiert worden – wenn auch nur als Kann-Bestimmung. Mit diesem Schritt ist die Bauplanung vom Kostenüberwälzungsprinzip, das davon ausgeht, dass die Kosten auf der Grundlage des Planungsergebnisses (Vorentwurf/Entwurf) ermittelt werden, übergegangen zum Marktwertprinzip, das davon ausgeht, dass sich die Planung am Marktwert orientieren muss.

Mit dieser Neuausrichtung zeichnet die Norm aber nur die Entwicklung des Baumarktes nach. Betriebswirtschaftlich gesehen passt sich die DIN 276 in das betriebswirtschaftliche Instrumentarium ein. Wenn nämlich eine Kostenvorgabe eingehalten werden soll, ist es auch erforderlich, sie mithilfe eines angemessenen Controllingsystems ständig zu überprüfen und ggf. durch steuernde Maßnahmen abzusichern. Dies stellt einen wesentlichen Teil betriebswirtschaftlichen Handelns dar.

Auch die HOAI 2013 nimmt darauf indirekt Bezug, in § 3 Abs. 4 HOAI heißt es dazu:

„Die Wirtschaftlichkeit der Leistung ist stets zu beachten."

Nicht unerwähnt bleiben sollte in diesem Zusammenhang, dass Baukosten immer auch eine quantitative und qualitative Komponente haben. So muss zu jeder Kostenermittlungsstufe neben der zeichnerischen Darstellung auch eine Beschreibung formuliert werden, in der die quantitativen und qualitativen Festlegungen dokumentiert werden. Quantitativ bedeutet hier die mengenmäßige Vorgabe bzw. das Ergebnis der Planung (z. B. m^2 BGF, m^2 NUF, m^2 WFL usw.). Die qualitative Komponente manifestiert sich in der Vorgabe der qualitativen Standards für das Gebäude (z. B. einfacher, mittlerer oder gehobener Standard) bzw. in Form von Erläuterungen/Ergänzungen der zeichnerischen Darstellung, wie sie z. B. in der Baubeschreibung oder den Leistungsverzeichnissen definiert werden.

2.1 Einfache Kostenvorgabe

Für eine Reihe von Bauherren reicht eine einfache Kostenvorgabe aus, um die Investitionsentscheidung treffen zu können. Einfach bedeutet in diesen Fällen, dass die Kostenvorgabe aufgrund bestimmter Restriktionen eindeutig definiert werden kann. Diese Fälle sind z. B. bei den folgenden Bauherrentypen möglich:

- Eigenheimbauherr, der aufgrund seines Eigenkapitals und des durch Banken oder Sparkassen zugesicherten Fremdkapitals (das sich aus dem für das Bauvorhaben freien Einkommen errechnet) über eine begrenzte Investitionssumme verfügt,
- Industriebauherr, der aus dem Marktpreis seines Produktes (Auto, Kühlschrank, Kettensäge usw.) den zulässigen Kostenanteil für die Produktions- und Logistikgebäude ableitet und damit ein Kostenbudget für das Bauvorhaben vorgibt,
- öffentlicher Bauherr, der sich für ein Bauvorhaben durch die politischen Gremien (z. B. Parlament) ein Budget genehmigen lässt.

Allen Auftraggebern bzw. Bauherrentypen ist gemein, dass sie im Grunde in Alternativen denken müssten. Der private Bauherr könnte alternativ in der Mietwohnung bleiben, der industrielle Bauherr kann sich fragen, ob die Halle auf anderem Wege zu bekommen ist, (z. B. Leasing), und die Behörde müsste klären, ob anderweitig ein Mietobjekt zu haben ist, das günstiger wäre.

Bei vielen Bauvorhaben – z. B. bei solchen mit komplexen Nutzungsanforderungen – ist aber eine systematische Entwicklung der Kostenvorgabe aus dem Marktpreis (Zielpreis) abzüglich des Zielgewinns erforderlich.

2.2 Marktpreis und zielgewinnorientierte Kostenvorgabe

Die einfachste Form der marktpreisorientierten Kostenvorgabe ist bei einem Projektentwickler/Bauträger festzustellen, der auch als Trader-Developer bezeichnet wird. Dieser entwickelt das Immobilienprojekt, plant und errichtet das Gebäude mithilfe von Architekten und Fachplanern, um es nach der Fertigstellung zu verkaufen. Dieser Trader-Developer ist von der Initiierung bis zur Fertigstellung des Investitionsvorhabens Eigentümer und damit wirtschaftlich verantwortlich. Er trägt damit auch alle Risiken einschließlich der Kosten- und Vermarktungsrisiken für diese Immobilieninvestition. Der Trader-Developer entwickelt für sich einen Verkaufspreis (Zielpreis), berücksichtigt seinen geplanten Gewinn (Zielgewinn) und errechnet daraus seine Kostenvorgabe (maximal zulässige Kosten).

Projektentwickler verwenden anstelle des betriebswirtschaftlichen Begriffs Gewinn den Begriff Trading Profit, der in der deutschen Übersetzung auch als Handelsgewinn bezeichnet werden kann. Zweckmäßiger erscheint der Begriff Projektentwicklergewinn zu sein, schon um die Projektentwicklerleistungen von Händlerleistungen abzugrenzen. Üblicherweise wird aber in der Immobilienwirtschaft der Begriff Trading Profit verwendet.

Der Planer sollte einerseits die Grundzüge der Trading-Profit-Berechnung verstehen, andererseits muss er ggf. dem Trader-Developer zuarbeiten. Üblicherweise muss der Planer seine Kostenermittlungen und Kostenkennwerte mit den vom Trader-Developer ermittelten Werten vergleichen.

Diese Preiskennzahlen, die für den Trader-Developer von Bedeutung sind und die er für seine Investition benötigt, lassen sich wie folgt benennen:

- Grundstückskaufpreis pro m^2,
- Preis pro m^2 Wohnfläche oder
- Preis pro m^2 Nutzungsfläche oder allgemein
- Preis pro m^2 Mietfläche.

Es handelt sich dabei um die Preise, die er erzielen möchte bzw. die das aktuelle Marktgeschehen widerspiegeln und die er deshalb für sein Investitionsvorhaben beachten muss (vgl. auch zur Unterscheidung von Kosten und Preisen Teil A, Kapitel 3.1).

Der Planer muss sich also neben der Kostenvorgabe für seinen Planungsprozess auch mit der Ermittlung des wirtschaftlichen Erfolges und der Einhaltung und Maximierung der Mietflächen auseinandersetzen. Das heißt, es kann ihm in der Regel nicht gleichgültig sein, ob die Immobilieninvestition wirtschaftlich ein „Flop" oder ein Erfolg wird. Im Falle eines Misserfolges steht nicht selten auch eine mögliche Wiederbeauftragung bei Folgeaufträgen auf dem Spiel.

Zusammengefasst lässt sich festhalten: Der Planer ist gut beraten, wenn er versucht, sich in die wirtschaftlichen Zusammenhänge, wie sie sich aus dem Blickwinkel eines Trader-Developers ergeben, hineinzudenken. Ziel ist es zu verstehen, dass ein wirtschaftlicher Erfolg – neben den unabdingbar notwendigen funktionalen und gestalterischen Komponenten – in hohem Maße auch von der erfolgreichen Umsetzung der Zielvorgaben Ertrag, Kosten und Flächen abhängig ist.

3 Wirtschaftlichkeit in der Immobilienwirtschaft

Die Wirtschaftlichkeit in der Immobilienwirtschaft kann aus dem Blickwinkel der verschiedenen beteiligten Institutionen unterschiedlich beantwortet werden und auch methodisch unterschiedlich ermittelt. In den nachfolgenden Ausführungen wird die Frage der Wirtschaftlichkeit für 2 beteiligte Institutionen beantwortet – für den Projektentwickler/Bauträger und für den Erwerber des fertigen Gebäudes, der auch als Investor bezeichnet wird.

Der Projektentwickler/Bauträger ist daran interessiert, das von ihm entwickelte, geplante und baulich realisierte Gebäude möglichst mit einem angemessenen Gewinn zu veräußern. Seine Wirtschaftlichkeitsbetrachtungen erfolgen bereits in einer Frühphase der Projektentwicklung, nämlich im Zusammenhang mit der Beantwortung der Frage, ob ein ihm angebotenes Grundstück in Verbindung mit einer bestimmten Projektidee/Nutzung als Projekt realisierbar erscheint und deshalb erworben werden sollte. Dementsprechend überschlägig sind seine Wirtschaftlichkeitsberechnungen, denn in diesem Stadium ist das Projekt noch mit großen Risiken und Unsicherheiten belastet.

Der Käufer der fertigen Immobilie, der Investor, ermittelt die Wirtschaftlichkeit unter Renditegesichtspunkten, die in der Regel eine langfristige Nutzungsperspektive zum Gegenstand haben. Da zu diesem Zeitpunkt, also beim Kauf einer fertigen Immobilie, der Kaufpreis bekannt ist und häufig sogar schon abgeschlossene Mietverträge mit konkreten Angaben zu den Mieterträgen vorliegen, können diese Wirtschaftlichkeitsberechnungen sehr viel detaillierter und vor allem exakter vorgenommen werden.

3.1 Aufwand und Kosten bei der Ermittlung der Wirtschaftlichkeit

Die Aufwands- bzw. Kostenseite[30] bei der Ermittlung der Wirtschaftlichkeit von Immobilieninvestitionen wird in einen festen Kostenbestandteil (auch als einmalige Kosten bezeichnet) und einen laufenden Kostenbestandteil unterteilt. Der feste/einmalige Kostenanteil besteht aus den Anfangsinvestitionskosten der Immobilie. Diese Kosten entstehen entweder durch den Kauf einer bestehenden Immobilie (Anschaffungskosten) oder durch die Gesamtkosten für den Neubau einer Immobilie, basierend auf der Kostenermittlung der DIN 276.

Die laufenden Kostenanteile einer Immobilieninvestition setzen sich aus den Kosten zusammen, die durch die Nutzung der Immobilie entstehen. Die Wirtschaftlichkeit einer Immobilie wird stark durch ihre Nutzungskosten bestimmt, die im Vergleich zu den Anfangsinvestitionskosten den wesentlich größeren Kostenblock im Lebenszyklus einer Immobilie darstellen. Dementsprechend dürfen im Hinblick auf die Wirtschaftlichkeit einer Immobilie die Nutzungskosten nach der DIN 18960:2008-02 „Nutzungskosten im Hochbau“ nicht vernachlässigt werden.

Je nachdem, ob eine Immobilie erstellt wird oder eine bestehende Immobilie gekauft, werden die Gesamt- oder Anschaffungskosten als Investitionssumme angesetzt (Anfangsinvestitionskosten).

3.1.1 Kosten für Errichtung oder Erwerb einer Immobilie

Die Anfangsinvestitionskosten, die bei der Errichtung oder dem Erwerb einer Immobilie anfallen, werden nach den Definitionen des Handels- und Einkommenssteuerrechts auch als sog. Herstellungskosten (bei einer Neuerrichtung) oder als Anschaffungskosten (bei Kauf eines schon bestehenden Gebäudes) bezeichnet. Es handelt sich dabei in beiden Fällen um alle geldlichen Aufwendungen, die geleistet werden müssen, um das Wirtschaftsgut Immobilie zu errichten oder zu erwerben und in einen betriebsbereiten Zustand zu versetzen.

Die geldlichen Aufwendungen für die Errichtung einer Immobilie sind entstandene Kosten, die auch Gegenstand der DIN 276 sind; sie können bezogen auf den Begriff der Herstellungskosten auch folgendermaßen beschrieben werden:

„Herstellungskosten sind die Aufwendungen, die durch den Verbrauch von Gütern und die Inanspruchnahme von Diensten für die Herstellung eines

30 Unter dem Begriff Kosten wird im Allgemeinen (vgl. Däumler, 2003) der bewertete Verzehr von Sachgütern und Dienstleistungen im Produktionsprozess während einer Periode verstanden, soweit er zur Leistungserstellung und Aufrechterhaltung der Betriebsbereitschaft notwendig ist. Die Kosten werden üblicherweise aus dem Aufwand hergeleitet, dem Antagonisten des Ertrages.

Wirtschaftsgutes, seine Erweiterung oder für eine über seinen ursprünglichen Zustand hinausgehende wesentliche Verbesserung entstehen." (Falk, 2004, S. 415)

Zu diesen Kosten gehören im Allgemeinen z. B. aber nicht:

- Vertriebskosten,
- Erschließungskosten, Straßenanliegerbeiträge und andere auf das Grundstückseigentum bezogene kommunale Beiträge sowie Beiträge für sonstige Anlagen außerhalb des Grundstücks (vgl. Falk 2004, S. 415 ff.).

Beim Kauf einer bestehenden Immobilie ist der sog. Anschaffungspreis der Verkaufspreis des Verkäufers. Preise setzen sich im Allgemeinen immer aus den Kosten zuzüglich eines Gewinnanteils zusammen. Übertragen auf den Verkaufspreis einer neu errichteten Immobilie setzt sich dieser Verkaufspreis also aus den Gesamtkosten nach DIN 276 zuzüglich des Gewinnanteils des Verkäufers zusammen.

Beim Verkauf von Immobilien, die nicht neu errichtet, sondern bereits einige Zeit genutzt wurden, wird der Verkaufspreis oft mithilfe einer gutachterlichen Wertermittlung bestimmt, die aber nicht Gegenstand der nachfolgend beschriebenen Berechnungsverfahren ist.

Beim Erwerb/Kauf einer Immobilie sind dem Kauf- oder Anschaffungspreis in der Regel die Erwerbsnebenkosten hinzuzurechnen. Zu diesen Nebenkosten, wie sie analog in der Kostengruppe 100 „Grundstück" der DIN 276 aufgeführt sind, gehören z. B. die Grunderwerbssteuer, Notar- und Grundbuchkosten sowie Vermittlungs- und Maklergebühren.

Bei Erwerb einer Immobilie stehen die Kosten für den Käufer also fest. Das hat gegenüber einer Neuerrichtung den Vorteil, dass die Kosten für die Investitionsplanung des Käufers/Investors gesichert sind und nicht prognostiziert werden müssen, d. h., es tritt kein weiteres Kostenrisiko auf.

Die Errichtungs- bzw. Erwerbs- oder Anschaffungskosten bilden auch die Bemessungsgrundlage für die kalkulatorische Abschreibung (Absetzungen für Abnutzung, Alterung, Wertminderung aufgrund des technischen Fortschritts), sofern die Nutzung des Wirtschaftsgutes sich über einen längeren Zeitraum als ein Jahr erstreckt (vgl. Falk, 2004, S. 45 f.; Holthaus, 2007, S. 133). Auf die spezielle Problematik der Abschreibung wird im Nachfolgenden ebenfalls nicht weiter eingegangen.

3.1.2 Nutzungskosten nach DIN 18960

Alle in baulichen Anlagen und auf deren Grundstücken entstehenden, regelmäßig oder unregelmäßig wiederkehrenden Kosten von Beginn der Nutzbarkeit (Fertigstellung eines Gebäudes) bis zur Beseitigung (Abriss) werden im Allgemeinen als Nutzungskosten bezeichnet. Die **Nutzungskosten** sind somit die Kosten, die während der Nutzungsphase der Immobilie entstehen; sie werden auch als **laufende Kosten** bezeichnet.

Für die Ermittlung und Gliederung der Nutzungskosten im Hochbau gilt die DIN 18960. Welcher Zusammenhang besteht nun zwischen den Kosten nach DIN 276 und den Kosten nach DIN 18960?

Die ermittelten Kosten nach der DIN 276 sind die Vorgabe für die Finanzierung. Kosten für Bauwerke sind im Regelfall so hoch, dass es einer Fremdfinanzierung durch Kreditinstitute (z. B. Banken, Versicherungen) bedarf, um diese Bauwerke realisieren zu können. Mit anderen Worten: Die Gesamtkosten nach der DIN 276 sind zu finanzieren, in der Regel mit einer Mischung aus Fremd- und Eigenkapital. Die Höhe der Kosten nach der DIN 276 und der mit dem Kreditinstitut vereinbarte Zins bestimmen die Finanzierungskosten für die Nutzung einer Immobilie. Die hieraus resultierenden Zinskosten machen in der Regel ca. 70 bis 80 % der Nutzungskosten aus und werden als Kapitalkosten bezeichnet.

Die DIN 18960:2008-02 unterscheidet die folgenden Kostengruppen:

- Kapitalkosten (Kostengruppe 100),
- Objektmanagementkosten (Kostengruppe 200),
- Betriebskosten (Kostengruppe 300),
- Instandsetzungskosten (Kostengruppe 400).

Hinzuzufügen ist, dass diese laufenden Kosten im Allgemeinen auch entstehen, wenn keine Nutzung vorliegt, die Immobilie also leer steht. Eventuelle Steuerzahlungen sind ggf. gesondert zu erfassen.

3.2 Ertrag und Erlöse bei der Ermittlung der Wirtschaftlichkeit

Neben der Aufwandsseite ist bei der Berechnung der Wirtschaftlichkeit die Ertragsseite[31] zu bestimmen. Diese setzt sich bei einer Immobilieninvestition aus den laufenden Einnahmen und dem Restwert der Immobilie am Ende des Nutzungszeitraums zusammen. Die laufenden Einnahmen sind die Zahlungen, die über die Vermietung der Gebäudeflächen, Reklameflächen an Außenflächen, Erträge aus Funkantennen, Vermietung von Park-, Stell-, Werbe- und sonstigen Flächen usw. erzielt werden können. Betriebswirtschaftlich werden die Erträge als bewertete produktive Ergebnisse von Sachgütern und Dienstleistungen verstanden, soweit damit Einnahmen verbunden sind.

Die Erträge in Form von Mieten einer Immobilie sind von den jeweiligen Nutzern zu zahlen. Der Begriff Miete kann unterschiedliche Ausprägungen haben. So ist beispielsweise die Nettokaltmiete die Miete ohne alle Nebenkosten für Heizung, Warmwasser, sog. kalte Betriebskosten und ohne Zuschläge für Untermiete, Teilgewerbe oder besondere Leistungen. Dagegen sind in der Bruttokaltmiete die sog. kalten Betriebskosten, also alle Nebenkosten außer Heizung und Warmwasser enthalten. Die sog. Nominalmiete entspricht der Nettokaltmiete (vgl. Holthaus, 2007, Anhang C1, dort S. 30: Ausführungen zur Nominal- und Effektivmiete). Die Bruttowarmmiete ergibt sich damit als Summe aus der Bruttokaltmiete und den Kosten für Heizung und Warmwasser.

---

31 Der Begriff Ertrag bezeichnet die Einnahmen, die von einer Unternehmung einer Periode für die Erstellung von Gütern oder Dienstleistungen zugerechnet werden (vgl. Gabler Wirtschaftslexikon, 2004, S. 934).

Grundsätzlich können die Mieten in den Bereichen der Gewerbe- und Industrieimmobilien zwischen den Vertragspartnern frei ausgehandelt werden. Für den Bereich des Wohnungsbaus gelten teilweise gesetzliche Regelungen. Dies gilt insbesondere für den öffentlich geförderten sozialen Wohnungsbau.

Der zu entrichtende Mietzins bzw. die Miete wird dabei üblicherweise auf den m^2 der vermieteten Fläche pro Monat oder pro Jahresquartal bezogen.

Welche Fläche dem Mietzins als Basis für die Nettokaltmiete zugrunde liegt, wird im Mietvertrag geregelt. Dabei spielt die Nutzungsart des Gebäudes eine wesentliche Rolle. Bei Wohngebäuden entspricht die Mietfläche der Wohnfläche[32], bei gewerblich genutzten Räumen wird die Mietfläche zunehmend mithilfe der von der gif herausgegebenen „Richtlinie zur Berechnung der Mietfläche für gewerblichen Raum" (MFG) ermittelt (vgl. auch Teil C, Kapitel 1.1).

Die Höhe des Mietpreises orientiert sich in der Marktwirtschaft am Prinzip von Angebot und Nachfrage. Ist das Angebot an Mietflächen hoch, sinkt der Mietzins. Steigt hingegen die Nachfrage nach entsprechenden Mietflächen, so steigt auch der Mietzins. Solche Entwicklungen im Voraus richtig einzuschätzen, um im Rahmen von Wirtschaftlichkeitsbetrachtungen entsprechende Erträge anzunehmen, stellt oftmals in wirtschaftlich labilen Zeiten eine besondere Herausforderung dar. Hinzu kommen die Einflüsse aus dem politischen Raum mit Markteingriffen durch die sog. Mietpreisbremse und die Einführung eines Mietendeckels.

Nach der Konkretisierung der Kostenbegriffe und der Bestimmung der Mieterträge als die übliche und oft auch wesentliche Ertragsform ergibt sich für die allgemeine betriebswirtschaftliche Formel zur Wirtschaftlichkeitsberechnung im Hinblick auf die Nutzungsphase einer Immobilie folgende Konkretisierung:

$$\text{Wirtschaftlichkeit} = \frac{\text{Mieterträge p. a.}}{\text{Nutzungskosten p. a.}}$$

Ist das Verhältnis positiv, also > 1, so ist die Nutzung der Immobilie wirtschaftlich. Aus diesem Verhältnis allein lässt sich die zu Beginn gestellte Frage („Rechnet sich das Bauprojekt?") aber noch nicht beantworten. Auch die Verbindung zur DIN 276 lässt sich aus der Formel so nicht ableiten. Die Frage nach der Wirtschaftlichkeit muss vielmehr weiter konkretisiert werden.

32 Die Ermittlung der Wohnfläche kann gemäß der DIN 277-1, der Wohnflächenverordnung (WoFlV) oder der Zweiten Berechnungsverordnung (II. BV) erfolgen.

3.3 Vereinfachte Wirtschaftlichkeitsbetrachtungen

Bei den nachfolgend aufgeführten statischen Berechnungsverfahren handelt es sich um vereinfachte Betrachtungen, aus denen für den Entscheidungsprozess des Projektentwicklers und Erwerbers einer Immobilie Erkenntnisse über die Wirtschaftlichkeit abgeleitet werden sollen.

Für den Projektentwickler, der die Immobilie nach deren Fertigstellung veräußern möchte, ist der Betrachtungshorizont auf das erste Jahr der Nutzung gerichtet. Diese Art von Wirtschaftlichkeitsberechnungen werden auch als statische Investitionsrechnungen bezeichnet, da sie von starren Vorgaben ausgehen.

Für den Erwerber einer Immobilie, der diese längerfristig nutzen möchte, reichen diese statischen Investitionsrechnungen im Regelfall nicht aus. Er möchte unterschiedliche Szenarien betrachtet wissen, die sich über die Zeit verändern können, wie beispielsweise Veränderungen bei den Mieterträgen (Leerstand), den Zinskonditionen (Zinserhöhungen) oder den Nutzungskosten (höhere Verwaltungskosten).

Berechnungen, die den Faktor Zeit als wichtigstes Kriterium berücksichtigen, werden als dynamische Investitionsrechnungen bezeichnet. Auf die dynamischen Investitionsrechenverfahren wird an dieser Stelle nicht näher eingegangen, da diese nicht unmittelbar im Zusammenhang mit den hier beschriebenen Normen stehen (vgl. ergänzend zu den dynamischen Berechnungen Blecken/Hasselmann, 2007, dort Teil D).

3.3.1 Trading Profit

Der Trading Profit ist der Gewinn des Trader-Developers (also des Projektentwicklers oder Bauträgers), der eine Immobilie entwickelt, plant und realisiert, um diese im Anschluss zu veräußern. Der Trading Profit, der auch Projektentwicklergewinn genannt wird, errechnet sich allgemein über die Differenz von Ertrag und Aufwand (Kosten):

$$\text{Trading Profit} = \text{Ertrag} - \text{Aufwand (Kosten)}$$

Bezogen auf die Immobilienwirtschaft und den Trader-Developer ergibt sich der Trading Profit aus der Differenz des Verkaufserlöses und der Investitionssumme; mit dem Begriff Investitionssumme sind hier die Gesamtkosten der DIN 276 gemeint:

$$\text{Trading Profit (absolut)} = \text{Verkaufserlös} - \text{Investitionssumme}$$

Zu Beginn der Planungsphase einer Baumaßnahme werden sowohl die Kosten als auch der Ertrag in der Regel über Kosten- bzw. Preisansätze zuzüglich Gewinnaufschlag pro Flächeneinheit ermittelt. Kostenansätze lassen sich dabei mithilfe von Kostenkennwerten festlegen, Preisansätze ergeben sich aus einer am Markt realisierbaren Miete:

$$TP = (\text{Preis je Flächeneinheit } i \cdot \text{Fläche } i) - (\text{Kosten je Flächeneinheit } j \cdot \text{Fläche } j)$$

mit

TP	Trading Profit
Fläche *i*	Mietfläche
Fläche *j*	z. B. m^2 BGF (in Abhängigkeit von der Bezugsgröße des Kostenkennwertes)

Die Ermittlung des Trading Profit in Prozent erfolgt nach folgender Formel:

$$\text{Trading Profit (relativ)} = \left(\frac{\text{Verkaufserlös}}{\text{Investitionssumme}} \cdot 100\right) - 100 \quad \text{in \%}$$

Aus dem Verhältnis des Trading Profit zu den Investitionskosten ergibt sich somit der einmalige Gewinn (Trading Profit) in Prozent.

Durch Rückwärtsrechnung kann bei Kosten- und Trading-Profit-Vorgabe der minimale Mietpreis ermittelt werden. Eine andere Möglichkeit der Rückwärtsrechnung besteht in der Verwendung des Trading Profit und eines erzielbaren Reinertrages, mit deren Hilfe sich eine Kostenobergrenze ermitteln lässt. Bei der Anwendung der Trading-Profit-Berechnung sind die jeweilige Bezugsgrößen von großer Bedeutung, nämlich die Flächenarten wie z. B. Nutzungsfläche, Wohnfläche oder Mietfläche nach gif.

3.3.2 Anfangseigenkapitalrentabilität

Diese Form der Kostenvorgabe ist bei Investitionsbauherren üblich, die Geld anlegen und dabei grundsätzlich darüber entscheiden wollen, ob das Geld in Wertpapieren oder in ein Immobilienprojekt investiert werden soll.

Bei der Ermittlung der Anfangseigenkapitalrentabilität wird also eine Betrachtung der Wirtschaftlichkeit aus dem Blickwinkel des Investors bzw. des Betreibers der Immobilie vorgenommen. Dabei kann es sich ebenso um den Projektentwickler handeln, der die Immobilie weiter in seinem Bestand hält und vermietet, wie um den Investor, der die Immobilie von dem Projektentwickler erwirbt.

Im Folgenden wird die Anfangseigenkapitalrentabilität aus der Sichtweise des Projektentwicklers betrachtet, der die Immobilie weiter in seinem Bestand hält. Unter diesen Bedingungen entfällt jedoch der Trading Profit.

Die Eigenkapitalrentabilität, also die Verzinsung des eingesetzten Eigenkapitals über den Betrachtungszeitraum (in der Regel pro Jahr), errechnet sich als Prozentangabe aus den Erträgen, im Sprachgebrauch auch Einnahmen genannt, abzüglich der Kosten, auch Aufwendungen oder Ausgaben genannt, dividiert durch das Eigenkapital und multipliziert mit 100. Die Formel zur Berechnung der Eigenkapitalrentabilität REK lautet also:

$$R_{EK} = \frac{\text{Ertrag} - \text{Aufwand (Kosten)}}{\text{Eigenkapital}} \cdot 100\,\%$$

Die Anfangseigenkapitalrentabilität nach oben genannter Formel wird für ein Jahr der Nutzung errechnet, in der Regel für das erste Nutzungs- bzw. Geschäftsjahr. Die Investitionen in ein Immobilienprojekt nach der DIN 276 fallen aber nur einmal für die Lebensdauer des Bauwerks an, wobei die Lebensdauer – abgesehen von Renovierung und Modernisierung – zwischen 30 und 100 Jahren schwanken kann. Die Anfangseigenkapitalrentabilität ist eine vereinfachte Ermittlungsform der Eigenkapitalrentabilität, die die Nutzungszeit nicht weiter berücksichtigt. Entsprechend wird eine auf diese Weise ermittelte Anfangseigenkapitalrentabilität auch als statische Anfangseigenkapitalrentabilität bezeichnet.

Zur Ermittlung der Anfangseigenkapitalrentabilität sind die Beträge des Ertrages, der Kosten und des Eigenkapitals (EK) zu klären.

Der Ertrag der Immobilie ist der Reinertrag, also der Rohertrag abzüglich der nicht umlagefähigen Bewirtschaftungskosten. Der Aufwand stellt sich in Form der Zinskosten für das Fremdkapital (FK) dar. Die Differenz aus beidem ist der Gewinn der Immobilie, der vor Steuern und AfA[33] übrig bleibt.

$$\text{Gewinn} = \text{Jahresreinertrag} - \text{Zinskosten Fremdkapital}$$

$$\text{statische Anfangseigenkapitalrendite} = \frac{\text{Gewinn}}{\text{Eigenkapital}} \cdot 100\,\%$$

Bisher wurden nur statische Rentabilitätsgrößen aufgezeigt. Bei der Berechnung der statischen Rentabilität werden die Einnahmen und Ausgaben als Anfangs- oder Durchschnittsgrößen in Verhältnis zueinander gesetzt.

Bei schwankenden Immobilienpreisen interessiert den Investor neben der anfangs erzielten Rendite auch, wie das von ihm in das Objekt eingebrachte Eigenkapital längerfristig verzinst wird. So kann er überlegen, ob er sein Eigenkapital in die Immobilie oder in eine andere Kapitalanlageform investiert.

Bei der Beurteilung der Vorteilhaftigkeit einer Immobilieninvestition müssen somit nicht nur die Erträge des Anfangszeitpunktes, sondern auch die erzielbaren Erträge über die geplante Nutzungszeit dem Aufwand (Kaufpreis bzw. Investitionskosten) gegenübergestellt werden.

Deshalb sollte bei der Entscheidung für oder gegen eine Immobilieninvestition nicht nur die statische, sondern auch die dynamische Rentabilität betrachtet werden. Im Gegensatz zu der statischen Rentabilität bzw. den

33 Die Kurzform AfA steht für „Absetzung für Abnutzungen" und bezeichnet die steuerrechtlich zu ermittelnde Wertminderung von Anlagevermögen. Die AfA wird geprägt durch das Einkommensteuergesetz (EStG), das diesen Begriff synonym zur Abschreibung verwendet.

statischen Investitionsrechnungen, die den Zeitfaktor nicht berücksichtigen und praktisch nur mit einer Periode rechnen, zeichnen sich dynamische Rentabilitäts- und Investitionsrechnungen dadurch aus, dass sie sich auf mehrere Perioden beziehen. Die Erträge und Aufwendungen werden im Zeitablauf berücksichtigt. Somit werden rechnerisch wesentlich genauere Werte als bei den statischen Verfahren geliefert. Der wesentliche Nachteil dieser dynamischen Rentabilitäts- und Investitionsrechnungen besteht darin, dass für einen längeren Zeitraum (z. B. 5, 10 oder 15 Jahre) Annahmen über den zu erwartenden Mietzins, die Entwicklung der Fremdkapitalzinsen, die Entwicklung der Betriebs- und Nutzungskosten usw. getroffen werden müssen, die zum Teil nur schwer für einen längeren Zeitraum prognostizierbar sind.

4 Wirtschaftliche Planung

4.1 Anforderungen aus den HOAI-Leistungsbildern

Neben dem in § 3 Abs. 4 HOAI formulierten allgemeinen Grundsatz, die Wirtschaftlichkeit zu beachten, wird auch in den Leistungsbildern der HOAI-Anlagen immer auf die Notwendigkeit verwiesen, wirtschaftlich zu planen. Im Leistungsbild Gebäudeplanung und Innenarchitektur heißt es in Leistungsphase 3 etwa:

„Erarbeiten der Entwurfsplanung, unter weiterer Berücksichtigung der wesentlichen Zusammenhänge, Vorgaben und Bedingungen (zum Beispiel städtebauliche, gestalterische, funktionale, technische, wirtschaftliche, ökologische, soziale, öffentlich-rechtliche) auf der Grundlage der Vorplanung und als Grundlage für die weiteren Leistungsphasen und die erforderlichen öffentlich-rechtlichen Genehmigungen unter Verwendung der Beiträge anderer an der Planung fachlich Beteiligter. […]"
(Anlage 10 HOAI, Leistungsphase 3, Buchstabe a)

Beim Leistungsbild Freianlagen werden in Leistungsphase 3 wirtschaftliche Anforderungen ebenfalls als zu berücksichtigen aufgelistet.

In den Leistungsbildern Ingenieurbauwerke und Verkehrsanlagen wird in Leistungsphase 2 als Grundleistung genannt:

„Untersuchen von Lösungsmöglichkeiten mit ihren Einflüssen auf bauliche und konstruktive Gestaltung, Zweckmäßigkeit, Wirtschaftlichkeit unter Beachtung der Umweltverträglichkeit."
(Anlagen 12 und 13 HOAI, Leistungsphase 2, Buchstabe c bzw. d)

Auch im Leistungsbild Tragwerksplanung ist als Grundleistung in Leistungsphase 2 das Beraten in statisch-konstruktiver Hinsicht unter Berücksichtigung u. a. der Belange der Wirtschaftlichkeit aufgeführt. Im Leistungsbild Technische Ausrüstung sind in Leistungsphase 2 Wirtschaftlichkeitsvorbetrachtungen durchzuführen, in Leistungsphase 3 neben den Herstellungskosten auch die Betriebskosten zu ermitteln (vgl. die Leistungsbilder der HOAI 2013 gemäß den Anlagen 10 bis 15 HOAI).

Es ist kein Zufall, dass in der HOAI die wirtschaftlichen Anforderungen schon in den frühen Leistungsphasen als Grundleistungen enthalten sind.

Während die Ausgaben bzw. die entstandenen Kosten während der Projektlaufzeit stetig ansteigen, sind die Möglichkeiten zur Beeinflussung der Kosten während der ersten Planungsschritte deutlich größer als während der Bauphase. Auch DIN 276 nennt als Ziel und Aufgabe der Kostenplanung neben Kostensicherheit und -transparenz bei einem Bauprojekt die Wirtschaftlichkeit. Diese soll entweder nach dem Maximal- oder dem Minimalprinzip erreicht werden (vgl. DIN 276:2018-12, Abschnitt 4.1, sowie die Ausführungen in Teil A, Kapitel 4.1 und 4.6). Zum Abgleich der Kostenvorgabe kann als Maßnahme der DIN 276 die Kostenkontrolle dienen, mithilfe der Kostensteuerung kann sodann Einfluss auf die Planung genommen werden.

Die Kostenkontrolle nach DIN 276 dient im engen Sinne dem Vergleich zweier Kostenermittlungen, also z. B. der Kostenberechnung und der Kostenschätzung (vgl. dazu Teil A, Kapitel 4.4). Im Sinne der wirtschaftlichen Planung ist jedoch auch eine laufende Kostenkontrolle während einer Leistungsphase notwendig, um z. B. in der Entwurfsplanung eine laufende Kostensteuerung durch Variantenbewertung und -auswahl zu ermöglichen. Auch die schon angesprochene Plausibilitätsprüfung fällt in diese Kostenbetrachtung, soweit eine Kostenermittlung darauf überprüft wird, ob sie stimmig ist (vgl. Teil C, Kapitel 2). Es ist also eine kostensparende Planung notwendig, z. B. durch Verzicht auf Gauben und Einbau von Dachfenstern, durch klare Grundrisse ohne Nischen und Erker oder durch eine Materialwahl, die eine kostengünstige Ausführung ermöglicht.

4.2 Wirtschaftliche Beurteilung eines Entwurfs

Ein Entwurf für ein Bauprojekt ist eine aus einem kreativen Prozess hervorgegangene zeichnerische Darstellung des zu errichtenden Gebäudes bzw. Bauwerks in Form von Grundrissen, Schnitten, Ansichten und Detaillierungen mit zugehörigen Beschreibungen und Berechnungen. Auf Grundlage der daraus entwickelten Ausführungspläne kann sodann die Bauausführung erfolgen. Dem Bauherrn sind im Regelfall mehrere entwurfliche Alternativen zur Entscheidung vorzulegen, denn ein Bauwerk ist ein sehr langlebiges Wirtschaftsgut. Geplant wird also ein Bauprojekt, das über mehrere Jahrzehnte seiner Bestimmung dienen und den sich verändernden Anforderungen seiner Nutzer anpassen soll und auch mit den Einflüssen von Klima, Umwelt und technischer Alterung zu kämpfen hat.

Beim Versuch, für den Planungsprozess bzw. das Planungsergebnis Beurteilungskriterien zu definieren, die in ein Qualitätsurteil Eingang finden sollen, ist es zweckmäßig, zwischen subjektiven und objektiven Kriterien zu unterscheiden.

Subjektive Kriterien eines Planungsentwurfes können sein:

- die Einordnung des Gebäudes in die Umgebung und die sich daraus ergebende stadträumliche Einordnung,
- die Ausrichtung des Gebäudes auf dem Grundstück entsprechend der Himmelsrichtung,
- die Gestalt des Gebäudes, hervorgegangen aus dessen vertikaler und horizontaler Geometrie (z. B. rund, quadratisch, rechteckig usw.),

- die Fassadenausbildung (z. B. viele/wenige Öffnungen, Farbe, Struktur usw.),
- der Innenausbau mit seinen Ausprägungen hinsichtlich Funktionalität, Farbe, Materialität, Beleuchtung und Repräsentanz.

Die Frage, was eine wirtschaftliche Planung ist, wird immer dann kontrovers diskutiert, wenn im Spannungsfeld von Gestaltung, Funktion, Ökologie und Ökonomie der Versuch unternommen wird, die Wirtschaftlichkeit von Bauentwürfen einer operationalen, nachvollziehbaren Beurteilung zugänglich zu machen. In der Regel scheitert dieser Versuch kläglich, weil es für die Beurteilung von Gestaltung und Funktionalität keine oder nur wenige operationale Kriterien gibt. Damit könnte das Thema eigentlich zu den Akten gelegt werden.

Bei einer intensiveren Auseinandersetzung mit der Thematik können jedoch durchaus Ansätze erkannt werden, Planungsentwürfe von Architekten und Ingenieuren nach nachvollziehbaren, operationalen Gesichtspunkten zu beurteilen. Vielleicht ist die Materie etwas schwieriger und komplexer als bei Produkten aus anderen Industriezweigen: Aber warum soll die Beurteilung eines Planungsentwurfes für ein Gebäude so viel anders sein als die Beurteilung z. B. eines Automobils? Zwar spiegelt der Planungsentwurf nur das wider, was gebaut werden soll, also noch nicht existiert; aber der Plan dokumentiert schon ganz wesentlich die Nutzungskriterien sowie ökonomische und ökologische Aspekte des geplanten Gebäudes.

Bei der Wirtschaftlichkeitsbeurteilung eines Entwurfes kommt den **objektiven Kriterien** daher eine größere Bedeutung zu. Diese können sein:

- die Erfüllung der definierten Nutzungsziele und die sich daraus ergebenden Anforderungen an die Nutzung im engeren und weiteren Sinn,
- die Ausnutzung von Flächen im Rahmen der gesetzlichen und normativen Vorschriften (z. B. die Ausnutzung des Grundstücks hinsichtlich des Maßes der baulichen Nutzung durch die GRZ und GFZ oder die Optimierung der Nutzungsflächen bei gleichzeitiger Minimierung der Verkehrsflächen innerhalb des Gebäudes im Rahmen gesetzlicher Vorgaben wie etwa der Einhaltung von Flucht- und Rettungswegen bei öffentlichen Gebäuden),
- die Einhaltung qualitativer Standards, die der Struktur und Standsicherheit des Gebäudes dienen (gemeint ist hierbei die Bauart des Gebäudes mit seinen Tragkonstruktionen, die im allgemeinen Sprachgebrauch als Rohbau bezeichnet werden),
- die Einhaltung von festgelegten qualitativen Standards für die nichttragenden Konstruktionen (im allgemeinen Sprachgebrauch auch als Ausbau bezeichnet),
- die Festlegung der qualitativen Standards der technischen Anlagen des Gebäudes und deren Umsetzung,
- die Einhaltung der gesetzlichen Energiestandards und ggf. der darüber hinausgehenden Festlegungen der zu erzielenden Energieeffizienzklasse durch Verwendung energiesparender und energieeffizienter baukonstruktiver Maßnahmen und gebäudetechnischer Geräte,
- die Einhaltung von Vorgaben für die Baunutzungskosten für den Betrieb des Baus wie z. B. für die Betriebskosten und die Instandhaltungskosten,

- die Einhaltung der ermittelten Investitionskosten unter Berücksichtigung der quantitativen und qualitativen Vorgaben und entsprechender Vergleichsobjekte,
- die Einhaltung der festgelegten Planungs- und Bauzeit unter Berücksichtigung entsprechender Vergleichsobjekte,
- die Untersuchung und Ermittlung der potenziellen Mieterträge/Verkaufserlöse und der sich daraus ergebenden Renditen für den Bauherrn/Investor und Vergleich mit alternativen Investitionsanlagen (dies ist allerdings keine originäre Planeraufgabe).

Diese als objektive Kriterien beschriebenen Punkte können im Regelfall auch beurteilt werden – sei es durch Einordnung in einen Qualitätsstandard wie beim Roh- und Ausbau und der Gebäudetechnik, eine Klassifizierung wie beim Energieausweis (A++ bis G) oder durch Vergleiche mit anderen Gebäuden gleicher Größe und Nutzung wie z. B. bei den Flächen, Investitions- und Nutzungskosten und Mieterträgen/Verkaufserlösen. Damit ist auch die Frage der Messbarkeit positiv zu beantworten. Bei Planungswettbewerben werden daher die eingereichten Entwürfe zunehmend auch danach beurteilt.

4.3 Aspekte der wirtschaftlichen Planung

Bei Betrachtung der Definition der Wirtschaftlichkeit als Verhältnis von Ertrag zu Aufwand bzw. Leistung zu Kosten wird sichtbar, dass der Blick allein auf die Kosten noch keine wirtschaftliche Planung sein kann. Beispielsweise kann durch Flächenreduzierung bei einem Bürogebäude oder den Entfall des Kellers bei einem Einfamilienhaus eine deutliche Kostenreduzierung erreicht werden – allerdings nur durch eine Leistungsminderung, sodass der Quotient im Verhältnis zu den Kosten besser ausfällt. Es dürfte deutlich sein, dass dies eine klassische „Milchmädchenrechnung“ ist, die vermeintlich optimierte Wirtschaftlichkeit beruht auf einem Trugschluss. Statt einer – sinnvollen – Flächenoptimierung werden einfach Flächen „eingespart“, um Kosten zu senken. Im Übrigen sei darauf hingewiesen, dass wirtschaftliche Planung auch dazu führen kann, dass die Baukosten steigen – aber eben bei gleichzeitiger Ausweitung der Leistung, sodass der Wirtschaftlichkeitsquotient auch hier besser aussieht.

Eine wirtschaftliche Planung startet am Projektbeginn: bei der Suche nach dem geeigneten Standort. Dieser muss alle an ihn gestellten Anforderungen erfüllen und die Bebaubarkeit ermöglichen, die im Idealfall aus einer vorherigen Bedarfsplanung am Anfang eines Projekts, noch vor der eigentlichen Gebäudeplanung, erfolgen sollte. Hier helfen die Begriffsbestimmungen, das Leistungsbild und die Checklisten der DIN 18205:2016-11 „Bedarfsplanung im Bauwesen“, die leider in Deutschland noch wenig angewendet werden. Da die Kosten und die Wirtschaftlichkeit am Projektanfang am stärksten beeinflussbar sind, kann eine intensive Bedarfsplanung an dieser Stelle unterstützend wirken.

Im Vorentwurf und Entwurf sodann ist in besonderem Maße auf eine Flächenoptimierung zu achten. Ausgehend von den Projektzielen in Hinblick auf Kosten, Termine und Qualitäten ist auf ein angemessenes Verhältnis von

z. B. VF oder KGF zur BGF bzw. von BRI zur BGF oder NUF (Definition laut DIN 277-1:2016-01) zu achten.

Beispiel: Vorgaben des Bauherrn

Bei Wohn- und Bürogebäuden kann es vorkommen, dass der Bauherr Vorgaben wie folgt macht:

- VF/BGF: 10 bis 15 %,
- KGF/BGF: unter 20 %,
- BRI/BGF: Faktor 3 bis 4.

Die Planung wird sodann anhand solcher realistischen Kriterien und der vorzunehmenden Flächen- und Rauminhaltermittlung gemäß DIN 277-1 auf Wirtschaftlichkeit beurteilt. Neben den o. g. anderen Planungskriterien fließt diese Beurteilung letztlich in eine Gesamtbeurteilung der Planung ein und kann ggf. dazu führen, dass diese zu überarbeiten ist.

Eine wirtschaftliche Planung und Ausführung kann auch erreicht werden, wenn die Projektorganisation der Art und Größe des Bauprojekts angepasst ist. Neben dem nach Möglichkeit stets anzuwendenden Grundsatz „Erst planen, dann bauen" wären in diesem Zusammenhang die Interessenharmonisierung der Projektbeteiligten und die eventuelle Partizipation der Planer und Ausführenden am Projekterfolg zu nennen; in diesem Sinne gibt es denkbare Vertragskonstellationen (z. B. als Zusammenschluss in Form von Generalplaner oder Generalunternehmer) und die Installation eines Bonussystems beim Erreichen vorher definierter Projektziele.

Insbesondere die Planer sollten sich darüber hinaus schon während der Planung Gedanken machen, wie der spätere Bauablauf gestaltet werden kann, z. B. mit der Planung von Ausführungsdetails, die durch wenige Gewerke hergestellt werden können. So kann auch ein Beitrag zu einer haftungsarmen Planung und Bauorganisation erfolgen.

Und schließlich sei daran erinnert, dass nicht nur die Herstellungskosten, sondern auch die Nutzungskosten durch die Planer ermittelt werden sollten (Ermittlung der Life-Cycle Costs [Lebenszykluskosten]). Während die Kostenplanung nach DIN 276 als Grundleistung in der HOAI verankert ist, findet sich kein expliziter Hinweis auf die Anwendung der DIN 18960. Eine Beurteilung von Planungsalternativen ist nicht nur hinsichtlich der einmaligen, sondern vor allem der laufenden Kosten mit Schwierigkeiten verbunden. Sollen etwa 2 verschieden dicke Außenwanddämmungen hinsichtlich ihrer Vorteilhaftigkeit miteinander verglichen werden, so ist die Kostenermittlung gemäß DIN 276 noch einfach. Komplizierter wird es unter Einbeziehung der unterschiedlichen Nutzungskosten: So ist davon auszugehen, dass die dickere Wärmedämmung bei ansonsten gleicher Ausführung einen geringeren Energiebedarf zur Folge hat.

Grundsätzlich kann also eine qualitative Aussage zur Vorteilhaftigkeit der Varianten getroffen werden. Für eine quantitativ-rechnerische Aussage müssen aber z. B. die Energiekosten heute und für die gesamte – anzunehmende – Nutzungszeit bekannt sein. Richtigerweise wäre also eine dynamische

Wirtschaftlichkeitsberechnung notwendig, was sehr schnell an praktische Grenzen stößt, wie sich schon am Beispiel der Energiekosten zeigt. Denn wer traut sich zu, die Bezugspreise für Energie für die Zukunft zu benennen? Es stellt sich also die Frage, wie eine aussagekräftige Nutzungskostenermittlung vorgenommen werden kann. Ein Planer kann damit schnell überfordert sein, zumindest wenn umfangreiche Berechnungen angestellt werden müssen. Bei Nachfrage des Bauherrn sollten daher detaillierte Berechnungen von Spezialisten durchgeführt werden. Sollen aber nur qualitative Aussagen zur Eignung von Planungsvarianten getroffen werden, reichen einfachere statische Wirtschaftlichkeitsberechnungen zum aktuellen Zeitpunkt aus.

5 Fazit: Kosten und Wirtschaftlichkeitsüberlegungen

Die vorstehenden Ausführungen haben gezeigt, dass die Baukosten nach DIN 276 – auch Investitionskosten genannt – nur ein Baustein in der Wirtschaftlichkeitsbetrachtung eines Bauobjekts sind. Gleichzeitig wird deutlich, dass es im Rahmen einer Wirtschaftlichkeitsbetrachtung auf die Sichtweise der jeweils Beteiligten ankommt. Entsprechend sind die erforderlichen Berechnungsverfahren einzusetzen, die hier nur grundsätzlich dargestellt werden können.

Es wurden folgende Fälle beleuchtet:

- die einfache Kostenvorgabe,
- der Marktpreis und die zielgewinnorientierte Kostenvorgabe,
- der Trading Profit und
- die Rentabilität.

Im einfachsten Fall sind nur die Kosten nach DIN 276 für die Bauentscheidung von Bedeutung, dann nämlich, wenn ein privater Bauherr auf der Basis seines Einkommens, seiner Eigenmittel und einer Finanzierungszusage seiner Bank für das Objekt einen begrenzten Finanzrahmen hat, aus dem er seine Zielkostenvorgabe entwickelt. In diesem Fall muss der Planer zeigen, dass er diese Zielkostenvorgabe einhalten wird.

Das gilt in der Regel auch für öffentliche Bauherren, die durch Beschluss eines öffentlichen Gremiums ebenfalls über ein begrenztes Kostenbudget verfügen können. Auch in diesem Fall kann eine Zielkostenvorgabe sinnvoll sein. Alternativ – bei Beachtung des Sparsamkeitsprinzips des öffentlichen Auftraggebers – ist eine Kostenobergrenze zu formulieren.

Ähnlich wird bei dem Industriebauherrn zu verfahren sein, der die Kosten des Bauobjekts aus seiner Produktvorgabe entwickelt. Gleichzeitig wird der Industriebauherr aber auch Baunutzungskosten als Zielgröße vorgeben.

Bei der Entwicklung der Kostenvorgabe aus dem Marktpreis (Verkaufspreis) der Immobilie berücksichtigt der Projektentwickler/Bauträger für das Objekt (Reihenhaus, Eigentumswohnung) immer auch seinen gewünschten Trading Profit. In der Regel wird mit Preiskennziffern gearbeitet (wie z. B. Preis pro m^2 Wohnfläche, Preis pro Stellplatz usw.), in denen der Gewinn und die Gemeinkosten des Bauträgers enthalten sind. Letztlich muss der Trader-Developer die Verkaufserlöse den Gesamtinvestitionen gegenüberstellen.

Soll eine Immobilie vom Bauherrn bzw. Investor über einen längeren Zeitraum vermietet werden (z. B. 20 Jahre und mehr bei einem Bürogebäude), so ist der Trading Profit aus dem Reinertrag zu ermitteln.

Diese Ermittlung ist dann einfach zu erarbeiten, wenn sie für eine relativ kurze Periode – z. B. ein Jahr – als statische Investitionsrechnung durchgeführt wird. Kompliziert(er) wird die Rechenmethode, wenn Erträge und Aufwendungen über längere Zeiträume betrachtet werden und eine dynamische Investitionsrechnung vorgenommen wird.

Mit Kenntnis der vorgestellten Verfahren und Investitionsüberlegungen aus Bauherrensicht kann der Planer kompetenter Partner im wirtschaftlichen Dialog sein. Dies gilt umso mehr, wenn Architekt, Objektplaner und Fachplaner grundlegendes Wissen zur wirtschaftlichen Planung haben. Dazu sind nicht nur die Anforderungen der DIN 276 an die Kostenplanung zu erfüllen, sondern weitergehende Planungsalternativen zu entwickeln, um die einmaligen Baukosten und die laufenden Nutzungskosten in ein wirtschaftlich sinnvolles Verhältnis zu setzen.

Normen, Rechtsvorschriften und Literatur

Normen

DIN 276:2018-12 Kosten im Bauwesen

DIN 276:1993-06 Kosten im Hochbau [zurückgezogen]

DIN 276-1:1981-04 Kosten von Hochbauten; Begriffe [zurückgezogen]

DIN 276-1:2006-11 Kosten im Bauwesen – Teil 1: Hochbau [zurückgezogen]

DIN 276-1:2008-12 Kosten im Bauwesen – Teil 1: Hochbau [zurückgezogen]

DIN 276-2:1981-04 Kosten von Hochbauten; Kostengliederung [zurückgezogen]

DIN 276-3:1971-09 Kosten von Hochbauten – Kostenermittlungen [zurückgezogen]

DIN 276-3:1981-04 Kosten von Hochbauten; Kostenermittlungen [zurückgezogen]

DIN 276-3 Auswahl 1:1981-04 Kosten von Hochbauten; Kostenermittlungen; Auswahl für den Wohnungsbau [zurückgezogen]

DIN 276-4:2009-08 Kosten im Bauwesen – Teil 4: Ingenieurbau [zurückgezogen]

DIN 277-1:2005-02 Grundflächen und Rauminhalte von Bauwerken im Hochbau – Teil 1: Begriffe, Ermittlungsgrundlagen [zurückgezogen]

DIN 277-1:2016-01 Grundflächen und Rauminhalte im Bauwesen – Teil 1: Hochbau

DIN 277-3:2005-04 Grundflächen und Rauminhalte von Bauwerken im Hochbau – Teil 3: Mengen und Bezugseinheiten [zurückgezogen]

DIN 1356-1:2018-03 Bauzeichnungen – Teil 1: Grundregeln der Darstellung [Entwurf]

DIN 18205:2016-11 Bedarfsplanung im Bauwesen

DIN 18960:2008-02 Nutzungskosten im Hochbau

DIN EN 15221-6:2011-12 Facility Management – Teil 6: Flächenbemessung im Facility Management; Deutsche Fassung EN 15221-6:2011

DIN ISO 31000:2018-10 Risikomanagement – Leitlinien (ISO 31000:2018)

Rechtsvorschriften

BArtSchV: Verordnung zum Schutz wild lebender Tier- und Pflanzenarten (Bundesartenschutzverordnung – BArtSchV) vom 16.02.2005 (Bundesgesetzblatt I, S. 258, 896), zuletzt geändert durch Artikel 10 des Gesetzes vom 21.01.2013 (Bundesgesetzblatt I, S. 95)

BauGB: Baugesetzbuch (BauGB) in der Fassung der Bekanntmachung vom 03.11.2017 (Bundesgesetzblatt I, S. 3634)

BauNVO: Verordnung über die bauliche Nutzung der Grundstücke (Baunutzungsverordnung – BauNVO) in der Fassung der Bekanntmachung vom 21.11.2017 (Bundesgesetzblatt I, S. 3786)

BauO Bln: Bauordnung für Berlin (BauO-Bln) vom 29.09.2005 (Gesetz- und Verordnungsblatt [Berlin], S. 495), zuletzt geändert durch das vierte Gesetz zur Änderung der Bauordnung für Berlin vom 09.04.2018 (Gesetz- und Verordnungsblatt [Berlin], S. 205, 381)

BaustellV: Verordnung über Sicherheit und Gesundheitsschutz auf Baustellen (Baustellenverordnung – BaustellV) vom 10.06.1998 (Bundesgesetzblatt I, S. 1283), zuletzt geändert durch Artikel 27 des Gesetzes vom 27.06.2017 (Bundesgesetzblatt I, S. 1966)

BGB: Bürgerliches Gesetzbuch (BGB) in der Fassung der Bekanntmachung vom 02.01.2002 (Bundesgesetzblatt I, S. 42, 2909; 2003 I, S. 738), zuletzt geändert durch Artikel 1 des Gesetzes vom 21.12.2019 (Bundesgesetzblatt I, S. 2911)

BNatSchG: Gesetz über Naturschutz und Landschaftspflege (Bundesnaturschutzgesetz – BNatSchG) vom 29.7.2009 (Bundesgesetzblatt I, S. 2542), zuletzt geändert durch Artikel 8 des Gesetzes vom 13.05.2019 (Bundesgesetzblatt I, S. 706)

EStG: Einkommensteuergesetz (EStG) in der Fassung der Bekanntmachung vom 8.10.2009 (Bundesgesetzblatt I, S. 3366, 3862), zuletzt geändert durch Artikel 2 des Gesetzes vom 21. Dezember 2019 (Bundesgesetzblatt I, S. 2886)

HOAI 2009: Verordnung über die Honorare für Architekten- und Ingenieurleistungen (Honorarordnung für Architekten und Ingenieure – HOAI) in der Fassung vom 11.08.2009 (Bundesgesetzblatt I, S. 2732) [ersetzt durch HOAI 2013]

HOAI 2013: Verordnung über die Honorare für Architekten- und Ingenieurleistungen (Honorarordnung für Architekten und Ingenieure – HOAI) vom 10.07.2013 (Bundesgesetzblatt I, S. 2276)

UStG: Umsatzsteuergesetz (UStG) in der Fassung der Bekanntmachung vom 21.02.2005 (Bundesgesetzblatt I, S. 386), zuletzt geändert durch Artikel 3 des Gesetzes vom 21.12.2019 (Bundesgesetzblatt I, S. 2886)

WoFG: Gesetz über die soziale Wohnraumförderung (Wohnraumförderungsgesetz – WoFG) vom 13.09.2001 (Bundesgesetzblatt I, S. 2376), zuletzt geändert durch Artikel 42 des Gesetzes vom 20.11.2019 (Bundesgesetzblatt I, S. 1626)

WoFlV: Verordnung zur Berechnung der Wohnfläche (Wohnflächenverordnung – WoFlV) vom 25.11.2003 (Bundesgesetzblatt I, S. 2346)

II. BV: Verordnung über wohnungswirtschaftliche Berechnungen nach dem Zweiten Wohnungsbaugesetz (Zweite Berechnungsverordnung – II. BV) in der Fassung vom 12.10.1990 (Bundesgesetzblatt I, S. 2178), zuletzt geändert durch Artikel 78 Abs. 2 des Gesetzes vom 23. November 2007 (Bundesgesetzblatt I, S. 2614)

Literatur

Bildkommentar DIN 276/DIN 277. Hrsg.: Baukosteninformationszentrum Deutscher Architektenkammern (BKI). 4. Aufl. Stuttgart: BKI, 2016

BKI Baukosten Gebäude Neubau – Statistische Kostenkennwerte für Gebäude (Teil 1). Hrsg.: Baukosteninformationszentrum Deutscher Architektenkammern (BKI). Stuttgart: BKI, 2018

BKI Baukosten Gebäude Neubau – Statistische Kostenkennwerte für Gebäude (Teil 1). Hrsg.: Baukosteninformationszentrum Deutscher Architektenkammern (BKI). Stuttgart: BKI, 2019

Blecken, U.; Hasselmann, W. (Hrsg.): Kosten im Hochbau. Praxis-Handbuch und Kommentar zur DIN 276. Köln: Verlagsgesellschaft Rudolf Müller, 2007

Bundesratsdrucksache 334/13 vom 25. April 2013: Amtliche Begründung zur HOAI. Berlin, 2013

Däumler, K.-D.: Grundlagen der Investitions- und Wirtschaftlichkeitsrechnung. 11. Aufl. Herne/Berlin: Verlag Neue Wirtschafts-Briefe, 2003

Diederichs, C. J.: Führungswissen für Bau- und Immobilienfachleute 1. 2. Aufl. Berlin/Heidelberg: Springer-Verlag, 2005

Enseleit, D.; Osenbrück, W.: Anrechenbare Kosten für Architekten und Tragwerksplaner. 4. Aufl. Wiesbaden: Vieweg, 2006

Falk, B. (Hrsg.): Fachlexikon Immobilienwirtschaft. 3. Aufl. Köln: Verlagsgesellschaft Rudolf Müller, 2004

Fuchs, H.; Berger, A.; Seifert, W. (Hrsg.): Beck'scher HOAI- und Architektenrechts-Kommentar – Honorarordnung für Architekten und Ingenieure. 1. Aufl. München: Verlag C. H. Beck, 2016

Gabler Wirtschaftslexikon. 16. Aufl. Wiesbaden: Gabler Verlag, 2004

Gärtner, S.: Beurteilung und Bewertung alternativer Planungsentscheidungen im Immobilienbereich mit Hilfe eines Kennzahlensystems. Berlin: VWF Verlag, 1996

Holthaus, U.: Ökonomisches Modell mit Risikobetrachtung für die Projektentwicklung. Eine Problemanalyse mit Lösungsansätzen. Dortmund, Universität Dortmund, Diss., 2007

Ingenstau, H.; Korbion, H.: VOB Teil B, Kommentar. 20. Aufl. Köln: Werner Verlag, 2017

IPMS for Industrial Buildings – International Property Measurement Standards: Industrial Buildings. Stand: 01/2018. London: International Property Measurement Standards Coalition (IPMSC), 2018 [online]. Internet: https://fastedit.files.wordpress.com/2018/03/ipms-industrial-buildings-2018.pdf [Zugriff: 03.03.2020]

IPMS for Office Buildings – International Property Measurement Standards: Office Buildings. Stand: 11/2014. London: International Property Measurement Standards Coalition (IPMSC), 2014 [online]. Internet: https://fastedit.files.wordpress.com/2014/11/ipms-office-buildings-november-20141.pdf (englisch); https://fastedit.files.wordpress.com/2014/11/ipms_office_buildings_german_web_final2.pdf (deutsch) [Zugriff: 03.03.2020]

IPMS for Residential Buildings – International Property Measurement Standards: Residential Buildings. Stand: 09/2016. London: International Property Measurement Standards Coalition (IPMSC), 2016 [online]. Internet: https://fastedit.files.wordpress.com/2016/09/ipms-residential-buildings-sept-2016.pdf [Zugriff: 03.03.2020]

IPMS for Retail Buildings – International Property Measurement Standards: Retail Buildings. Stand: 09/2019. London: International Property Measurement Standards Coalition (IPMSC), 2016 [online]. Internet: https://fastedit.files.wordpress.com/2019/09/ipms-retail.pdf [Zugriff: 11.03.2020]

Kalusche, W. (Hrsg.): Handbuch Kostenplanung im Hochbau. 3. Aufl. Stuttgart: BKI, 2019

Kalusche, W. u. a.: Aktualisierungsbedarf zur Honorarstruktur der Honorarordnung für Architekten und Ingenieure (HOAI). Studie im Auftrag des Bundesministeriums für Wirtschaft und Technologie. Hauptdokument mit Anlagenband 1 und Anlagenband 2. Dresden/Berlin u. a., 2012

Korbion, H.; Mantscheff, J.; Vygen, K. (Hrsg.): HOAI. Honorarordnung für Architekten und Ingenieure. 9. Aufl. München: Verlag C. H. Beck, 2016

Lauer, J.: Die Haftung des Architekten bei Bausummenüberschreitung. Düsseldorf: Werner Verlag, 1993 (Baurechtliche Schriften Band 28)

Lechner, H. (Hrsg.): Evaluierung der Honorarordnung für Architekten und Ingenieure (HOAI) – Aktualisierung der Leistungsbilder. Abschlussbericht BMVBS. Wien, 2011

Locher, H.: Verordnung über die Honorare für Leistungen der Architekten und Ingenieure (HOAI). Köln: Werner Verlag, 1977

Locher, U.; Koeble, W.; Frik, W. (Hrsg.): Kommentar zur HOAI. 12. Aufl. Köln: Werner Verlag, 2014

Löffelmann, P.; Fleischmann, G.: Architektenrecht. Praxishandbuch zu Honorar und Haftung. 6. Aufl. Köln: Werner Verlag, 2012

Messregeln für Gebäudeelemente nach DIN 276, Teil 2. Bericht zum Bauforschungsprojekt. Hrsg.: Entwicklungs- und Anwendungsgesellschaft für Baukostenplanung mbH (Bearbeiter) und Bundesminister für Raumordnung, Bauwesen und Städtebau (Förderer). München/ Bonn, 1980/1982

OSCAR Büronebenkostenanalyse. Ausgabe September 2018. Düsseldorf: JONES LANG LASALLE SE, 2018

Palandt, O. (Hrsg. [Begründer]): Bürgerliches Gesetzbuch: BGB. 79. Aufl. München: Verlag C. H. Beck, 2020

Pfarr, K.: Grundlagen der Bauwirtschaft. Essen: Deutscher Consulting Verlag, 1984

Pfarr, K.; Arlt, J.; Hobusch, R. [1974a]: Das Planungsbüro und seine Kosten. Wuppertal: Deutscher ConsultinS, 1977

Pfarr, K.; Arlt, J.; Hobusch, R. [1974b]: Das Planungsbüro und sein Honorar. Wuppertal: Deutscher ConsultinS, 1977

Preuß, N.: Das neue AHO-Heft Nr. 9: Die neuen Anforderungen an das Projektmanagement 2020. In: Tagungsband DVP-Frühjahrstagung 2019 (Köln): Starke Branchen – passgenaues Projektmanagement. Berlin: DVP Deutscher Verband für Projektmanagement in der Bau- und Immobilienwirtschaft e. V., 2019

Projektmanagementleistungen in der Bau- und Immobilienwirtschaft. Stand: Mai 2014. Hrsg.: Ausschuss der Verbände und Kammern der Ingenieure und Architekten für die Honorarordnung e. V. (AHO), Fachkommission „Projektsteuerung/Projektmanagement". 4. Aufl. Berlin: Bundesanzeiger Verlag, 2014 (Heft 9 der AHO-Schriftenreihe)

Richtlinie für Planungswettbewerbe – RPW 2013. Hrsg: Bundesministerium für Umwelt, Naturschutz, Bau und Reaktorsicherheit (BMUB), Referat Öffentlichkeitsarbeit. Fassung vom 31.01.2013. Berlin: BMUB, 2013

Richtlinie zur Berechnung der Mietfläche für gewerblichen Raum (MFG). Stand: 01.06.2017. Wiesbaden: Gesellschaft für Immobilienwirtschaftliche Forschung e. V. (gif), 2017

Richtlinie zur Berechnung der Mietfläche für Wohnraum (MF/W). Stand: 01.05.2012. Wiesbaden: Gesellschaft für Immobilienwirtschaftliche Forschung e. V. (gif), 2012

Richtlinie zur Berechnung der Verkaufsfläche im Einzelhandel (MF/V). Stand: 01.05.2012. Wiesbaden: Gesellschaft für Immobilienwirtschaftliche Forschung e. V. (gif), 2012

Schramm, C.: Störungen im Leistungsbild des Architekten. Wuppertal: DVP, 2003

Schramm, C.: Wirtschaftliches Gutachten zum EU-Vertragsverletzungsverfahren in Bezug auf die HOAI. Gutachten vom 18.04.2017 im Auftrag des Ausschusses der Verbände und Kammern der Ingenieure und Architekten für die Honorarordnung e. V. (AHO), der Bundesarchitektenkammer (BAK) und der Bundesingenieurkammer e. V. (BIngK). Hamburg, 2017

Seibel, M.: „Stand der Technik", „allgemein anerkannte Regeln der Technik" und „Stand von Wissenschaft und Technik". In: BauR 2004, S. 266–274

Seifert, W.; Preussner, M.: Praxis des Baukostenmanagements. 2. Aufl. München/ Unterschleißheim: Werner Verlag, 2003

Statusbericht 2000plus Architekten/Ingenieure im Auftrag des Bundesministeriums für Wirtschaft und Technologie (BMWi). Berlin/Bonn: BMWi, 2002

Steeger, F.; Fahrenbruch, R. (Hrsg.): Praxiskommentar HOAI 2013. Das Vergütungsrecht der Architekten und Ingenieure. Online-Fassung (online seit 12.10.2016), letzte Aktualisierung 20.09.2019

Steeger, F.; Fahrenbruch, R.: Praxiskommentar HOAI 2013. Das Vergütungsrecht der Architekten und Ingenieure. 2. Aufl. Stuttgart: Kohlhammer, 2016

STLB-Bau: Standardleistungsbuch für das Bauwesen, Version Oktober 2019. https://www.stlb-bau-online.de [Zugriff: 01.04.2020]

VOB/A: Vergabe- und Vertragsordnung für Bauleistungen – Teil A: Allgemeine Bestimmungen für die Vergabe von Bauleistungen, Fassung 2019

VOB/B: Vergabe- und Vertragsordnung für Bauleistungen – Teil B: Allgemeine Vertragsbedingungen für die Ausführung von Bauleistungen, Fassung 2016

VOB/C: Vergabe- und Vertragsordnung für Bauleistungen – Teil C: Allgemeine Technische Vertragsbedingungen für Bauleistungen, Fassung 2019

Werner, U.; Pastor, W.: Der Bauprozess. 16. Aufl. Köln: Werner Verlag, 2018

Winkler, W. R.: Kommentar zu den Ingenieurleistungen der Honorarordnung für Architekten und Ingenieure (HOAI) vom 17. September 1976 (= HOAI 1977). Wiesbaden: Springer, 1977

Würfele, F.; Gralla, M.; Sundermeier, M.: Nachtragsmanagement. Leistungsbeschreibung – Leistungsabweichung – Bauzeitverzögerung. 2. Aufl. Köln: Luchterhand, 2012

Zeitner, R.; Marchionini, M.; Neumann, G.; Irmscher, H.: Flächenmanagement in der Immobilienwirtschaft. Grundlagen und konkrete Anwendung. Berlin: Springer Vieweg, 2019

Stichwortverzeichnis

Willi Hasselmann • Clemens Schramm (Hrsg.)
Normengerechtes Bauen nach DIN 276/DIN 277